铝合金、镁合金
表面强化技术

刘海萍　邹忠利　毕四富　编著

化学工业出版社

·北京·

本书主要包括两大部分：第一篇是铝及铝合金表面强化技术，介绍了铝及铝合金的特性、应用和表面强化前处理技术，铝及铝合金的化学氧化、阳极氧化、微弧氧化、化学镀和阳极氧化后处理工艺；第二篇是镁及镁合金表面强化技术，介绍了镁及镁合金的特性、应用与表面强化前处理技术，镁及镁合金的化学转化、阳极氧化、微弧氧化、化学镀、电镀和其他表面强化技术。

本书可供表面处理、腐蚀与防护、电化学工程等领域的工程技术人员和生产技术人员使用和参考，也可供大中专院校有关专业的师生使用及参考。

图书在版编目（CIP）数据

铝合金、镁合金表面强化技术/刘海萍，邹忠利，毕四富编著. —北京：化学工业出版社，2019.8
ISBN 978-7-122-34407-6

Ⅰ.①铝…　Ⅱ.①刘…②邹…③毕…　Ⅲ.①铝合金-金属表面处理②镁合金-金属表面处理　Ⅳ.①TG178.2

中国版本图书馆 CIP 数据核字（2019）第 082418 号

责任编辑：邢　涛　　　　　　　　　　文字编辑：孙凤英
责任校对：王鹏飞　　　　　　　　　　装帧设计：韩　飞

出版发行：化学工业出版社（北京市东城区青年湖南街 13 号　邮政编码 100011）
印　　刷：三河市延风印装有限公司
装　　订：三河市宇新装订厂
710mm×1000mm　1/16　印张 17　字数 327 千字　　2019 年 10 月北京第 1 版第 1 次印刷

购书咨询：010-64518888　　　　　　售后服务：010-64518899
网　　址：http://www.cip.com.cn
凡购买本书，如有缺损质量问题，本社销售中心负责调换。

定　　价：89.00 元　　　　　　　　　　　　　　　　版权所有　违者必究

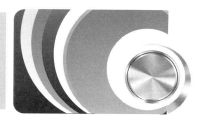

前言

　　轻金属通常是指相对密度在 4.5 以下的金属，主要包括铝、镁、钛等。伴随着国民经济和国防现代化的发展，轻金属材料的应用越来越广泛。

　　铝合金因其方便的加工、较高的比强度、稳定的性能、优异的导电性等特性，被广泛应用于航空、交通、通信、生物和医药等领域。我国虽是铝加工大国，但不是铝加工强国。随着中国制造业、服务业的大发展，未来中国将迎来一个铝加工产业和应用大发展的时机，中国铝加工产品，将从中低端向中高端方向发展。

　　镁合金被誉为"21 世纪的绿色工程材料"，是目前最轻的金属结构材料，具有密度小、比强度和比刚度高、阻尼减振性好、导热及电磁屏蔽效果佳、机加工性能优良、零件尺寸稳定、易回收等优点，广泛应用于航空航天、国防、汽车工业、电子通信、医疗及一般民用产品等行业。我国是镁资源大国，在镁及镁合金工业应用方面拥有得天独厚的优势。然而在国内，镁合金的应用现状和预期仍然存在巨大的差距，有着很大的发展潜力。

　　随着铝合金和镁合金的应用范围进一步扩大以及伺服条件越来越苛刻，对铝合金和镁合金表面处理的要求越来越高，相应的表面处理技术也在不断改进和发展，取得了一些新的研究成果。在此背景下，本书结合多年来的教学、科研和生产实践，参考国内外大量相关文献和资料编著而成。

　　本书主要包括两大部分：第一篇是铝及铝合金表面强化技术，介绍了铝及铝合金的特性、应用和表面强化前处理技术，铝及铝合金的化学氧化、阳极氧化、微弧氧化、化学镀和阳极氧化后处理工艺；第二篇是镁及镁合金表面强化技术，介绍了镁及镁合金的特性、应用与表面强化前处理技术，镁及镁合金的化学转化、阳极氧化、微弧氧化、化学镀电镀和其他表面强化技术。

　　本书第一篇由邹忠利副教授编写，第二篇由刘海萍副教授和毕四富高级工程师编写；李宁教授和石绪忠高级工程师审稿。

　　本书在编写过程中参阅了国内外大量的文献资料，谨向原作者表达诚挚的感谢。

　　本书可供表面处理、腐蚀与防护、电化学工程等领域的工程技术人员和生产技术人员使用和参考，也可供大中专院校有关专业的师生使用及参考。

　　由于编者水平有限，经验亦不充足，书中疏漏和不妥之处在所难免，敬请读者批评指正。

2019 年 6 月于哈尔滨工业大学（威海）

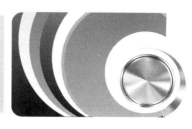

目 录

第一篇　铝及铝合金表面强化技术

第二篇　镁及镁合金表面强化技术

第八章　镁及镁合金的特性及应用　　129

铝及铝合金表面强化技术

第一章

铝及铝合金的特性及应用

第一节　铝及铝合金的特性

铝（aluminium）是银白色金属，化学符号为 Al，原子序数为 13。铝元素在地壳中的含量仅次于氧和硅，居第三位，是地壳中含量最丰富的金属元素，几乎占地壳全部金属含量的 1/3，其蕴藏量在有色金属中居第一位。在金属品种中，仅次于钢铁，为第二大类金属。

纯铝的密度小（$\rho = 2.7\text{g/m}^3$），约是铁密度的 1/3；它的熔点低（660℃），沸点为 2467℃。由于铝是面心立方结构，故具有很高的塑性和低的强度，经轧制并退火后的高纯铝抗拉强度为 58.8MPa，布氏硬度值为 25，断面收缩率为 25%，具有良好的延展性，易于加工，可制成各种型材、板材。此外，它还具有良好的导电性、导热性和耐核辐射性，无磁性，无毒，耐低温。铝是一种电负性金属，它的电极电位为 $-3.0 \sim -0.5\text{V}$，99.99%铝在 5.3% NaCl+0.3% H_2O_2 中对甘汞参比电极的电位为 -0.87V。虽然作为一种活泼金属，纯铝在空气中易氧化，与许多氧化性介质发生反应，但铝具有相当高的稳定性，原因在于铝表面可以形成一层致密牢固的氧化膜。表面氧化膜的摩尔体积约比铝本身大30%，处于正压力作用下，即使膜层遭到破坏又会立即生成。纯铝还具有良好的低温塑性，-253℃时其塑性和韧性也不降低，但其硬度低，不适于制作受力的机械件。

铝合金是目前有色金属材料中使用最广泛的一种，其应用范围还在不断扩大。铝合金品种繁多，按加工方法可以分为两大类：变形铝合金和铸造铝合金。前者是将合金熔化后浇成铸锭，再经压力加工（轧制、挤压、模锻）成形，要求合金有良好的塑性变形能力。国际上有据可查的变形铝合金牌号已接近 400 个。后者是将熔融的合金液直接浇入铸型中获取成形铸件，要求合金有良好的铸造性能，尤其是流动性好。根据相图对铝合金的类别可做出大致判断，见图 1-1。图中位于 B' 左侧的合金，属变形铝合金，它可得到单相固溶体，其塑性变形能力

较好，适合冷、热压力加工。随着科学技术及生产的发展，变形铝合金的成分已
扩至 F 点。变形铝合金又分为不可热处理强化和可热处理强化两种。合金成分
小于 D 点的合金，其固溶体的成分不随温度而变化，故不能用热处理强化。D、
F 间的合金，其固溶体成分随温度而变化，故可用热处理强化。成分位于 E 点
右侧的合金，属铸造铝合金，其组织中含有低熔点的共晶体，流动性较好，且高
温强度也较高，不易热裂，适宜铸造。

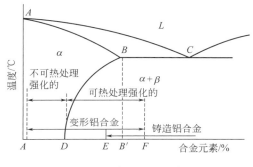

图 1-1　铝合金相图示意图

一、变形铝合金

我国颁布了三个变形铝合金相关的标准，即 GB/T 16474《变形铝及铝合金
牌号表示方法》、GB/T 3190《变形铝及铝合金化学成分》和 GB/T 16475《变形
铝及铝合金状态代号》。我国标准与国际上大多数国家的通用命名原则一样，采
用四位数字表示。不同牌号的变形铝合金具有不同的成分、热处理工艺和相应的
加工形态，按照铝合金强度从最低 1××× 系纯铝到最高 7××× 系铝锌合金。我
国标准已经列出 143 个化学成分的牌号，按主要合金元素分为 9 大系列铝合金。

1××× 系铝合金又称"纯铝"；2××× 系铝合金又称"铝铜合金"；3××
× 系铝合金又称"铝锰合金"；4××× 系铝合金又称"铝硅合金"；5××× 系铝
合金又称"铝镁合金"，是一种用途较广的铝合金系，耐蚀性好，可焊性也好，
典型的牌号为 5052；6××× 系铝合金又称"铝镁硅合金"，在工程应用中尤为
重要，主要用于挤压型材，典型的牌号为 6063、6463；7××× 系铝合金又称
"铝锌合金"；8××× 系铝合金为以其他合金为主要合金元素的铝合金；9×××
系铝合金为备用合金组。

变形铝合金按用途可分为防锈铝、硬铝、超硬铝、锻铝、新型变形铝合金。
它们的牌号、化学成分、力学性能见表 1-1。变形铝合金的牌号采用汉语拼音字
母加顺序号表示。防锈铝用 LF，后跟顺序号。LF 是"铝""防"二字汉语拼音
的首字母。硬铝、超硬铝、锻铝分别用 LY、LC、LD 表示，后跟顺序号，如
LY12、LC4 等。

表 1-1　常用变形铝合金的牌号、化学成分及力学性能

组别	牌号	化学成分				力学性能	
		$w_{Cu}/\%$	$w_{Mg}/\%$	$w_{Mn}/\%$	$w_{Zn}/\%$	σ_b/MPa	$\delta_{10}(\times 100)$
防锈铝	LF5	0.1	4.8～5.5	0.3～0.6	0.2	265	15
	LF11	0.1	4.8～5.5	0.3～0.6	—	265	15
	LF21	0.2	—	1.0～1.6	—	<167	20
硬铝	LY1	2.2～3.0	0.2～0.5	0.2	0.1	—	—
	LY11	3.8～4.8	0.4～0.8	0.4～0.8	0.3	373	15
	LY12	3.8～4.9	1.2～1.8	0.3～0.9	0.3	456	8
超硬铝	LC4	1.4～2.0	1.8～2.8	0.2～0.6	5.0～7.0	490	70
锻铝	LD2	0.2～0.6	0.45～0.9	0.2～0.4	—	304	8
	LD5	1.8～2.6	0.4～0.8	0.4～0.8	0.3	382	10
铸造铝	ZL102	含硅 11%～13%				143	4

　　防锈铝合金主要含 Mn、Mg，属 Al-Mn 系及 Al-Mg 系合金，是不可热处理强化的，锻造退火后为单相固溶体。该类合金的特点是抗蚀性、焊接性及塑性好，易于加工成形及有良好的低温性能。但其强度较低，只能通过冷变形产生加工硬化，且切削加工性能较差。该类合金主要用于焊接零件、构件、容器、管道、蒙皮，以及经深冲和弯曲的零件及制品，在航空工业中应用广泛。该类合金常用 LF21、LF5、LF11 三个牌号。LF21 是 Al-Mn 系合金，加 Mn 主要是提高耐蚀性和产生固溶强化。其耐蚀性优于纯铝，可焊性好，强度较高，但切削加工性较差。LF5、LF11 属 Al-Mg 系合金，加 Mg 产生固溶强化和减小合金密度。其显著特点是密度小于纯铝，强度大于 Al-Mn 合金，且耐蚀性优良。

　　硬铝合金属 Al-Cu-Mg 系，还含少量 Mn。铜和镁在硬铝中可形成 θ 相（$CuAl_2$）和 S 相（$CuMgAl_2$）等强化相，故合金可热处理强化。强化效果随主强化相（S 相）的增多而增大，但塑性降低。加 Mn 可减少铁的有害作用，提高耐蚀性。该类合金淬火时效后强度明显提高，可达 420MPa，比强度与高强度钢相近，故又称硬铝。硬铝合金按合金元素含量及性能不同，分为低合金硬铝、中合金硬铝和高合金硬铝三种。

　　超硬铝合金属 Al-Cu-Mg-Zn 系合金，是室温强度最高的铝合金，常用牌号有 LC4、LC6 等。合金中会产生多种强化相，除 θ 相和 S 相外，还有强化效果很好的 $MgZn_2$（η 相）、$Mg_3Zn_3Al_2$（T 相）。超硬铝合金经固溶处理和人工时效后有很高的强度和硬度，σ_b 可达 680MPa。但耐蚀性差，高温软化快，故常用包铝法来提高耐蚀性。包铝时用含 Zn 量为 1% 的铝合金，不用纯铝。超硬铝主要用作受力大的重要结构件和承受高载荷的零件，如飞机大梁、起落架、加强框等。

　　锻铝合金主要是 Al-Cu-Mg-Si 系合金，如 LD5、LD10 等。虽加入的元素种

类多，但含量少，因而具有优良的热塑性，适宜锻造，故又称锻造铝合金。它也有较好的铸造性能和耐蚀性，力学性能与硬铝相近。主要用作航空及仪表工业中形状复杂、要求比强度较高的锻件或模锻件，如各种叶轮、框架、支杆等；也可作耐热铝合金（工作温度低于 200～300℃），如内燃机活塞及汽缸头等。

二、铸造铝合金

铸造铝合金和压铸件一般含有较高的硅含量，常用的压铸铝合金可以分为三大类：铝硅合金、铝硅铜合金、铝镁合金。

对于铝硅合金、铝硅铜合金，顾名思义，其成分除铝之外，硅与铜是主要构成。通常情况下，硅含量在 6%～12%，主要起到提高合金液流动性的作用；铜含量仅次之，主要起到增强强度及拉伸力的作用；铁含量通常在 0.7%～1.2%，在此比例之内，工件的脱模效果最佳。

铸造铝合金的特点：①Al-Si 系：具有良好的力学性能、耐蚀性能和中等的切削加工性能。②Al-Cu 系：具有良好的切削加工性和焊接性，但铸造性和耐蚀性差。③Al-Mg 系：密度小，强度、韧（塑）性好，耐蚀性和切削加工性也较好。④Al-Zn 系：强度好。

第二节　铝及铝合金的应用

铝合金的品种极多，许多铝合金就是以提高力学性能为目的而研发的，鉴于本书介绍铝材的表面处理，表 1-1 没有列入各种铝合金力学性能的数据。读者如需要有关铝合金物理和力学性能的数据，可以从有关专著或本读物丛书的其他相关著作中查阅。

利用铝有良好的导电性和导热性，可将其用作超高电压的电缆材料。铝在高温时的还原性极强，可以用于冶炼高熔点的金属，这种冶炼金属的方法称为"铝热法"。包装业一直是用铝的主要市场之一，且发展最快。利用铝的延展性，可将其制成铝箔，包装业产品包括家用包装材料、软包装和食品容器、瓶盖、软管、食品罐等。铝箔适用于包装箔制盒，用于盛食品与药剂，并可作家用；变形铝制品和铸造铝制品在汽车结构中应用颇广。典型铝合金的特性及应用见表 1-2。

表 1-2　典型铝合金的特性及应用

铝合金牌号	合金特性	应用示例
1060	导电性很好，成形性和耐腐蚀性好，强度差	电线电缆，化工容器
1050,1080	成形性好、阳极氧化容易、耐蚀性最好的铝合金之一，强度低	铭牌，装饰品，化工容器，焊丝

续表

铝合金牌号	合金特性	应用示例
1100,1200	一般用途,成形性和耐蚀性较好	容器,印刷版,厨具
2014,2024	含铜高,强度高,耐腐蚀性良,用于结构件	飞机大锻件和厚板,轮毂,螺旋桨
2018,2218	锻造性优,高温强度好,耐蚀性差,锻造合金	活塞,汽缸,叶轮
2011	切削性优,强度高,耐腐蚀性差	螺钉,机加工部件
3003	比1100强度高10%,加工性和耐腐蚀性好	厨具,薄板加工件
3004	比3003强度高,深拉性能优,耐腐蚀性良好	饮料罐,灯具,薄板加工件
4032	锻造合金,耐热和耐磨性优,热膨胀系数小	活塞,汽缸
4043	熔体流动性好,凝固收缩小,阳极氧化得灰色	焊条,建筑外装
5N01	强度与3003相近,光亮和耐腐蚀	装饰品,高级器具
5005	成形性和耐腐蚀性好,阳极氧化膜与6063色调匹配	建筑内外装,车船内装
5052	成形性、耐腐蚀性、可焊性好,疲劳强度高,强度中等	车、船钣金件,油箱油管
5056	耐蚀性、成形性与切割性好,阳极氧化与染色性好	照相机和通信部件
5083	焊接结构用合金,耐海水和低温性能好	车、船、飞机的焊板,低温容器
6101	高强度导电合金	电线电缆,导电排
6063	典型挤压合金,综合性能好,耐蚀性好,阳极氧化容易	建筑型材,管材,车辆、台架等挤压材
6061	比6063强度高,可焊性和耐蚀性好	车、船和陆上结构挤压件
6262	耐蚀性高于2011的快切削合金,强度接近6061	照相机、煤气器具部件
7072	电极电位负,作为防腐蚀包覆材料	空调器铝箔
7075	强度最高的铝合金之一,耐蚀性差,用7072包覆提高耐蚀性	飞机结构及其他高应力结构件

第三节 铝及铝合金的腐蚀及表面强化技术

一、铝及铝合金的腐蚀特点

铝是一种热力学活泼金属,在25℃的水溶液中标准电位为−1.66V,容易被腐蚀。但在实际情况中,铝却表现出较高的抗蚀性能。这是由于铝在空气中能迅速生成一层致密的氧化铝保护膜(这种自然形成的氧化物保护膜也可称为钝化膜),其厚度约为5~20nm,这便赋予了铝合金表面很好的耐蚀性能。这层氧化物的主要成分为Al_2O_3,在85℃的水中生成的氧化膜为$Al_2O_3 \cdot H_2O$。此时生成的氧化膜较厚,其氧化反应过程如下。

$$2Al + 6OH^- + 6H^+ \longrightarrow 2Al^{3+} + 6OH^- + 6H \tag{1-1}$$

随着反应的进行，铝表面周围溶液 pH 值升高，引起如下反应，并伴随氢气的逸出：

$$2Al^{3+} + 6OH^- + 6H \longrightarrow 2Al(OH)_3 + 3H_2 \uparrow \tag{1-2}$$

$$2Al(OH)_3 \longrightarrow Al_2O_3 \cdot H_2O + 2H_2O \tag{1-3}$$

这两种反应的发生使得铝表面能迅速生成一层致密氧化膜，阻止腐蚀介质的侵蚀作用，使得铝合金基体不至于同腐蚀介质发生反应，使其在空气中有较高的稳定性。可见铝合金的耐蚀性能与其表面氧化膜的性质紧密相关。

由化学反应式还可知，铝的腐蚀受 H^+ 浓度影响很大。H^+ 浓度升高或降低都会导致氧化膜层的溶解，进而导致铝被腐蚀。

当 H^+ 浓度降低时有如下反应。

$$Al(OH)_3 + OH^- \longrightarrow AlO_2^- + 2H_2O \tag{1-4}$$

$$Al_2O_3 \cdot H_2O + 2OH^- \longrightarrow 2AlO_2^- + 2H_2O \tag{1-5}$$

当 H^+ 浓度升高时有如下反应。

$$Al(OH)_3 + 3H^+ \longrightarrow Al^{3+} + 3H_2O \tag{1-6}$$

$$Al_2O_3 \cdot H_2O + 6H^+ \longrightarrow 2Al^{3+} + 4H_2O \tag{1-7}$$

但当溶液中 H^+ 浓度很高或很低时，反应(1-5) 和反应(1-7) 可能并不存在，甚至一定 H^+ 浓度下反应(1-6) 也不存在，铝直接被腐蚀成离子态，这可以从铝的电位-pH 图看出。铝的电位-pH 图如图 1-2 所示。

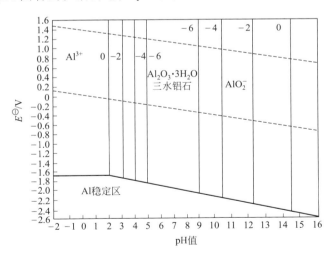

图 1-2　常温下铝-水系电位-pH 平衡简化图

由图 1-2 可知，铝在酸性环境中的稳定性要高于其在碱性环境中的稳定性。在酸性环境中，当铝的腐蚀电位低于 $-1.66V$ 时，铝都保持稳定。而在碱性环境中则不同，当碱达到一定浓度时，无论铝的腐蚀电位如何低，铝都是极其不稳定的，都将被剧烈腐蚀。当溶液 pH 值在 4.5～8.5，铝处于钝化区，不易腐蚀；当 pH 值小于 4.5 时，为酸性腐蚀区；当 pH 值大于 8.5 时，为碱性腐蚀区。铝在酸性腐蚀区特别是腐蚀介质中含有卤素离子时一般以局部腐蚀为主，比如点蚀、坑蚀；在碱性腐蚀区则以全面腐蚀为主。因此，铝在酸性介质中比在碱性介质中更容易形成较高粗糙化的表面。

铝合金常用的化学氧化法也能通过铝的电位-pH 图找出对应关系。在碱性环境中对铝合金表面进行化学氧化时，一般是在 pH 值约为 12 的条件下进行，从铝的电位-pH 图可以看出，此时铝落在腐蚀区，但化学氧化溶液中添加的铬酸盐可以有效抑制铝腐蚀反应的发生，并且如果想要形成较厚的化学氧化膜层，也需要使溶液对初期生成的氧化膜有一定的溶解作用，使溶液能与底层铝继续反应，由此增加氧化膜层的厚度。另外，在强碱性环境中，即使添加了腐蚀抑制剂，由于溶液的温度也较高，铝的腐蚀反应会加速进行。因此，相对而言，铝在酸性环境中稳定性要高一些，其化学氧化 pH 值一般在 1.5～3.0。关于铝合金化学氧化机理可参见本书第三章相关内容。

铝的腐蚀速度与 pH 值的特征关系曲线如图 1-3 所示。

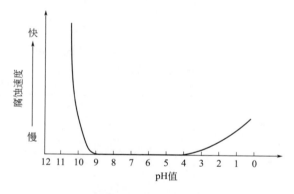

图 1-3　铝腐蚀速度与 pH 值的特征关系曲线

由图 1-3 可知，在酸性溶液中，随着 pH 值升高，铝的腐蚀速度逐渐下降；在碱性溶液中，随着 pH 值升高，铝的腐蚀速度逐渐增大，此时溶液中存在的离子不是 Al^{3+}，而是 $Al(OH)_4^-$。这是金属溶解阳极反应受到加速的原因。在 pH 值为 4～9 时，铝的腐蚀基本消失，这与铝的电位-pH 图基本一致，这是因为在铝合金的表面产生了厚的氧化膜保护层，然而这层保护层在强碱性或强酸性溶液中都不稳定。

在中性和碱性溶液中，金属铝溶解反应遵循如下反应过程。

$$Al + 4OH^- \longrightarrow Al(OH)_4^- + 3e \tag{1-8}$$

这个反应经由铝合金表面固态氧化物或氢氧化物的生成和固态氧化物或氢氧化物的溶解来完成，其分步骤如下。

$$2Al + 6OH^- \longrightarrow Al_2O_3 \downarrow + 3H_2O + 6e \qquad (1\text{-}9)$$

$$Al + 3OH^- \longrightarrow Al(OH)_3 \downarrow + 3e \qquad (1\text{-}10)$$

$$Al_2O_3 + 3H_2O + 2OH^- \longrightarrow 2Al(OH)_4^- \qquad (1\text{-}11)$$

$$Al(OH)_3 + OH^- \longrightarrow Al(OH)_4^- \qquad (1\text{-}12)$$

对于阳极反应而言，式（1-9）和式（1-10）控制腐蚀速度，溶解速度受到 $Al(OH)_4^-$ 与 OH^- 相互扩散速度的控制，也受到 OH^- 向电极表面扩散的控制。结果是在流动的溶液中，由于显著的阴极极化，发生析氢反应，使得界面电解质进一步碱化，从而使得铝在这种溶液中的溶解速度增大。阴极析氢反应如下：

$$2H_2O + 2e \longrightarrow 2OH^- + H_2 \uparrow \qquad (1\text{-}13)$$

铝虽然是活泼金属，但在氧化性酸中腐蚀速度很慢，这主要是由于氧化性酸能够在铝的表面形成钝态而起到保护作用，但在含有卤素离子的酸性溶液中，铝的腐蚀速度比较快。如铝在盐酸溶液中，由于 Cl^- 强烈的活化作用，铝的耐蚀性变差，且随着温度和酸浓度的提高，腐蚀速度加快。此外，铝的纯度降低，腐蚀速度加快。纯铝在热加工状态下腐蚀速度最大，淬火状态下腐蚀速度减小，退火状态下腐蚀速度最小。

铝的纯度和热处理状态对铝在 HCl 和 NaOH 溶液中腐蚀速度的影响见表 1-3。

表 1-3　铝的纯度和热处理状态对铝在 HCl 和 NaOH 溶液中腐蚀速度的影响

铝的纯度/%	热处理状态[1]	腐蚀速度/[g/(m²·d)]		铝的纯度/%	热处理状态[1]	腐蚀速度/[g/(m²·d)]	
		1.2% NaOH	20% HCl			1.2% NaOH	20% HCl
99.998	Ⅰ	187.2	6.1	99.88	Ⅰ	884.4	36180[2]
	Ⅱ		5.3		Ⅱ		11760
	Ⅲ		4.6		Ⅲ		6960
99.99	Ⅰ	696	112.2	99.57	Ⅰ	1300.2	72600[2]
	Ⅱ		4.8		Ⅱ		41700[2]
	Ⅲ		4.4		Ⅲ		30600[2]
99.97	Ⅰ	884.4	6540[2]	99.2	Ⅰ	1614.6	187200[2]
	Ⅱ		1224		Ⅱ		123600[2]
	Ⅲ		225.6		Ⅲ		121200[2]

　①Ⅰ为热加工状态（360℃）；Ⅱ为淬火状态（Ⅰ状态＋575℃加热后＋水淬）；Ⅲ为退火状态（Ⅰ状态＋575℃加热后＋随炉冷却）。

　②试样厚度 1～2mm，表面积为 200cm²（40cm×5cm），试样腐蚀 24h 后几乎全部溶解。

由于 OH^- 存在强烈的去极化作用，铝在碱性溶液中的腐蚀行为几乎呈现均匀腐蚀。而铝在含卤素离子的电解质溶液中，腐蚀呈现点蚀。

纯铝在硝酸溶液中，当温度在 15℃ 以下都表现为钝态，随着温度的升高和酸含量的增加，腐蚀速度逐渐加快。当 HNO_3 浓度在 30％时，各温度点基本都达到最大腐蚀速度。再提高酸的浓度腐蚀速度反而下降。在浓 HNO_3 中加入 HCl 或 HF，对铝有强烈的腐蚀作用，这是由于卤素离子侵蚀破坏了铝表面的氧化膜，导致腐蚀加剧。铝在不同浓度 HNO_3 溶液中及不同温度时的腐蚀速度如图 1-4 所示。铝在稀 H_2SO_4 溶液中腐蚀速度很慢，只有当 H_2SO_4 浓度大于 40％时，腐蚀速度才迅速增加。在 70％～80％的 H_2SO_4 溶液中腐蚀速度达到最大值，而后随着 H_2SO_4 浓度升高腐蚀速度反而减小。某些对卤素离子敏感的铝材，可以用 H_2SO_4 来调节溶液酸度，从而在一定范围内调节铝表面的腐蚀行为；也可以用 H_3PO_4 来代替。铝在不同浓度 H_2SO_4 溶液中的腐蚀速度如图 1-5 所示。铝在 HAc 溶液中，随着温度的增加腐蚀速度逐渐加快，当 HAc 浓度为 1％时腐蚀速度最大，然后随着 HAc 浓度的增加，腐蚀速度逐渐减小。但当 HAc 浓度增加到 90％以上时腐蚀速度增加很快。

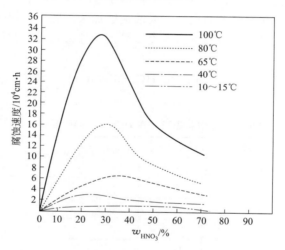

图 1-4 铝在不同浓度 HNO_3 溶液中及不同温度时的腐蚀速度

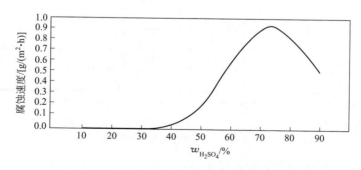

图 1-5 铝在不同浓度 H_2SO_4 溶液中的腐蚀速度

水中添加不同的阴离子、不同的 pH 值不仅对铝的腐蚀速度有不同影响，而且还影响铝的腐蚀行为。例如铝在稀 HCl 溶液和浓 HAc 溶液中易形成点蚀，而在其他浓的强酸中则易形成均匀腐蚀。

铝的腐蚀过程很复杂，远不仅以上所述，有兴趣的读者可以参考有关铝腐蚀的相关专著和文献。

二、铝及铝合金的表面强化技术

常见的铝表面处理方法有阳极氧化、化学转化、电镀和微弧氧化等。随着铝材应用范围进一步扩大以及应用条件越来越苛刻，对铝材表面处理的要求越来越高，铝合金材料的表面处理技术也在不断改进和发展，取得了一些新的研究成果。

为了提高铝及铝合金的耐磨抗蚀性能，人们常采用热喷涂技术、表面镀覆技术、表面合金化技术、高能表面改性技术和复合表面强化技术等对其进行表面强化。

1. 热喷涂技术

（1）电弧喷涂 铝合金表面电弧喷涂强化是利用电弧熔化金属丝材，借助高压气体将金属熔滴雾化并喷向铝合金基体表面以形成耐磨抗蚀强化涂层。电弧喷涂技术由瑞士的 M. U. Schoop 在 1913 年首先提出，20 世纪 80 年代起快速发展，至今电弧喷涂技术不断完善，并涌现出一些新技术，如高速电弧喷涂、复合电弧喷涂、保护气氛电弧喷涂、真空电弧喷涂及等离子转移电弧喷涂等。电弧喷涂技术在近 30 年间发展迅速，使之成为目前热喷涂技术中最受重视的技术之一，在国际上已经部分取代火焰喷涂和等离子喷涂，在长效防腐领域有着重要应用。杨峥山等人采用电弧喷涂技术在 6061 铝合金基材表面制备纯铝涂层。利用金相显微镜、扫描电镜、X 射线衍射仪对其显微组织结构、涂层形貌、腐蚀产物、孔隙率进行了分析。采用电化学试验、浸泡试验、中性盐雾试验检测了涂层在 5% NaCl 溶液中的耐腐蚀性能。研究结果表明，在铝合金基材表面能够获得组织均匀致密、低孔隙率的纯铝涂层，涂层与基体为机械嵌合，涂层封孔处理后，试样的耐蚀性能有很大提高，涂层对基体无阴极保护作用。徐荣正等研究了 6061 铝合金表面高纯铝涂层对其耐腐蚀性能的影响，涂层的腐蚀电位和腐蚀电流均高于铝合金基体，体现出良好的耐蚀性能。

（2）等离子喷涂 等离子喷涂是将粉末材料以等离子弧为热源，其温度可达 10^4 K，可使喷涂粉末得到足够热量，在其中加速、熔化或部分熔化，在冲击力的作用下，在基底上铺展并凝固形成层片，进而通过层片叠层形成涂层的一类加工工艺。它尤其适用于熔点较高的陶瓷材料，可以获得优异的喷涂效果，可显著改善铝合金表面性能。卢果等在 6063 铝合金表面制备了等离子喷涂纳米级 Al_2O_3/TiO_2 和微米级 Al_2O_3/TiO_2 陶瓷涂层。研究结果表明：纳米陶瓷涂层的硬度是微米陶瓷涂层的 3.5 倍；纳米陶瓷涂层的摩擦系数比微米陶瓷涂层下降了

12.5，磨损量仅为后者的 60%，并且远低于铝合金基体。Sarikaya 等研究了碳颗粒含量对等离子喷涂 Al-Si/B_4C 复合涂层性能的影响，复合涂层除了 B_4C 外，还生成了 Al_2O_3 颗粒，且随着碳颗粒含量的增加，复合涂层的硬度随之增大，孔隙率和表面粗糙度降低。

（3）高速火焰喷涂　高速火焰喷涂可使喷涂粉末获得极高的速度，粒子以更大的动能撞击基体表面，提高了涂层与基体的结合力，并可减少喷涂粉末的氧化和分解。如在铝合金表面制备 WC/Co-NiCr 涂层，涂层硬度达 818HV_{200}，孔隙率仅为 0.43。Magnani 等研究了氧气流量和送粉气流量对 AA7050 铝合金表面高速火焰喷涂 WC-Co 涂层的耐磨性能和耐蚀性能的影响，涂层磨损失重均较铝合金基体降低了 90%，摩擦系数都低于铝合金基体，强化效果显著。

任建平等采用高速燃气喷涂技术在 7075 高强铝合金表面制备了 WC-10Co/4Cr 和 WC-14Co 涂层。结果表明：涂层中存在明显的 WC 峰和 Co 峰，而未出现强 W_2C 峰，说明喷涂过程中 WC 并未发生严重的脱碳现象；盐雾试验 600h 后，7075 铝合金和 WC-14Co 均发生严重腐蚀，而 WC-14Co/4Cr 的耐蚀性最好。

2. 表面镀覆技术

（1）电镀　作为具有镀层结晶细致、平滑光亮和内应力较小等优点的表面强化方式，电镀在铝合金表面强化领域的应用十分广泛。但由于铝的电位较负，对氧的亲和力大，故铝合金在电镀前要经过化学浸锌、镀锌铜底层等特殊预处理，以提高镀层与基体的结合力。宋博等采用电流密度为 2.0～5.0mA/cm^2、温度为 8～25℃ 的电镀工艺参数，在铝合金表面制备了厚度为 8～15μm 的镍镀层，镍镀层抗热震能力较强，有较高的结合强度。丁雨田等在 ZL108 铝合金表面制备了 Ni-SiC 复合镀层，镀层厚度达 80μm，硬度达 504.6HV，分别是纯铝和纯镍的 6 倍和 2 倍。

（2）电刷镀　电刷镀工艺设备简便、灵活，可实现铝合金零部件表面局部快速现场强化与抢修。唐义号等研究了电刷镀技术在直升机铝合金零件修复中的应用，在有磨损沟槽的铝合金零件表面刷镀一层特殊 Ni＋n-Al_2O_3/Ni-Cr 复合镀层，修复层硬度 760HV，其磨损失重仅为 8.5mg/h，远低于铝合金基体的磨损失重。黄元林等通过刷镀特殊镍过渡层，在 ZL101 铝合金上刷镀了厚度为 100μm 的铜镀层，发现铜镀层和铸铝基体的显微硬度分别是 230.6$HV_{0.5}$ 和 74.2$HV_{0.5}$，摩擦磨损试验表明，镀层质量损失 25.5mg/h，仅是基体磨损失重的 1/3。

（3）化学镀　目前应用最广泛的是化学镀 Ni-P 合金以及在 Ni-P 合金基础上添加某些元素而制备功能性复合镀层。朱晓云等研究了化学镀 Ni-P 合金在铝合金表面强化中的应用，镀液的主要成分为 $NiSO_4$、NaH_2PO_2、络合剂、添加剂和稳定剂，可获得 Ni-P 化学镀层；在 8 种不同的腐蚀介质中，Ni-P 合金的腐蚀速度都远低于 1Cr18Ni9Ti 不锈钢；热处理温度对 Ni-P 镀层的硬度和耐磨性有较大影响，热处理温度为 400℃ 时，镀层硬度达 1050HV，高于阳极氧化膜的硬度，磨损失重降低至 15mg/h。刘燕萍以 LY17 铝合金为基体，在酸性镀液中进行（Ni-P）-PTFE 化学复合镀。与普通（Ni-P）合金相比，复合镀层与基体的结合强度更高，其静摩擦系数比 Ni-P 镀层降低 0.44～0.52。

3. 表面合金化技术

（1）电火花沉积　电火花沉积强化是利用高能量密度的电能，通过电极材料与铝合金表面的火花放电作用，把耐磨耐蚀性优良的电极材料熔渗进铝合金表面，形成合金化表面沉积层，达到铝合金表面强化的目的。郭锋等以 TC4 为电极材料，在 LY12 铝合金表面制备了钛铝合金强化层。该强化层厚度为 30μm，主要由 TiAl$_3$、Ti$_3$Al$_5$ 和 TiAl 等金属间化合物相与 TiN、TiO$_2$ 和 Al$_2$O$_3$ 等相组成，硬度达 596HV，强化层的磨损体积仅为基体的 1/7。为提高合金强化层的质量，将表面经过预处理的铝合金置于油液中，并将钨、钛等在油中电火花放电时容易被碳化的物质压结成形后作电极，从而对铝合金表面进行强化，形成高硬度高耐磨表面。蒋宝庆等采用液中电火花改质工艺，把一定比例的钨、石墨颗粒、聚乙烯醇压制成粉体电极，在 LC4 铝合金表面制备了钨-碳改质层，其厚度为 100μm，硬度高达 1700HV，磨损失重仅为未经强化铝合金的 24.5%，显著提高了铝合金的表面耐磨性能。

（2）激光表面合金化　激光能量集中，能使铝合金基体在极短的时间内达到熔化状态，使涂覆层合金元素与基体表面薄层熔化、混合而形成化学成分、物理状态和组织结构不同的新表层，从而提高基体表面的综合性能。李新等采用激光表面合金化技术在 ZL108 表面制备了 Ni/WC 表面合金化涂层。研究表明，合金强化层除增强颗粒外，还生成了 Al$_3$Ni、AlNi$_3$ 和 Ni$_2$Al 等金属间化合物，与铝合金基体间呈冶金结合状态；强化层深度可达 1.2mm，其硬度是基材的 8 倍，耐磨性能显著提高。Chuang 等研究了温度对 Al-Mg-Si 系铝合金表面激光合金化层摩擦学性能的影响，强化层中形成了 Al$_3$Ni 和 Al$_3$Ni$_2$ 等金属间化合物，其摩擦系数和磨损失重低于铝合金基体，且强化层的临界滑动摩擦温度高于 50℃，但当温度高于 200℃ 后，由于热应力失配而导致强化层耐磨性下降。

4. 高能表面改性技术

（1）微弧氧化　在铝合金表面产生微弧火花放电，从而形成高温、高压环境，使得铝合金表面氧化膜发生结构转变，所形成的氧化陶瓷膜硬度高、耐磨性好，是铝合金表面强化领域应用最为普遍的工艺之一。索相波等利用微弧氧化技术在 7A52 装甲铝合金表面生成陶瓷层，结果表明陶瓷层物相组成主要为 α-Al$_2$O$_3$ 和 β-Al$_2$O$_3$，强化试样的表面硬度达 21GPa，耐磨性是 7A52 铝合金的 109 倍。

（2）激光冲击强化　利用激光冲击铝合金表面，通过表面微观结构的改变实现表面改性处理，可显著提高其力学性能。与传统喷丸强化相比，经激光冲击强化的零部件表面粗糙度明显降低，强化层厚度明显提高，是铝合金表面强化的有效方法。对 LY12 铝合金进行激光冲击表面强化，强化层的最大压应力和最高显微硬度出现在其近表层，塑性变形层的深度约为 2mm，经单次和三次冲击强化试样的疲劳寿命分别比未经处理者提高了 131.4% 和 132.5%。

（3）离子注入　离子注入不受基体与增强离子固溶度和扩散系数的影响，能够获得非平衡结构的特殊物质，显著提高基体的硬度和耐磨性。刘洪喜等对铝合金进行离子渗氮强化，在强化层近表面形成了 AlN 硬质相，获得的强化表面显微硬度达 $228HV_{0.005}$，是未强化试样的 1.4 倍，且磨损失重降低了 75%，同时还缓解了铝合金在摩擦过程中严重的黏着磨损。汤宝寅等在不同温度下对 6061 铝合金进行了氮、氧离子注入，氮与氢混合气体离子注入，以及在氮气氛中钛或铝离子注入处理。结果表明：经氧离子注入处理的铝合金表面形成了较厚的 Al_2O_3 硬质层，延长了铝合金表面的耐磨性能；与单纯的氮离子注入相比，经氮/氢离子混合注入处理后，铝合金的表面硬度提高了 3 倍，摩擦系数由未注入时的 0.2 降至 0.1；而经铝/钛注入处理的试样的耐磨性能较未处理者提高了约 5 倍。

5. 复合表面强化技术

利用两种或两种以上的表面强化方法对铝合金基体进行强化处理，能够克服单一强化方式的局限性，充分发挥各种表面强化技术的特点，实现优势互补，改善表面强化效果。运用镀覆层与热处理的复合强化工艺，在铝合金表面先后镀 $20 \sim 30 \mu m$ 厚的锌、铜和铟，然后加热到 150℃ 热扩散处理，可提高镀层与基体的结合强度，并具有良好的耐磨性。李恒等采用溶胶-凝胶/热处理复合工艺在铝合金表面制备了纳米 SiO_2 杂化涂层。采用纳米 SiO_2 含量为 0.1%、热处理温度为 130℃ 制备的涂层，腐蚀电流密度最小，仅为 $3.613 \times 10^{-7} A/cm^2$，线性极化电阻和腐蚀电位均高于铝合金基体，提高了铝合金基体的耐腐蚀性。袁晓敏等在铝合金表面利用真空镀膜技术制备 CNTs/Ti/Al 多层膜，然后利用激光照射而形成合金化层。结果表明：激光处理过程中有少量 CNTs 与 Ti 原子原位结合生成 TiC 颗粒；激光功率增加时，复合层中 TiC 含量亦随之增加，得到良好的强化效果。

Gordani 等在 Al-356 铝合金表面先化学镀 Ni-P，然后用功率 1kW 的脉冲激光器进行表面合金化，合金强化层的硬度明显提高（达 940HV），且与基体达到了冶金结合；在 3.5% NaCl 溶液中，强化层的自腐蚀电位和点蚀电位较未经激光处理的 Ni-P 涂层分别提高了 180mV 和 350mV。Tian 等采用阳极氧化和离子注入复合强化技术，研究了镍离子注入对铝合金表面阳极膜耐腐蚀性能的影响。离子注入后的阳极膜表面形成了金属镍和 NiO，镍离子能够注入氧化铝陶瓷层中；强化层在酸和中性盐溶液中的容抗下降，阻抗显著上升，其抗腐蚀能力增加。

参考文献

[1] 林慧国, 林钢. 中外铝合金牌号对照速查手册 [M]. 北京: 机械工业出版社, 2007.

[2] 张菊水, 李波. 工程材料学 [M]. 北京: 机械工业出版社, 1990.

[3] 潘复生. 铝合金及应用 [M]. 北京: 化学工业出版社, 2006.

[4] 黄建中, 左禹. 材料的耐蚀性和腐蚀数据 [M]. 北京: 化学工业出版社, 2003.

[5] 吴开源, 王勇, 赵卫民. 金属结构的腐蚀与防护 [M]. 东营: 中国石油大学出版社, 2000.

[6] 唐培松. 铝合金表面微弧氧化工艺条件研究 [D]. 昆明: 昆明理工大学, 2001.

[7] 杨丁. 铝合金纹理蚀刻技术 [M]. 北京: 化学工业出版社, 2007.

[8] 旷亚非, 许岩, 李国希. 铝及其合金材料表面处理研究进展 [J]. 电镀与精饰, 2000, 22 (1): 16-20.

[9] 谭华, 谭业发, 何龙, 等. 铝合金表面强化技术研究现状及其发展趋势 [J]. 机械工程与自动化, 2013 (3): 217-219.

[10] 聂德键, 罗铭强, 陈文泗, 等. 铝合金表面改性技术的研究现状 [J]. 南方金属, 2016 (06): 9-13.

[11] 王真. 铝合金电弧喷涂纯铝涂层及封孔方法研究 [D]. 大连: 大连理工大学, 2009.

[12] 杨峥山, 祝美丽, 宋刚, 等. 6061 铝合金表面电弧喷涂纯铝涂层的研究 [J]. 轻合金加工技术, 2008, 36 (9): 31-35.

[13] 徐荣正, 宋刚, 刘黎明. 铝合金表面电弧喷涂铝涂层工艺与性能 [J]. 焊接学报, 2008, 29 (6): 112-115, 121.

[14] 陈丽梅, 李强. 等离子喷涂技术现状及发展 [J]. 热处理技术与装备, 2006, 27 (1): 1-5.

[15] 卢果, 宋仁国, 李红霞, 等. 6063 铝合金表面等离子喷涂 Al_2O_3/TiO_2 纳米陶瓷涂层组织与性能研究 [J]. 热加工工艺, 2009, 38 (16): 97-100.

[16] Sarikaya O, Celik E, Okumus S C, et al. Effect on residual stresses in plasma sprayed Al-Si/B_4C composite coatings subjected to thermal shock [J]. Surface & Coatings Technology, 2005, 200 (7): 2497-2503.

[17] Magnani M, Suegama P H, Espallargas N, et al. Influence of HVOF parameters on the corrosion and wear resistance of WC-Co coatings sprayed on AA7050 T7 [J]. Surface & Coatings Technology, 2008, 202 (19): 4746-4757.

[18] 任建平, 刘敏, 邓春明, 等. 铝合金表面活性燃烧高速燃气喷涂 WC 涂层的耐中性盐雾腐蚀性能 [J]. 机械工程材料, 2009, 33 (3): 39-42.

[19] 宋博. 铝合金表面生长镍层的研究 [D]. 沈阳: 东北大学, 2001.

[20] 丁雨田, 许广济, 戴雷, 等. 铝合金表面电沉积 Ni-SiC 复合镀层的研究 [J]. 机械工程学报, 2003, 39 (1): 128-132.

[21] 黄元林, 朱有利, 李华, 等. 铝合金表面电刷镀碱性铜镀层性能研究 [J]. 热加工工艺, 2006, 35 (3): 22-24.

[22] 朱晓云, 郭忠诚, 翟大成. 化学镀 Ni-P 合金在铝合金表面强化上的应用 [J]. 中国表面工程, 2001, 14 (1): 40-42.

[23] 刘燕萍. 硬铝合金化学复合镀 (Ni-P)-聚四氟乙烯性能的研究 [J]. 电镀与精饰, 2001, 23 (3): 11-13.

[24] 郭锋, 李平, 苏劭家, 等. LY12 铝合金表面电火花强化层组织与性能研究 [J]. 材料工程, 2010 (1): 28-31.

[25] 李新, 刘卫, 余先涛. ZL108 的激光表面合金化 [J]. 武汉理工大学学报, 2006, 28 (4): 38-40.

[26] Chuang Y C, Lee S C, Lin H C. Effect of temperature on the sliding wear behavior of laser sur-

face alloyed Ni-base on Al-Mg-Si alloy [J]. Applied Surface Science, 2006, 253 (3): 1404-1410.

[27] 索相波, 邱骥, 张建辉. 7A52 铝合金表面微弧氧化陶瓷层摩擦学特性 [J]. 中国表面工程, 2009, 22 (4):61-65.

[28] Zhang Y K, Lu J Z, Ren X D, et al. Effect of laser shock processing on the mechanical properties and fatigue lives of the turbojet engine blades manufactured by LY2 aluminum alloy [J]. Materials & Design, 2009, 30 (5):1697-1703.

[29] 刘洪喜, 王浪平, 王小峰, 等. LY12CZ 铝合金表面等离子浸没离子注入氮层的摩擦磨损性能研究 [J]. 摩擦学学报, 2006, 26 (5):417-421.

[30] Gordani G R, Shojarazavi R, Hashemi S H, et al. Laser surface alloying of an electroless Ni-P coating with Al-356 substrate [J]. Optics & Lasers in Engineering, 2008, 46 (7):550-557.

[31] 唐义号, 熊丽芳, 熊哲, 等. 电刷镀再制造技术快速修复缺陷零件应用研究 [J]. 直升机技术, 2011 (2):49-51, 55.

[32] Chung C K, Tsai C H, Hsu C R, et al. Impurity and temperature enhanced growth behaviour of anodic aluminium oxide from AA5052 Al-Mg alloy using hybrid pulse anodization at room temperature [J]. Corrosion Science, 2017, 125: 40-47.

第二章

铝及铝合金表面强化前处理

铝及其合金的外观和适用性很大程度上取决于精饰前的表面预处理，实际生产中根据铝制品的类型、生产方法、表面初始状态及所要求的精饰水平确定具体采用哪种方法。

第一节　粗糙表面的整平

金属材料表面整平包括机械整平和化学处理两种方法。根据基体材料的性质、基体材料表面被污染的状态以及零件形状的不同，可以分别选用不同的整平处理方法。下面就对几种常见方法做一些简单的介绍。

一、喷砂和喷丸

喷砂与喷丸都是使用高压风或压缩空气作动力，将其高速地吹出去冲击工件表面达到清理效果，但选择的介质不同，效果也不相同。喷砂处理后，工件表面污物被清除掉，工件表面被微量破坏，表面积大幅增加，从而增加了工件与涂/镀层的结合强度。并且经过喷砂处理的工件表面为金属本色，但是由于表面为毛糙面，光线被折射掉，故没有金属光泽，为发暗表面。而喷丸处理后，工件表面污物被清除掉，工件表面被微量改变而不被破坏，表面积有所增加。由于加工过程中，工件表面没有被破坏，加工时产生的多余能量就会引起工件基体的表面强化。因此经过喷丸处理的工件表面也为金属本色，但是由于表面为球状面，光线部分被折射掉，故为亚光效果。

（一）喷砂

1. 喷砂的定义及原理

喷砂是利用高速砂流的冲击作用清理和粗化基体表面的过程。采用压缩空气为动力，以形成高速喷射束将喷料（铜矿砂、石英砂、金刚砂、铁砂、海南砂）高速喷射到需要处理的工件表面，使工件表面的外表或形状发生变化。

由于磨料对工件表面的冲击和切削作用，工件的表面获得一定的清洁度和不同的粗糙度，工件表面的力学性能得到改善，因此提高了工件的抗疲劳性，增加了它和涂层之间的附着力，延长了涂膜的耐久性，也有利于涂料的流平和装饰。图 2-1 是手工喷砂现场照片和喷砂后铝合金的表面状态。

(a) 手工喷砂　　　　　　　　　　　　　　(b) 5052铝合金板喷砂后表面状态

图 2-1　手工喷砂现场照片和喷砂后铝合金的表面状态

2. 喷砂的主要应用范围

（1）工件涂镀、工件粘接前处理　喷砂能把工件表面的锈皮等一切污物清除，并在工件表面建立起十分重要的基础图式（即通常所谓的毛面），而且可以通过调换不同粒度的磨料达到不同程度的粗糙度，大大提高工件与涂料、镀料的结合力。或使粘接件粘接得更牢固，质量更好。

（2）铸造件毛面、热处理后工件的清理与抛光　喷砂能清理铸锻件、热处理后工件表面的一切污物（如氧化皮、油污等残留物），并将工件表面抛光提高工件的光洁度，能使工件露出均匀一致的金属本色，使工件外表更美观。

（3）机加工件毛刺清理与表面美化　喷砂能清理工件表面的微小毛刺，并使工件表面更加平整，消除毛刺的危害，提高工件的档次。并且喷砂能在工件表面交界处打出很小的圆角，使工件显得更加美观、更加精密。

（4）改善零件的力学性能　机械零件经喷砂后，能在其表面产生均匀细微的凹凸面，使润滑油得到存储，从而使润滑条件改善，并减少噪声，提高机械使用寿命。

（5）光饰作用　对于某些特殊用途工件，喷砂可随意实现不同的反光或亚光。如不锈钢工件、塑胶的打磨，玉器的磨光，木制家具表面亚光化，磨砂玻璃表面的花纹图案加工，以及布料表面的毛化加工等。

3. 喷砂的工艺流程

（1）喷砂工艺前处理阶段　工艺前处理阶段是指对于工件在被喷涂、喷镀保护层之前，工件表面均应进行的处理。喷砂工艺前处理质量好坏，影响着涂层的附着力、外观、耐潮湿及耐腐蚀性能等方面。前处理工作做得不好，锈蚀仍会在涂层下继续蔓延,使涂层成片脱落。经过认真清理的表面和一般简单清理的工件,用暴晒法进行涂层比较,寿命可相差 4~5 倍。

(2) 喷砂工艺阶段 喷砂工艺是采用压缩空气为动力形成高速喷射束,将喷料高速喷射到需处理的工件表面,使工件外表面发生变化。由于磨料对工件表面的冲击和切削作用,工件表面获得一定的清洁度和不同的粗糙度,工件表面的力学性能得到改善。

4. 喷砂机的分类

喷砂机一般分为干喷砂机和液体喷砂机两大类,干喷砂机又可分为吸入式和压入式两类。

(1) 吸入式干喷砂机 一个完整的吸入式干喷砂机一般由六个系统组成,即结构系统、介质动力系统、管路系统、除尘系统、控制系统和辅助系统。吸入式干喷砂机工作原理见图 2-2。吸入式干喷砂机是以压缩空气为动力,通过气流的高速运动在喷枪内形成负压,将磨料通过输砂管吸入喷枪并经喷嘴射出,喷射到被加工表面,达到预期的加工目的。在吸入式干喷砂机中,压缩空气既是供料动力,又是射流的加速动力。

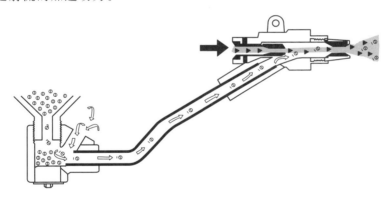

图 2-2 吸入式干喷砂机工作原理

磨料; 压缩空气; 大气

(2) 压入式干喷砂机 一个完整的压入式干喷砂机工作单元一般由四个系统组成,即压力罐、介质动力系统、管路系统、控制系统。压入式干喷砂机工作原理见图 2-3。

压入式干喷砂机是以压缩空气为动力,通过压缩空气在压力罐内建立的工作压力,将磨料通过出砂阀压入喷砂管并经喷枪射出,喷射到被加工表面达到预期的加工目的。在压入式干喷砂机中,压缩空气既是供料动力,又是射流的加速动力。

(3) 液体喷砂机 液体喷砂机相对于干式喷砂机来说,最大的特点就是很好地控制了喷砂加工过程中的粉尘污染,改善了喷砂操作的工作环境。它一般由五

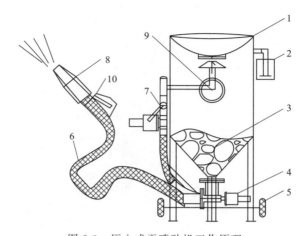

图 2-3　压入式干喷砂机工作原理

1—压力罐外壳；2—消声器；3—磨料；4—磨料阀；5—推动轮；6—喷砂管；

7—压力控制阀；8—喷枪；9—维修法兰；10—喷砂控制开关

个系统组成，即结构系统、介质动力系统、管路系统、控制系统和辅助系统。液体喷砂机及其工作原理见图 2-4。液体喷砂机是以磨液泵作为磨液的供料动力，通过磨液泵将搅拌均匀的磨液（磨料和水的混合液）输送到喷枪内。压缩空气作为磨液的加速动力，通过输气管进入喷枪，在喷枪内，压缩空气对进入喷枪的磨液加速，并经喷枪射出，喷射到被加工表面达到预期的加工目的。在液体喷砂机中，磨液泵为供料动力，压缩空气为加速动力。

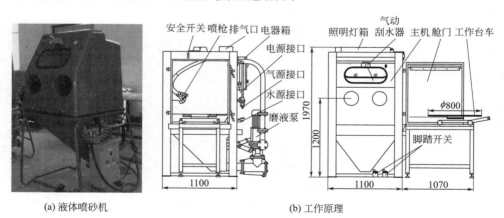

(a) 液体喷砂机　　　　　　　　　　(b) 工作原理

图 2-4　液体喷砂机及其工作原理

5. 喷砂的清理等级

喷砂后的清洁度，代表性国际标准有两种：一种是美国 1985 年制订的"SSPC-"；另一种是瑞典 1976 年制订的"Sa-"，它分为四个等级，分别为 Sa1 级、Sa2 级、Sa2.5 级、Sa3 级，为国际惯常通用标准，详细介绍如下。

（1）Sa1 级　相当于美国 SSPC-SP7 级。采用一般简单的手工刷除、砂布打磨方法，这是四种清洁度中最低的一级，对涂层的保护仅仅略好于未采用处理的工件。Sa1 级处理的技术标准：工件表面应不可见油污、油脂、残留氧化皮、锈斑和残留油漆等污物。Sa1 级也叫作手工刷除清理级（或清扫级）。

（2）Sa2 级　相当于美国 SSPC-SP6 级。采用喷砂清理方法，这是喷砂处理中最低的一级，即一般的要求，但对于涂层的保护要比手工刷除清理提高许多。Sa2 级处理的技术标准：工件表面应不可见油腻、污垢、氧化皮、锈皮、油漆、氧化物、腐蚀物和其他外来物质（疵点除外），但疵点限定为不超过每平方米表面的 33%，可包括轻微阴影，少量因疵点、锈蚀引起的轻微脱色，氧化皮及油漆疵点。如果工件原表面有凹痕，则轻微的锈蚀和油漆还会残留在凹痕底部。Sa2 级也叫作商品清理级（或工业级）。

（3）Sa2.5 级　是工业上普遍使用的并可以作为验收技术要求及标准的级别。Sa2.5 级也叫作近白清理级（近白级或出白级）。Sa2.5 级处理的技术标准：同 Sa2 要求前半部分一样，但疵点限定为不超过每平方米表面的 5%，可包括轻微暗影，少量因疵点、锈蚀引起的轻微脱色，氧化皮及油漆疵点。

（4）Sa3 级　相当于美国 SSPC-SP5 级，是工业上的最高处理级别，也叫作白色清理级（或白色级）。Sa3 级处理的技术标准：与 Sa2.5 级一样，但 5% 的阴影、疵点、锈蚀等都不得存在。

6. 喷砂工作应注意的事项

① 工作前必须穿戴好防护用品，不准赤裸膀臂工作。工作时不得少于两人。

② 储气罐、压力表、安全阀要定期校验。储气罐两周排放一次灰尘，砂罐里的过滤器每月检查一次。

③ 检查通风管及喷砂机门是否密封。工作前 5min，须开动通风除尘设备；通风除尘设备失效时，禁止喷砂机工作。

④ 压缩空气阀要缓慢打开，气压不准超过 0.8MPa。

⑤ 喷砂粒度应与工作要求相适应，一般在 10～20 号适用，砂子应保持干燥。

⑥ 喷砂机工作时，禁止无关人员接近。清扫和调整运转部位时，应停机进行。

⑦ 不准用压缩空气吹身上灰尘或开玩笑。

⑧ 工作完后，通风除尘设备应继续运转 5min 再关闭，以排出室内灰尘，保持场地清洁。

⑨ 发生人身、设备事故，应保持现场，并报告有关部门。

（二）喷丸

1. 喷丸的定义及原理

喷丸是利用高速丸流的冲击作用清理和强化基体表面的过程。用喷丸进行表面处理，打击力大，清理效果明显。但喷丸对薄板工件的处理，容易使工件变形，且对于带有油污的工件，抛丸、喷丸无法彻底清除油污。在现有的工件表面处理方法中，清理效果最佳的还是喷砂清理，喷砂适用于工件表面要求较高的清理。

2. 丸的种类

丸总共有三大类：铸钢丸、铸铁丸和玻璃丸。其特点如下。

（1）铸钢丸 其硬度一般为 40～50HRC，加工硬金属时，可把硬度提高到 57～62HRC。铸钢丸的韧性较好，使用广泛，其使用寿命为铸铁丸的几倍。

（2）铸铁丸 其硬度为 58～65HRC，质脆而易于破碎。寿命短，使用不广。主要用于需喷丸强度高的场合。

（3）玻璃丸 其硬度较前两者低，主要用于不锈钢、钛、铝、镁及其他不允许铁质污染的材料，也可在钢铁丸喷丸后作第二次加工之用，以除去铁质污染和降低零件的表面粗糙度。

3. 喷丸清理中的喷嘴

（1）直桶形喷嘴 直桶形喷嘴结构简单，其内部结构只有收缩段和平直段两部分。这种形式的喷嘴无法克服进口端存在的涡流现象，压力损失大，磨料出口速度在 0.7MPa 的压力条件下不足 100m/s。

（2）文丘里形喷嘴 文丘里形喷嘴在结构上分为收缩段、平直段和扩散段三部分，制作难度显著增加。文丘里形喷嘴的气体动力学性能远优于直桶形喷嘴，涡流现象明显改善或不复存在，压力损失大幅度降低，在相同压力条件下，磨料的出口速度可增加一倍以上，接近于声音的传播速度，磨料颗粒所具有的动能大幅度提高，打击工件表面的能力大大增强，这是文丘里形喷嘴工作效率提高的主要原因之一。

直桶形喷嘴和文丘里形喷嘴使用性能的一个很大区别在于磨料的发散均匀性，文丘里形喷嘴喷出的磨料在发散区域内分布很均匀，而直桶形喷嘴喷出的磨料有很大一部分集中在发散区域的中心部位，喷嘴在工件表面上的有效清理宽度窄，文丘里形喷嘴在工件表面上的有效清理宽度要大得多，而且有效清理区域内的磨料作用力一致，磨料得到充分利用，工作效率提高就是必然的结果了。据资料介绍，文丘里喷嘴与直桶形喷嘴相比，工作效率可提高 15%～40%，磨料消耗可降低 20%。

（3）双文丘里形喷嘴 双文丘里形喷嘴有前后两个喷嘴，二者之间有间隔，在间隔处的四周有几个小孔。在这种一大一小、一前一后的喷嘴布置形式中，由于高速气流的作用，产生一个足够大的负压，将周围的空气吸入喷嘴内，使喷出的空气量大于进入喷嘴的压缩空气，磨料的出口速度又有提高。另外，双文丘里形喷嘴的出口端直径比普通的文丘里形喷嘴大一些，磨料流的发散面要比普通文丘里形喷嘴大 35%，清理效率自然要比普通文丘里形喷嘴更高。双文丘里喷嘴使用时反冲力较小，操作省时省力，理论高速工作压力为 0.42MPa，比其他喷嘴均低。

（4）大进口直径的文丘里形喷嘴　普通文丘里形喷嘴的进口直径是 1in（1in＝2.54cm），现在出现了一种进口端直径为 1.25in 的文丘里喷嘴，试验表明，在 0.69MPa 的压力条件下，大进口端的文丘里喷嘴出口速度可达到 201m/s，比普通文丘里喷嘴提高 12.5%。

（5）方孔喷嘴　一种进口端与出口端都呈正方形的喷嘴，各方面试验表明，该喷嘴比文丘里形喷嘴的工作效率更高，经济性更好。

二、磨光和机械抛光

（一）磨光

1. 磨光的定义及原理

磨光是除去基体材料表面的毛刺、砂眼、焊疤、划痕、腐蚀痕、氧化皮和各种宏观缺陷，以提高基体材料表面平整度的一种机械处理方法，一般是在粘有磨料的磨轮上进行的。磨光是靠磨光轮的旋转，通过磨料将被加工零件表面粗糙不平的地方削平，使其逐渐变得平滑的过程。在磨光所用磨轮的轮周上，以骨胶或皮胶胶黏剂黏结上各种磨料，如图 2-5 所示。粘在磨轮上的磨料颗粒有许多棱角，硬度极高，相当于无数个小刀刃不规则地排布在磨轮表面上。磨轮高速旋转时，将与其相接触的零件表面削去一薄层，使零件表面逐渐变得平整和光滑。

图 2-5　磨光轮

磨轮粘砂的质量，对生产效率、使用寿命以及生产的质量影响很大。其关键是配制胶水和黏结的操作。胶水的浓度根据金刚砂的号数而定：砂粒越粗，使用的胶水浓度越高；砂粒越细，使用的胶水浓度越低。例如，黏结 100～180 号砂用的牛皮胶，其浓度为 30% 左右。磨轮粘砂的操作过程如下：①加热胶水（不超过 100℃），并且在 60～80℃下，预热金刚砂及磨轮；②刷第一层胶水，等干后再刷第二层胶水，并滚粘砂粒，要粘均匀并压紧；③在 60℃ 左右进行干燥，也可以在室温下干燥 24h。

2. 磨料

常用的磨料有人造刚玉、金刚砂、碳化硅、硅藻土、石英砂等。磨料根据其颗粒尺寸分为磨粒、磨粉、微粉和超微粉四组，见表 2-1。

表 2-1　磨料粒度号及颗粒尺寸

种类	粒度号	基本颗粒尺寸范围/μm
磨粒	8＃～80＃	3150～160
磨粉	100＃～280＃	160～40
微粉	W40～W5	40～3.5
超微粉	W3.5～W0.5	3.5～0.5（或更细）

前处理中的研磨通常使用 120＃～280＃ 磨料，依次加大磨料的号码，由粗到细分几道工序进行研磨。如果基体材料表面原始状态很粗糙，则应先用比 120＃更粗的磨料进行粗磨。另外，磨轮旋转的圆周速度也直接影响被加工表面的平整速度。一般说来，圆周速度越高，磨光的精度越低。因此，精磨所用的磨轮转速应低于粗磨所用的转速。

3. 磨光带

磨光带是由安在电动机上的接触轮带动，由另一从动轮使其具有一定的张力，以便对零件进行磨光。磨光带由衬底、胶黏剂和磨料三部分组成。衬底可用 1～3 层不同类型的纸或布。胶黏剂一般用合成树脂，也可以用骨胶或皮胶。接触轮越硬，对零件的磨削量越大，表面越粗糙，磨光带上磨料的损耗也越快。

与磨光轮相比，用磨光带有许多优点：①磨削面积大，因而使用寿命长；②便于手持零件，零件变形的可能性小；③不同的接触轮可以调节带子的松紧，可对不同的零件进行磨光；④使用可充气的接触轮，可对复杂的零件进行磨光；⑤用合成树脂粘接磨料的磨光带，可以用作湿磨。

4. 磨光速度的选择

磨光的效果除了取决于磨料的种类和粒度外，还与磨光轮或磨光带的刚性和磨光速度有关。应根据工件材料的不同，选择适宜的磨轮转速。生产实践表明，磨光时磨轮的转速一般应控制在 1200～2800r/min。零件形状简单时，可用较大的转速；而零件形状复杂或磨光铝及其合金时，要采用较小的转速。过大的磨光速度会使磨光轮的使用寿命降低；而磨光速度太小时，生产效率低，表面质量差。

（二）机械抛光

1. 机械抛光的定义及原理

机械抛光一般在磨光的基础上进行，用以进一步清除被加工金属工件表面上的微细不平，使其具有镜面般的光泽。它可用于工件的镀前准备，也可用于镀后的精加工，使得镀层表面获得装饰性外观，并提高零件的耐蚀性。抛光过程与磨光不同，不存在显著的金属损耗。对抛光过程机理的一般看法是：高速旋转的布轮与金属摩擦时产生高温，使金属表面发生塑性变形从而平整了金属表面的凹凸；同时使金属表面在周围大气的氧化下瞬间形成的极薄氧化膜反复地被抛光下来，而使其光亮。所以抛光过程既具有机械的切削作用，又具有物理和化学的作用。见图 2-6。

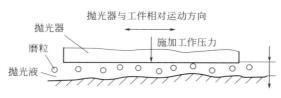

图 2-6 机械抛光的原理

需要注意的是机械抛光是依靠非常细小的抛光粉的磨削、滚压作用，除去试样磨面上极薄的一层金属。如果抛光前磨面上留有较深的磨痕，仅采用机械抛光是难以去除的。因为若将磨痕抛掉，势必要加浓抛光液，加长时间或加重抛光时所施加的压力，导致磨面表层金属流动和扰乱，试样磨面变形层加厚，使一些合金中的晶相脱落。尤其是硬度不太大的铝合金，磨面表层的氧化将更厉害，从而影响组织观察。所以进行机械抛光的试样在细磨后只允许留有单一方向均匀的细磨痕。

2. 抛光轮

抛光轮作为抛光材料常见的磨具之一，由多层帆布、毛毡或皮革叠制而成，如图 2-7 所示。而抛光轮的硬度由缝合线的距离决定，距离越小，硬度越高。抛光大型的工件，也有用具有特别的风冷装置的抛光轮。

图 2-7 抛光轮

抛光轮的种类按照材质的不同可分为玻璃抛光羊毛轮、不锈钢羊毛轮、大理石抛光轮、金属仪器羊毛轮、角向轮、羊毛轮、抛光羊毛球、3M 羊毛球、粘连式抛光球、带粘扣羊毛盘、粘连羊毛球等。

抛光轮按颜色可分为灰色抛光轮和红色抛光轮。其中，灰色抛光轮主要针对各种金属抛光拉丝（包括不锈钢、铜、铝、各种金属合金等金属工件）和木材抛光等，属于通用型尼龙轮，金属抛光所出来的效果是白光；红色抛光轮主要针对铜、铝、软金属制品抛光和电镀拉丝，特别是电镀铬后的拉丝。

依据抛光后表面质量的不同，机械抛光也可分为粗抛、中抛和精抛三级。粗抛是用硬轮对已经经过磨光，降低了表面粗糙度之后的表面，再做进一步降低粗糙度的加工；中抛是用比粗抛的抛光轮软一些的硬抛光轮，对经过粗抛的表面做进一步的加工，它能除去粗抛留下的划痕，并产生中等光亮的表面；精抛则是抛光的最后工序，用软抛光材料抛光轮抛光，使制品获得镜面光亮的表面，磨削作用很小，可使金属表面获得镜面光泽。

3. 抛光膏

常用的抛光膏有四种，即绿油抛光膏、白油抛光膏、红油抛光膏和黄油抛光膏。

（1）绿油抛光膏　又名绿油，由三氧化二铬、适量的氧化铝和黏结剂（硬脂酸、脂肪酸）等组成，外表呈深绿色。绿油抛光膏磨粒硬且锐利，有较好的磨削力。在铝的精抛光中用量不宜过多，且制件与抛光轮之间的压力要小，这样才能获得较佳的精抛效果。

（2）白油抛光膏　又名白油，由氧化钙和少量氧化镁和少量黏结剂（硬脂酸或白蜡）组成。呈白色，故名白油抛光膏。这种抛光膏性能适中，最适宜抛铜及铜合金、镀镍和铝等金属。白油抛光膏接触空气易风化，需要密封保存（可放在塑料袋内）。

（3）红油抛光膏　又名红油，由三氧化二铁（氧化铁红、铁丹）和黏结剂（脂肪酸、白蜡）等配制而成。红油抛光膏硬度适中，组织粗糙，主要用于钢铁件磨光之后油光工序中，铝质制件表面较少应用，但在研磨铝铸件方面效果很好。

（4）黄油抛光膏　外表呈棕色，由硬脂酸、精制氧化铁粉等组成，其抛光性能好，切削力低，对基体损耗少。这种棕色的抛光膏有时也被称为红抛光膏，实际上与前面的红油抛光膏（红油）有很大区别。这种棕色抛光膏主要抛金、银、锌、铜等软金属，抛纯铝效果也很好，对抛后尚需电抛光的制件更为适宜，但抛光技巧和布轮质量也是关键之一。

4. 机械抛光的注意事项

机械抛光应注意如下问题：

（1）根据加工件硬度选择抛光轮的圆周速率　硬度越高，要求抛光轮的圆周速率越大；反之，要求抛光轮的圆周速率越小。一般钢铁件，镍、铬镀层的抛光30～35m/s为宜，铜及铜合金22～25m/s就可以了，锌、银等软金属应更小些，以防抛损。一般抛光机不能任意调节速度；为达到理想的圆周速率，根据抛光轮的直径大小与圆周速率成正比的原理，可以采用不同直径的抛光轮来调节。

（2）根据硬度选择抛光膏　不同的抛光膏适用的基材不同，所以应根据基材硬度选择适宜的抛光膏。

（3）重视布轮维护　布轮使用后要单独存放，以防受到金刚砂粒的沾污，使抛光面出现明显划痕。

（4）合理使用抛光工具　抛光细长、薄片、框架和细小镀件时需使用相应衬、垫、套、夹等工具，以防工件变形、折弯、掉地摔坏，发生工伤事故。

（5）抛光后处理注意事项　经精抛的表面有的是成品，有的尚需后续处理，但都需清洁处理，可用脱脂棉布或专用棉织毛巾揩擦；切勿用湿布揩擦，否则会发花或出现锈迹。

第二节　脱脂

表面处理效果的好坏，除了工艺本身外，前处理过程是至关重要的。在电镀的实际生产中，镀层与金属的结合力不良是最常见的故障，其中80%是因镀前处理不良（油脂处理不好）所致。因此要获得优质的镀层，需要采取完善严格的电镀前处理工序。金属表面处理得越干净，金属与镀层间就有越好的结合力，并拥有越好的装饰性与功能性。在金属表面所依附的物质中，油污是最难处理的。空气中含有许多我们肉眼看不到的微细物质，如果将金属材料置于空气中，短时间内，飞散在空气中的灰尘、油脂会附着在其表面上，形成油污层。此外，还附着有加工用的机油和防止生锈的防锈油等。工件表面油污的来源主要有以下几个方面：

① 工件在制造成形过程中需要润滑、降温、防锈等，采用了各种油脂达到加工所需要的目的。例如卷轧、冲压、热处理及淬火等使用了拉延油、润滑油、淬火油、防锈油等。

② 工件在机械加工过程中，例如车、切、削、钻、磨等工序，都需要使用润滑油、切削油、拉延油、防锈油等。

③ 工件机械制造成形后，在库存及运输过程中为防止表面产生腐蚀、生锈或磨损，需要防锈包装，需要使用各种防锈油及缓蚀剂等。

④ 有些工件在前处理时，进行机械抛光，抛光后表面留有抛光膏、蜡及金属屑等污物。

影响脱脂效果的因素很多，主要有：①油污附着量。②油污种数。植物油难除去，因含有双键基团，容易被空气氧化，附着力强，选用市售的除这类油的专用脱脂剂，能较彻底地去除这类油污，也可选用LHB值低些的表面活性剂脱脂。③脱脂剂工作温度和时间。④脱脂剂配方设计。⑤脱脂工作方式。浸泡搅拌；喷淋方式与压力。⑥零件表面状态。含碳量，锈蚀的状态。⑦脱脂工作液中含油量。生产中根据不同的油污状态和技术要求，所采用的脱脂方式也有所不同。常用的脱脂方法有有机溶剂脱脂、化学脱脂、电化学脱脂、超声波脱脂、乳化液脱脂。表 2-2 列出了常用的脱脂方法及其特点和适用范围。

表 2-2 常用的脱脂方法及其特点和适用范围

脱脂方法	特点	适用范围
有机溶剂脱脂	速度快，能溶解各类油脂，一般不腐蚀工件，但脱脂不彻底，需用化学或电化学方法进行补充脱脂，多数溶剂易燃易爆，并有毒，成本高	用于油污严重的工件或易腐蚀工件的脱脂
化学脱脂	脱脂剂的主要成分是无机碱、无机盐及助剂，加表面活性剂等，成本低、脱脂彻底，应用广泛	各种工件的脱脂
电化学脱脂	脱脂剂与化学脱脂类似，主要依靠电解水时产生的氢气的冲刷力，加快油污从工件表面除去的速度，脱脂快，彻底并能除去工件表面的浮灰、腐蚀残渣等杂质，但需要直流电源，讳忌氢脆的工件要慎用电化学脱脂	有较高要求的工件的脱脂
超声波脱脂	以上各种脱脂方法另加超声波振动，可提高脱脂效果，加快脱脂速度	有高要求的工件的脱脂
乳化液脱脂	由表面活性剂、有机助剂及无机助剂等组成，可同时除去工件表面各种油污	适用于各类工件，特别适用于铝、锌、镁等易腐蚀工件

一、有机溶剂脱脂

1. 有机溶剂脱脂的原理及特点

有机溶剂脱脂是一种比较常用的金属材料脱脂方法，它是利用有机溶剂对两类油脂均有的物理溶解作用去除油脂。常用的脱脂剂包括汽油、煤油、乙醇、丙酮、二甲苯、三氯乙烯、四氯化碳等，其中汽油、煤油价格便宜，溶解油污能力较强，毒性小，是一种用量大、应用普遍的有机溶剂。有机溶剂的特点是脱脂效率高，特别是对清除那些高黏度、高滴落点的油脂具有特殊的效果，而且可以在常温下用简单的器具和石油系溶剂进行手工清洗。对于各种金属、各种尺寸和形状的零件都适用，在产量不大、机械化水平不高及有特殊要求的工厂中仍然采用。为了使油污除净，至少要用有机溶剂洗两次以上，使用一段时间后，当溶剂中的油污含量增加到一定程度时，要及时更换，最后一道清洗要用比较干净的溶剂。

2. 常用的有机溶剂脱脂方法

（1）浸洗法 将工件浸泡在有机溶剂中并不断搅拌，油脂被溶解并冲走不溶性污物。各种有机溶剂都可以用于浸洗法。浸洗法一般采用一槽式，这对处理简单而体积又小的工件比较合适。对于大而复杂的工件，缝隙里的油污不易清洗，要采用二槽式，第一槽浸泡，第二槽搅拌清洗。这种方法设备简单、操作容易，但油脂难以完全除尽，工件表面多少含有残余油污，一般需要后续脱脂工序进一步除油才能将油污彻底除尽。

（2）喷淋法 将有机溶剂喷淋到工件表面上，把油脂溶解下来，反复喷淋直到所有油污都除尽为止。应选高沸点、难挥发的有机溶剂用于喷淋法。喷淋法最好在密闭的容器中进行。这种方法可用于较大尺寸工件的脱脂，比浸洗法节省有机溶剂用量。

（3）蒸气洗法（气相脱脂） 将有机溶剂装在密闭容器底部，工件悬挂在有机溶剂上面，将溶剂加热，有机溶剂产生的蒸气在工件表面冷凝成液体，将油污溶解并同污物一起落回容器底部，以除去工件表面的油污。例如三氯乙烯、三氯甲烷等物质，它们的沸点低，受热易汽化，遇冷易液化，蒸气密度大，蒸气界面不易扩散，不燃烧，溶解能力强（15℃时三氯乙烯的溶解能力比汽油大4倍，50℃时大7倍），因而常用于气相脱脂。用这种方法冲洗工件表面的有机溶剂，每次都是干净的，所以脱脂效率高，并且可以把工件表面的油污完全除尽。但是这种方法不能洗掉无机盐类和碱类物质，不能除去零件上的灰尘微粒，而且设备复杂，要求高，操作时要防火、防爆、防泄漏。

（4）联合处理法 可采用浸洗加蒸气联合脱脂，也可以采用浸洗、喷淋、蒸气联合脱脂，效果更好。图2-8是用三氯乙烯作溶剂的三槽式联合脱脂装置示意图：零件在第一槽中加热浸泡，溶解掉大部分油脂；第二槽用比较干净的溶剂除去零件上残留的油脂和污物；最后在第三槽中再进行蒸气脱脂。

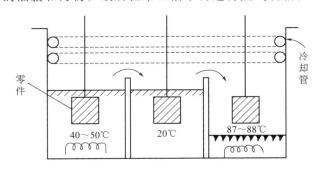

图2-8 三槽式联合脱脂装置示意图

由于采用有机溶剂去油的劳动条件差、毒性较大，气相脱脂必须有良好的封闭式脱脂设备和通风装置，大多数有机溶剂防火要求严格，而且脱脂费用高，加之又有高效的水基清洗剂的出现，因此现在一般已不采用有机溶剂去油。

二、化学脱脂

1. 化学脱脂的原理及特点

化学脱脂是通过脱脂剂对各类油脂的皂化、增溶、润湿、分散、乳化等作用，使油脂从工件表面脱离，变成可溶性的物质，或被乳化、均匀稳定地分散于槽液内。

按其化学性质，油脂可分为皂化油和非皂化油两大类。皂化油指的是从动物或植物体内制得的不溶于水、密度比水小的油腻性物质，常称为油脂。油脂是一种复杂的有机化合物的混合物，主要成分是脂肪（约占油脂成分的95%以上），油脂又是不饱和脂肪酸与甘油化合的产物，这种产物称为甘油三酸酯。这类油脂能与碱发生化学作用生成可以溶解于水的脂肪酸盐和甘油，这种脂肪酸盐属于皂类，此种反应也称为皂化反应，此类油脂统称为皂化油。非皂化油指的是矿物油，包括汽油、煤油、机油、凡士林等。此类油不能与碱起化学反应，其组成和性质也与皂化油不同，是烷烃类化合物组成的碳氢化合物的混合物。

以碱性清洗剂为主的化学脱脂液，可通过皂化作用使动植物油脂成为可溶于水的皂类。此皂类为表面活性剂，对非极性的矿物油有乳化作用，使之"增溶"于水相中。碱性清洗剂的水溶液也可溶解汗渍等无机污物，故也能将其洗去。加入合成洗涤剂的清洗液，对油脂的清洗作用更有效。

化学脱脂液能清洗各种污物，在下一工序要求亲水表面时特别适用。较有机溶剂脱脂经济，清洗液能用水洗净，有不燃性，无毒性。但一般的碱性水溶液不如有机溶剂清洗得快，而且需要加温，还要有机械搅拌，并需注意 pH 值高时对铜、铝、锌等金属的腐蚀作用。

2. 化学脱脂的常用物质及作用

（1）氢氧化钠　又称苛性钠，是一种强碱性化合物，它在水中溶解后电离出 OH^-，提供碱性，与动植物油发生皂化反应，生成能溶于水的甘油和脂肪酸盐，溶解分散在水溶液中。所生成的脂肪酸钠皂不仅自身有水溶性，而且也起表面活性剂的作用，能使不活性的油污被残余的碱乳化、分散。当矿物油脂中存在羧酸基和磺酸基时，也能产生同样的现象。

（2）碳酸钠　又称苏打，是一种价格低廉的碱，它在水中水解时生成 OH^-，提供碱度。因此，碳酸钠具有缓冲作用，不会像强碱那样腐蚀某些有色金属。碳酸钠在硬水中能生成难溶的碳酸钙，因此对硬水有一定的软化能力。

（3）磷酸三钠　磷酸三钠在水解时生成离解度很小的磷酸，从而获得碱度。磷酸三钠具有软化硬水的作用和较明显的促进污垢粒子分散（乳化）的作用，它还具有较高的碱性，可通过皂化作用使脂肪类污垢溶解。

其他缩合磷酸盐，包括焦磷酸钠、三聚磷酸钠、六偏磷酸钠，它们都有一个重要性质，就是作为多价螯合剂使用，所形成的螯合物不会从水溶液中沉淀出来，即缩合磷酸盐对水的软化作用不会产生任何沉淀。对钙离子的螯合力以六偏磷酸钠最强，对镁离子的螯合力以焦磷酸钠最强，三聚磷酸钠对钙镁离子的螯合力介于两者之间。所有的缩合磷酸盐尤其是三聚磷酸钠与十二烷基苯磺酸钠这类表面活性剂都有明显的协同作用，二者复配的清洗效果比单用其中一种的清洗效果大幅度提高。此外，它们还具有缓冲、分散、促进乳化等作用。

（4）硅酸钠　又称原硅酸钠、偏硅酸钠和水玻璃。水玻璃在水中能形成稳定的胶体，形成溶剂化胶束，与表面活性剂一起使用时，有良好的助洗作用。硅酸盐在水中会发生水解，水解生成的硅酸不溶于水，而是以胶束结构悬浮在槽液中，此种溶剂化的胶束对固体污垢的粒子具有悬浮和分散能力，对油污有乳化作用，因而有利于防止污垢在工件表面再沉积。硅酸盐具有缓冲作用，即在酸性污垢存在时，其 pH 值几乎维持不变。硅酸盐可以和水中的高价金属离子形成沉淀，可除去水中的铁盐，还能络合钙镁离子，在一定意义上说有软化水的作用。硅酸盐还具有耐腐蚀作用，是金属缓蚀剂，因而有色金属，特别是铝、锌、锡等制件用的碱性清洗剂几乎都含有硅酸盐。

（5）表面活性剂　表面活性剂又叫界面活性剂。狭义上讲，在很低含量时就能显著降低水的表面张力的物质称为表面活性剂；广义上讲，凡是能够使体系的表面状态发生明显变化的物质都称为表面活性剂。表面活性剂的分子是由易溶于油的亲油基和易溶于水的亲水基两种基团所组成。亲油基以长的碳氢链为代表，而亲水基是极性的基团，以羟基、羧基、氨基、磺酸基和醚基等为代表。这两种基团的不同亲和力各自独立作用而又同时发生。这种特点，使液体表面发生许多性能上的变化，表现在表面或界面上的吸附、表面力与界面张力的降低，以及润湿、净洗、分散、增溶、乳化、润滑等性能上。

表面活性剂的亲油基结构上的差别较小，一般是由长链烃构成。其亲水基部分的基团种类繁多，差别较大。表面活性剂性质的差异除与烃基大小、形状有关外，还主要与亲水基的不同有关。因而表面活性剂的分类一般是以其亲水基的结构为依据，即按表面活性剂溶于水时的离子类型来分类，可分为四大类：阳离子型、阴离子型、两性型和非离子型。在工业生产中常用阴离子型和非离子型两类。表面活性剂亲水、亲油的强弱与其润湿、洗涤、乳化性有关系，主要表现在HLB 值及临界胶束浓度上。

临界胶束浓度（CMC）是指表面活性剂形成胶束的最低浓度。当在水中加入少量表面活性剂时，为使亲油基不被水分子排斥，极性基倾向于留在水中，而非极性基倾向于翘出水面，造成表面活性剂分子在水面整齐地取向排列，不再是原来纯水的表面，因而水溶液的表面张力下降。当表面活性剂浓度增加到一定值时，表面不能再容纳更多的表面活性剂分子，表面浓度达到最大值时，表面张力达最小值。此时多余的表面活性剂分子转向液体内部，出现成团结构。亲油基向里，亲水基向外，以减少亲油基与水的接触面积，这种成团结构称为"胶束"。开始形成胶束的浓度称为临界胶束浓度。大于临界胶束浓度时，溶液中犹如添加了许多"袋子"，把不溶的油污装入"袋子"，产生增溶作用。CMC 越小，表面活性越大，而 CMC 的大小与结构有关，与双亲程度有关。

一般表面活性剂 CMC 值都很低，其质量分数大多在 0.02%～0.4% 范围内。使用表面活性剂时，一定要保证其浓度大于 CMC，才能充分发挥其性能。表面活性剂有着润湿、乳化、增溶、起泡、絮凝等多种作用，要使表面活性剂起到某一种作用，就必须选出一种合适的表面活性剂来使用，可以借助 HLB 值来考虑。一般说来，HLB 值越大，亲水性越强，即在水中的溶解性越好。根据金属表面油污及油脂的 HLB 值，选用恰当的乳化剂和清洗剂进行脱脂。

3. 铝及铝合金的化学脱脂

铝及铝合金的化学脱脂，早期是沿用钢铁的除油工艺，即槽液为 Na_2CO_3、Na_2SiO_3、Na_3PO_4 溶液，操作温度 40～70℃，时间 5～15min。这种工艺性能稳定，寿命长，但槽液成本高，不易洗净，现已基本不用。20 世纪 60 年代，人们采用 NaOH 或 Na_2CO_3 添加 Na_3PO_4、络合剂、非离子表面活性剂、阴离子表面活性剂在室温下脱脂，时间 3～5min，除油效率高，成本低，节能，但槽液易产生絮状沉淀，络合剂、表面活性剂易带入后续槽形成污染，目前仅有少数厂仍在使用。从 20 世纪 80 年代开始，酸性脱脂逐步普及，槽液为 H_2SO_4 或 H_3PO_4 加入 HF、Fe、H_2O_2 和非离子表面活性剂，室温下操作，时间 3～5min。这种工艺效率高，不污染后续槽液，是较好的脱脂工艺，现在应用越来越广泛。

由于 H_2SO_4、H_3PO_4、HF 的强酸性体系对金属具有一定的腐蚀性，而且产生的挥发性气体对人体具有一定的伤害。因此，目前市场上出现了弱酸性脱脂剂，其具有除油、除锈二合一的特点，效果好，能快速有效地乳化各种油脂，并能除去工件上的锈蚀及氧化皮。参考配方见表 2-3。

表 2-3 铝合金酸性脱脂剂配方

组分	投料量/(g/L)	组分	投料量/(g/L)
磷酸	200～250	铬酸	50～100
十二烷基硫酸钠	30～50	柠檬酸钠	30～80
聚乙二醇	10～30	有机硅类消泡剂	5～20
二乙二醇单丁醚	10～30	水	余量
氢氧化钾	10～30		

三、电化学脱脂

1. 电化学脱脂的原理及特点

电化学脱脂又称为电解脱脂或电净，是将零件挂在碱性电解液的阴极或阳极上，利用电解时电极的极化作用和产生的大量气体将油污除去的方法。电极的极化作用能降低油-溶液界面的表面张力；电极上所析出的氢气或氧气泡，对油膜具有强烈的撕裂作用，对溶液具有机械搅拌作用，从而促使油膜更迅速地从零件表面上脱落转变为细小的油珠，加速、加强了除油过程。此外，除油液本身的皂化、渗透、分散、乳化等化学或物理作用，得以进一步发挥。因此，电化学除油不仅速度远远超过化学除油，而且能获得近乎彻底清除干净的良好除油效果。

（1）**阴极电解脱脂** 在阴极电解清洗中，工件作阴极，它上面残留的油污在电解时被大量产生的氢气搅拌冲走，初生态的氢还可还原表面氧化膜而起到活化的作用，有利于基体金属与镀层具有良好的结合强度。反过来，它也有缺点，容易使钢铁发生氢脆。特别是对高碳钢或弹簧钢，极易发生氢脆。此外，溶于溶液中的金属杂质可能附着在阴极工件上。如果溶液含有络合剂或螯合化合物、异金属杂质形成络离子，可能电沉积在阴极工件上，影响镀层与基体的结合力。

阴极电解清洗溶液使用类似在碱性化学脱脂中用的碱及碱性盐、软化水添加剂以及一些低泡高效专用表面活性剂。根据基体金属不同，电解清洗液的组成与浓度都不一样，一般浓度偏低。如果使用易于产生泡沫的表面活性剂，泡沫阻碍了阳极上氧气和阴极上氢气的析出，两个电极产生的氢气和氧气的气泡达到一定比例时遇到火花可能引起爆鸣。因此，一定要采用有效的低泡表面活性剂。

（2）**阳极电解脱脂** 在阳极电解清洗中，工件表面上产生的氧气也可以冲走油脂和其他污物，没有氢脆产生，没有杂质金属电沉积的可能性。但在工件表面上会形成氧化膜，这可以通过将其浸入稀酸溶液中轻易地除去。因此工件用作阳极时，必须小心防止工件表面遭阳极溶解而腐蚀或产生针孔。这种方法不适用于化学性质活泼的金属材料如铝、锌及其合金的电解脱脂。

电解脱脂在阴极和阳极上都可进行，但是阴极除油和阳极除油各有不同的特点：阴极上析出的是氢气，因为氢气分子体积小，气泡小，数量多，浮力大，其携带能力和剥离能力都特别强，因此阴极除油的效率较高。阳极上析出的是氧气，因为氧气分子体积大，气泡大，数量少，浮力相对氢气泡小，其携带能力和剥离能力都较弱，同时，阳极区的碱度也低，所以阳极区的脱脂效率没有阴极区高。但是，阳极区逸出的氧气泡较大，单体携带能力强，它可以除去钢板表面直径较大的铁粉残渣。鉴于阴极和阳极除油各有优点，所以在电解脱脂中常采用阴极和阳极交错组合的形式来完成电解脱脂全过程。

2. 影响电化学脱脂的因素

（1）**氢氧化钠的浓度** 氢氧化钠是强电解质，其水溶液导电能力强（浓度越高，导电能力越强）、电流密度大、脱脂速度快。氢氧化钠对钢铁有钝化作用，可以防止钢铁工件在阳极电解脱脂时腐蚀。但是，氢氧化钠对铝合金有强烈的腐蚀性，所以不能用于铝合金的电解脱脂。

（2）**表面活性剂的选择** 电解脱脂时，表面活性剂的作用已降到次要地位。通常不大量使用 OP-10，烷基硫酸钠，清洗剂 6501、6502，以及肥皂等表面活性剂。因为他们的发泡能力强，若电解脱脂液中大量添加上述成分，工作时产生的大量含有氢气、氧气的泡沫会覆盖整个槽液表面，长期堆积难以散去，遇到电极接触不良产生的电火花，极易爆炸。因此，电解脱脂液中通常只加入磷酸三钠、碳酸钠、硅酸钠和低泡表面活性剂。动物油和植物油在电解过程中会被加速除去，在碱性状态下，皂的生成会导致槽液泡沫越来越多。当槽液上面的泡沫太多时应及时驱散，取出和放进工件时要及时切断电源，不能带电上下槽，避免发生爆炸，防止发生安全事故。

（3）电流密度　提高电流密度，可以提高脱脂速度和改善深孔与不通孔内的脱脂效果，但电流密度太高时，会形成大量的碱雾，污染车间里的空气，还可能腐蚀工件。电流密度太大，不仅在阳极脱脂时产生腐蚀作用，在阴极脱脂时，铝合金工件也会因阴极区溶液 pH 值的升高而溶解腐蚀。选择合适的电流密度，保证析出足够的气体，才能将工件表面的油污清除干净，电流密度一般为 3～10A/dm^2。

（4）温度　提高温度可降低电解液的电阻，增加电流密度，促进油污的皂化和乳化作用，加快脱脂速度，提高脱脂效率，节约电能。但温度过高，不仅消耗大量的热能，热蒸气污染车间的空气，恶化劳动条件，还可能腐蚀铝合金工件。合适的温度是 35～60℃。槽液的温度一般低于化学脱脂，电解脱脂主要靠电解时产生的气体对油污剥离，同时使溶液的乳化、皂化作用大幅度加强。一般来讲，相同的油污用电解脱脂较化学方法效率要高很多。

（5）槽体和电极材料　铝合金的电解脱脂槽应使用钢质或衬钢材料，但不能把钢槽当电极使用。若钢槽参加电解，就会破坏钢槽的防腐层，导致铁元素溶入电解液中，使电解液被污染而报废。电极可以用不溶性材料如石墨、不锈钢、镍板等制成。

3. 电化学脱脂的要求

电化学脱脂过程中增加电流密度会促进水的电解，产生的气体较多，搅拌效果增加，洗净性变好。温度上升时，金属表面附着的油脂黏度会降低而容易流动，电导率增加，有助于皂化作用，提高洗净力。电解洗净液中蓄积的油分增加时，不但降低洗净效果，还会使洗净液有发泡增加的倾向，须设定油分浓度的管理限度范围。

四、超声波脱脂

超声波是指频率在 16kHz 以上的高频声波。往槽液中发射超声波，使槽液产生超声波振荡，液体内部某一瞬间压力突然减小，接着瞬间压力突然增大，如此不断反复。在压力突然减小时，溶液内会产生许多很小的真空空穴，溶解在溶液中的气体会被吸入空穴中，形成气泡。小气泡的形成瞬间，压力又突然增大，气泡被压破，并产生冲击波。在冲击波的冲击下，气泡破裂瞬间还会产生瞬间高温高压，加速槽液内的搅拌和对流，可使油污脱离金属表面，达到脱脂的目的。这就是不加任何脱脂剂冲击波也有脱脂除油的作用。超声波就是利用连续不断的瞬间冲击波对油污进行剥离，超声波引起的空洞、高温高压现象对局部起到强烈的搅拌作用，强化了脱脂剂的溶解、皂化和乳化作用，提高了脱脂效率。此外，超声波在槽液中传播，遇到障碍物就会反射，在槽液各个方向产生声压，也会加速脱脂过程。

　　超声波对脱脂的作用类似于槽液的搅拌、循环回流，只是效果要显著得多。一般是在碱性脱脂、酸性脱脂、电解脱脂、有机溶剂脱脂的同时施以超声波，可大大提高脱脂效率，对于处理形状复杂、有细孔和盲孔的工件更加有效。超声波脱脂的特点是：对基体腐蚀小，脱脂和净化效率高；使用超声波可以降低脱脂液的浓度和温度，并能一步或分步达到脱脂的效果。对于比较复杂的小工件，可采用高频和低振幅的声波；表面积较大的工件，则使用频率较低的超声波。也有将工件放在纯水中，不加任何脱脂剂，施以超声波进行脱脂。这种脱脂效果比较差，只用在特定场合，例如工件已经过多次前期脱脂处理，表面基本无油、工件表面不允许任何杂质污染的清洗处理，如需要真空镀膜的工件、半导体工件。

五、乳化液脱脂

　　在煤油、汽油或其他有机溶剂中加入一些表面活性剂和水搅拌可制成乳化液。这种乳化液有很强的脱脂能力，特别对重油的去除有显著作用，脱脂效果接近有机溶剂，且克服了有机溶剂易燃、易挥发的缺点。常用的表面活性剂有十二烷基二乙醇酰胺、脂肪醇聚氧乙烯醚、十二烷基醇酰胺磷酸酯、N,N-油酰甲基牛磺酸钠、甲氧基脂肪酰胺苯磺酸钠、十二烷基硫酸钠、油酸钠、油酸三乙醇胺、十二烷基苯磺酸钠和烷基苯磺酸铵等。为了增进乳化清洗液在水中的溶解度和增加污垢的溶解，还可加入助溶剂尿素，也可加入稳泡剂椰子油酸二乙醇酰胺、烷基醇酰胺磷酸酯等。有时为减少泡沫要加入硅油、Span20、Span80、Span85、低分子醇等消泡剂。

　　通常使用的最简单的乳化液脱脂配方为：煤油约占 $45\%\sim50\%$，表面活性剂约占 10%，水为余量。将上述原液按照 $5\%\sim15\%$ 的水稀释后，即成为乳白色的乳液，可用于浸洗、喷洗或超声波脱脂清洗。

　　这类脱脂剂属于置换型脱脂剂，具有很强的渗透能力。在脱脂过程中，它先是靠表面活性分子渗透到油脂与金属表面并将其隔开，油脂在重力的作用下脱离金属界面浮出。乳化液脱脂可以使用较低的温度，一般在 $10\sim55℃$ 下使用。但这类脱脂剂对蜡类去除效果不佳，在常温下不能去除石蜡、凡士林、抛光膏等油脂。但对大多矿物油还是很有效的。总体而言，这类脱脂在生产上应用较少。

第三节　浸锌和锌镍合金

　　铝及其合金的电极电位较负，易失去电子，在被镀件入槽未通电的瞬间，铝极易与镀液中的金属离子发生置换反应，生成一层疏松、粗糙的置换层，影响镀层与基体金属的结合力。铝及其合金在酸、碱液中都不稳定，在铝件上直接沉积某种金属的过程中，会发生复杂的电化学反应，影响镀层的质量，破坏镀液组成。要在铝件上沉积出合格的镀层，就要找寻一种特殊的前处理工艺，使镀层与基体金属之间获得一层既与铝基体结合力强，又与镀层结合力好的中间层。这层中间层能阻碍空气中氧对纯净铝件表面的氧化，同时避免零件入槽后发生置换反应。利用铝的电极电位很负的特性，先将其与电极电位较正的锌、铁、镍等离子进行置换反应，在铝件表面生成一层极薄且相对稳定的置换层，这就是化学浸锌（或浸锌镍合金）处理。浸锌工艺是铝及其合金电镀前处理方法中最为简便、经济，也是工业上使用最广的工艺。

研究表明，锌层是电镀、化学镀层的良好过渡层。碱性浸锌液的配方是Hewitson在1927年取得的专利，以后相继也有一些专利发表。然而，直到由Bengston、Meyer、Ehrhardt和Guhrie等开展了更有针对性的研究工作后，这种浸锌方法才真正得到了广泛的应用。基础锌酸盐溶液主要成分为NaOH和ZnO。为了使铝制件上的镀层获得较高结合力，在足以保证电沉积层良好的条件下，浸锌层的厚度应尽可能地薄。决定置换出锌量的两个最主要因素是合金的性能和所使用的浸锌工艺。

一、有氰浸锌

传统浸锌液浓度较高，在自动线上使用时，水洗和溶液的带出损失是较大的问题，于是发展了另外一种改良型的稀浸锌溶液。它通过降低主要成分的浓度来降低溶液的黏度，同时通过严格控制操作条件和加入添加剂，以维持较轻的沉积层质量。经改进的稀浸锌溶液能保证电镀层与铝基体的牢固结合，但含锌量低，溶液需经常调整。

经典的邦得尔（Bondal）浸锌法，是在锌酸盐浸锌溶液中加入$NiSO_4$、$CuSO_4$，使浸锌溶液多元合金化，配方见表2-4。邦得尔法中的络合剂为酒石酸钾钠和KCN，氰化物的存在能得到比锌酸盐单独存在时更光滑的镀层，但氰化物遇酸生成HCN，对环境及健康带来危害。

表 2-4 邦得尔浸锌溶液配方

组成	含量/(g/L)	组成	含量/(g/L)
NaOH	120	$KNaC_4O_6 \cdot 4H_2O$	40
$ZnSO_4 \cdot 7H_2O$	40	$FeCl_3 \cdot 6H_2O$	2
$NiSO_4 \cdot 6H_2O$	30	KCN	10
$CuSO_4 \cdot 5H_2O$	5		

邦得尔浸锌溶液之后，浸锌溶液多元合金化是浸锌溶液发展主流，它是在单纯的浸锌酸盐溶液基础上发展起来的，克服了锌酸盐化学浸锌工艺中对复杂件及盲孔件的电镀存在的结合力差，易起泡，浸锌层粗大、不致密、光亮度差等问

题。浸锌溶液多元合金化的优点在于浸锌层与后续镀层之间的结合力好，并可省去有毒的氰化物预镀铜工序，可在合金沉积层上直接镀亮镍、铅锡合金、亮银等镀层，溶液浓度低，易清洗。当锌酸盐溶液含有重金属时，改变了锌层晶体学结构，所得到的锌合金层相对薄而致密，其电极电位比浸锌膜要正些，锌合金层线膨胀系数比锌低，接近铝合金基体，这有助于改善金属与金属之间的结合力，同时提高了镀件的抗腐蚀性能。

氰化物浸锌镍合金方法是从浸锌酸盐理论发展而来的，该工艺成熟，适用于铸铝件。进入 20 世纪 90 年代，有氰浸锌镍合金溶液在浸锌溶液中占据了主要地位，其组成见表 2-5。为了改善沉积层的结构，在浸锌溶液中加入氯化铁和氯化镍。Fe^{3+}、Ni^{2+} 都能和铝发生置换反应，同锌一起沉积在试样表面，形成与基体紧密结合的锌镍铁合金中间层，为形成结合力好的后续镀层创造了条件，同时降低了中间层中锌的比例，减轻了锌的负面影响。氰化物和酒石酸钾钠的加入是为了络合 Zn^{2+}、Fe^{3+}、Ni^{2+}，防止它们在碱性条件下产生沉淀，同时调节沉积层中铁和镍的含量。

表 2-5　有氰浸锌镍合金溶液配方

组成	含量/(g/L)		组成	含量/(g/L)	
	配方 1	配方 2		配方 1	配方 2
NaOH	100	40～100	络合剂	—	30
ZnO	5	5～10	NaCN	15	4～6
$NiCl_2 \cdot 6H_2O$	15	30	$Cu(CN)_2$	—	2～4
$FeCl_3 \cdot 6H_2O$	1	2	$NaNO_3$	3	—
$KNaC_4O_6 \cdot 4H_2O$	20	—			

浸锌镍合金的优点是工艺简单，浸锌层附着力和耐后续工序镀液腐蚀能力优于浸锌层。溶液中 Ni^{2+} 呈较稳定的络合离子状态，与 Zn^{2+} 一起缓慢而均匀地置换，沉积在铝表面，得到含 6%Ni 的 Zn-Ni 合金层。浸锌镍合金溶液中添加络合剂后，锌镍合金析出电位变负，置换反应减缓，经二次浸锌，得到更均匀、细致，与基体结合力更好的置换锌镍合金层。

二、无氰浸锌

锌酸盐浸锌溶液中加入其他金属的盐类可以形成薄而致密、细晶粒的锌合金层。为保证溶液及其工作状态稳定，一些锌酸盐用氰化物来络合。氰化物的毒性对环境及操作人员的健康带来极大的影响，随着环境保护的需要，人们不断在邦得尔法的基础上对浸锌液进行改进，采用各种络合剂来取代有毒的 KCN 和 NaCN。目前无氰、无氟、无硝酸盐、低浓度多元合金化成了浸锌溶液的发展方向。

F. J. Monteiro 对浸锌溶液进行了调整，加入了各种金属离子添加剂。利用这种浸锌溶液，研究了如何通过预处理来提高铝和铝合金上镀层结合力的工艺，对腐蚀过程和二次浸锌工艺也进行了探讨。他利用扫描电子显微镜（SEM）、俄歇电子能谱（AES）、静态二次离子质谱（SIMS）、离子散射谱（ISS）、X 射线光电子能谱（XPS）、电子探针（EPMA）等研究了提高镀层结合力的方法，测定了镍、铁、铜和硝酸盐对锌酸盐浸锌溶液的影响，指出：镍主要影响成核步骤；铁控制晶体体积；铜影响镀层与基体的结合力；硝酸盐是作为铝的缓蚀剂而添加的。

T. Pearson 等报道了用无氰浸锌溶液，加上适当的预处理可以使高硅铝合金上镀层的结合性能与氰化物浸锌溶液的相似，并且利用商品化的含氧酸处理低硅铝合金来代替 HF、HNO_3，发现在超声波场中处理浸锌过程，效果更好，此法可用于高硅铝合金电镀。

E. Stoyanova 等研究了铝及铝合金浸锌层形成动力学，指出人们目前对浸锌处理过程的动力学研究比较少，对于这一过程的理论研究还没有达到令人满意的程度，与该工艺理论相关的许多问题还没有得到满意的解决。基础研究主要集中在能够改善铝表面性能、提高基体与镀层结合力的中间层的溶液选择上。浸锌过程分一次浸锌、二次浸锌。一次浸锌是浸蚀除去氧化膜并以锌层取代，再将锌层在质量分数为 50% 的浓硝酸溶液中进行部分溶解处理，退锌后所暴露出来的表面为二次浸锌及其他金属的沉积提供了良好的条件。传统的二次浸锌可以保证铝基体表面充分活化，使镀层获得良好的结合力。二次浸锌可用一种浸锌液，也可第一次用浓浸锌溶液，第二次用稀浸锌溶液。

田代雄彦等发现，采用二次浸锌方式对铝进行镀前处理时，第一次浸锌后在铝表面置换出来的锌结晶的晶粒尺寸为 $1\mu m$ 左右，而且其中还含有质量分数约为 1% 的铁元素。剥离这些锌晶体后，发现在其下面存在着很多的岛状、金字塔状或形状更复杂的微小突起，这些突起物不是锌或铁的溶解残余物，而是在第一次浸锌过程中置换析出锌晶粒的同时，铝溶解所造成的凹陷的边缘；并发现在第二次浸锌时，锌不是在基体的平滑处析出，而是优先在剥离第一次浸锌晶粒后的岛状突起部分析出。和第一次浸锌情况相同，第二次浸锌过程中置换的晶粒中也含有质量分数约为 1% 的铁元素，还发现随着浸锌液中碱浓度的增加，置换锌层的量下降，其晶粒的尺寸也变小。

在浸锌溶液中加入少量的添加剂能改善锌层的结晶性质，可以使得随后的镀层更加细致光滑，增加了沉积层与铝基体的结合力和耐蚀性能。美国专利报道：在浸锌溶液中加入一种由可溶性阳离子缩聚物组成的添加剂，首选的添加剂为能与氯甲基环氧乙烷聚合的 1H-咪唑，特别首选采用［3-氯-2-羟丙基］氯代三甲胺（IEA）进行环氧乙烷烷基化的添加剂，添加剂量的体积分数可以为 0.1%～5% 或更高，最佳为 2%。四元烷基化剂可为氯代醇、卤代烷、卤代杂环烃，如［3-氯-2-羟丙基］氯代甲基萘、［2-溴乙基］溴代三甲胺和溴代 2-溴吡啶。美国专利介绍了浸锌溶液中至少含有一种胺，可以抑制锌的置换，所得浸锌层均匀，随后的化学镀镍磷合金层连续致密。

李宁等报道了一种新型的不含氰化物、氯化物以及有毒重金属离子的一次浸锌溶液——HG 型浸锌溶液。使用该溶液进行一次浸锌便能在硬铝、锻铝、铸铝件、粉末冶金铝件上获得结合力优良的镀镍层。毛祖国等人报道了一种新的浸锌液——BNZ.99 浸锌液。试样经浸 BNZ.99 多元合金液处理后，合金层结晶明显致密，其与电镀层的结合力均比浸锌、浸锌镍合金的高，可直接电镀瓦特镍，而无须先电镀中性镍。中国科学院电子学研究所许维源等对浸锌工艺做了适当改进，即在浸锌溶液中引入碱金属硫化物代替 $FeCl_3 \cdot 6H_2O$，并在超声波场中进行浸渍处理，结果不仅缩短了浸锌时间，而且浸锌层的均匀性、结合力、钎焊性能都明显提高。浸锌在超声波清洗槽中进行，这样可以加快置换反应的进行，同时可将结合力不好的锌层去除掉，使尺寸大的锌晶粒变小，使复杂零件表面上得到均匀一致的锌层。还有研究者用试验方法确定了铝表面与镍结合的优化条件，研究了预处理过程的表面形貌及转变过程。通过浸锌后在铝表面上电镀镍，研究了浸锌溶液使用的周期数及其老化程度对镀镍层力学性能的影响。发现二次浸锌效果比一次浸锌的好，浸锌层致密，晶粒更细小。在第二次浸锌过程中，浸锌时间对物理性能有影响。利用扫描电子显微镜、原子力显微镜，研究了随着时间的不同浸锌层中元素成分的变化情况，同时研究了随着浸锌时间的不同浸锌溶液成分的变化。

目前无氰浸锌溶液已经实现商品化，武汉材料保护研究所、上海永生助剂厂、广州市二轻工业研究所等都开发出应用广泛的无氰浸锌溶液。无氰浸锌及浸锌镍合金、重金属工艺规范见表 2-6 和表 2-7。

表 2-6　无氰浸锌工艺规范

成分和操作条件	含量/(g/L)			
	配方号			
	1	2	3	4
氢氧化钠(NaOH)	500	300	120	50
氧化锌(ZnO)	100	75	20	5
酒石酸钾钠($KNaC_4H_4O_6 \cdot 4H_2O$)	10	10	50	50
三氯化铁($FeCl_3 \cdot 6H_2O$)	1	1	2	2
硝酸钠($NaNO_3$)	—	—	1	1
氟化钠(NaF)	—	1	—	—
温度/℃	15～27	10～25	20～25	20～25
时间/s	30～60	30～60	<30	<30

表 2-7 无氰浸锌镍合金、重金属工艺规范

成分和操作系统	含量/(g/L)			
	浸锌层			
	锌镍	镍	锡①	铜
氢氧化钠(NaOH)	100	—	4	5
氧化锌(ZnO)	10	—	—	—
氯化镍(NiCl₂·6H₂O)	15	30～400	—	—
酒石酸钾钠(KNaC₄H₄O₆·4H₂O)	20	—	3	28
三氯化铁(FeCl₃·6H₂O)	2	—	—	—
硝酸钠(NaNO₃)	1	—	—	—
锡酸钠(Na₂SnO₃·3H₂O)	—	30～40	65	—
硼酸(H₃BO₃)	—	30	—	—
氢氟酸(HF,40%)	—	30mL/L	—	—
氯化铜(CuCl₂·2H₂O)	—	—	—	12
温度/℃	20～30	室温	15～25	室温
时间/s	10～30	30～60	30	20～30

① 酸蚀后不清洗,在氰化物溶液中预镀铜锡合金。

参考文献

[1] 王守仁,王瑞国,徐金成,等.抛(喷)丸清理工艺与设备[M].北京:机械工业出版社,2012.

[2] 李丽波,国绍文.表面预处理实用手册[M].北京:机械工业出版社,2014.

[3] 沈国良.喷丸清理技术[M].北京:化学工业出版社,2004.

[4] 郭武龙,深圳市钣金加工行业协会.现代钣金加工技术[M].广州:华南理工大学出版社,2014.

[5] 何耀华.汽车制造工艺[M].北京:机械工业出版社,2012.

[6] 庞启财.防腐蚀涂料涂装和质量控制[M].北京:化学工业出版社,2003.

[7] 曾会梁.电镀工艺手册[M].北京:机械工业出版社,1989.

[8] 李宁.化学镀镍基合金理论与技术[M].哈尔滨:哈尔滨工业大学出版社,2000.

[9] 李鑫庆,陈迪勤,余静琴.化学转化膜技术与应用[M].北京:机械工业出版社,2005.

[10] 王锡春.最新汽车涂装技术[M].北京:机械工业出版社,1999.

[11] 李成贤.喷砂在零件表面处理中的应用[J].材料保护,1994,27(8):33.

[12] 屠振密,刘海萍,张锦秋.防护装饰性镀层[M].北京:化学工业出版社,2014.

[13] 张峰,王旭辉,肖耀坤.铝和铝合金电镀前处理工艺及其对镀层结合力的影响[J].电镀与涂饰,2005,24(10):20-21.

[14] 张允诚,胡如南,向荣.电镀手册[M].第3版.北京:国防工业出版社,2008.

[15] 王学武.金属表面处理技术[M].北京:机械工业出版社,2014.

[16] 张胜涛.电镀工程 [M].北京：化学工业出版社，2002.

[17] 张立茗.实用电镀添加剂 [M].北京：化学工业出版社，2007.

[18] 王书田.热处理设备 [M].长沙：中南大学出版社，2011.

[19] 王翠平.电镀工艺实用技术教程 [M].北京：国防工业出版社，2007.

[20] 潘继民.电镀工入门必读 [M].北京：机械工业出版社，2011.

[21] 高志，潘红良.表面科学与工程 [M].上海：华东理工大学出版社，2006.

[22] 胡国辉.金属磷化工艺技术 [M].北京：国防工业出版社，2009.

[23] 王光彬.涂料与涂装技术 [M].北京：国防工业出版社，1994.

[24] 弗雷德里克·A 洛温海姆，等.现代电镀 [M].北京：机械工业出版社，1982.

[25] Hallsted H E. Process of coating aluminum surfaces: US1627900 [P]. 1927.

[26] Bengston H. Methods of Preparation of Aluminum for Electrodeposition [J]. Transactions of the Electrochemical Society, 1945, 88（1）:307-324.

[27] 安百会.铝及铝合金无氰浸锌工艺研究 [D].济南：山东大学，2009.

[28] 叶涛.废浸锌液的分析与回用 [D].济南：山东大学，2008.

[29] Monteiro F J, Barbosa M A, Gabe D R, et al. Effects of metal ions present in zincati solutions on the characteristics of zinc alloy films on aluminium [J]. Surface Engineering, 1990, 6（4）:287-293.

[30] Monteiro F J, Barbosa M A, Ross D H, et al. Pretreatments of improve the adhesion of electro-deposits on aluminium [J]. Surface & Interface Analysis, 1991, 17（7）:519-528.

[31] Pearson T, Wake S J. Improvements in the Pretreatment of Aluminium as a Substrate for Electrodeposition [J]. 1997, 75（3）:93-97.

[32] Stoyanova E, Stoychev D. Electrochemical aspects of the immersion treatment of aluminium [J]. Journal of Applied Electrochemistry, 1997, 27（6）:685-690.

[33] 冯绍彬，李振兴，胡芳红.铝基体上浸锌工艺 [J].电镀与涂饰，2009, 28（4）:32-35.

[34] Takami H, Nozu M, Adachi Y, et al. Method of preparing hard disc including treatment with amine-containing zincate solution: US6162343 [P]. 2000.

[35] Muranushi Y. Etchant for aluminum alloys: US5895563 [P]. 1999.

[36] 黄晓梅.铸造铝硅合金无氰浸锌溶液及浸锌机制的研究 [D].哈尔滨：哈尔滨工业大学，2006.

[37] 黄晓梅，李宁，蒋丽敏，等.铝及铝合金电镀的浸锌工艺 [J].电镀与环保，2005, 25（2）:1-4.

[38] 毛祖国，曾月莲，何杰.高硅铝合金电镀工艺 [J].材料保护，2001, 34（7）:29-30.

[39] 许维源，马金娣.铝硅合金超声波浸锌化学镀镍 [J].表面技术，1994（6）:276-277.

[40] 原顺德，陈天初.铝合金铸件电镀 [J].电镀与环保，2002, 22（3）:39-40.

[41] Seetharaman R, Ravisankar V, Balasubramanian V. Corrosion Performance of Friction Stir Welded AA2024 Aluminium Alloy under Salt Fog Conditions [J]. Transactions of Nonferrous Metals Society of China, 2015, 25（5）.

第三章

铝及铝合金化学氧化处理

第一节　概述

我国是世界第一大铝生产国，第二大铝消费国。铝合金具有密度小、导热性和导电性良好、反光性强、易于成形加工、物理化学性能优异、价格低廉等优点，已广泛应用于交通运输、包装容器、建筑装饰、航空航天、机械电器、电子通信、石油化工、能源动力、文体卫生等各个领域，是轻合金中应用最广、用量最多的合金，是工业中使用量仅次于钢铁的第二大类金属材料，成为发展国民经济与提高人民物质和文化生活水平的重要基础材料。

铝对氧的化学亲和力特别强，铝合金在大气条件下，其表面立即生成自然的氧化膜。经化学分析，这种天然氧化膜层是氧化铝的水合物，由无定形的极小晶体组成。天然氧化膜层包含的氧化铝水合物有 α-一水合物、β-一水合物、α-三水合物、β-三水合物等，还包含两种晶状化合物 α-Al_2O_3 和 γ-Al_2O_3。天然氧化膜层是电解生长而成的，其反应式如下：

$$3O_2 + 12e \longrightarrow 6O^{2-}$$

$$4Al - 12e \longrightarrow 4Al^{3+}$$

$$4Al^{3+} + 6O^{2-} \longrightarrow 2Al_2O_3$$

但是这层氧化膜非常薄，一般在 $0.005 \sim 0.015\mu m$ 的范围内，且孔隙率大，机械强度低，极易破损，虽然具有自然修复能力，可在破损部位重新生成氧化膜，但大气中的湿度和盐分会明显加快其腐蚀，在酸碱性条件下会迅速溶解。抗蚀和耐磨性都不能满足防腐蚀的需要。同时，铝合金材料硬度低，耐磨性差。因此，铝合金在使用前须经过相应的表面处理，采用不同的处理方法对其表面膜层进行加厚，如化学氧化法、阳极氧化法及微弧氧化法等，以达到表面防护的目的，从而满足其对环境的适应性和安全性，减少腐蚀，延长使用寿命。通过适当地表面氧化处理，氧化膜的厚度可以增加 $100 \sim 200$ 倍。通常铝及其合金的氧化处理分为化学氧化和电化学氧化两大类。铝合金型材在建筑业的广泛应用，得益于阳极氧化电解着色技术的发展和工业化。化学氧化处理一直也是铝合金表面处理的一种常用技术，但技术成熟程度和应用广泛程度总不如阳极氧化技术。喷涂技术在铝合金型材中的广泛应用，对涂前化学预处理，尤其是化学氧化处理提出了高要求，也带来了前所未有的新压力，从而促使化学氧化技术迅速发展进步。

铝及铝合金零件经化学氧化法所得到的氧化膜，厚度约在 $0.5 \sim 4\mu m$，耐磨性差，耐腐蚀性比阳极氧化膜低，不宜单独使用；但具有一定的耐蚀性和较好的物理吸附能力，是涂漆的良好底层。铝及铝合金经化学氧化后再涂漆，可大大提高基体与涂层的结合力，增强铝件的抗腐蚀能力。化学氧化法处理速度快，不消耗电能，所需设备简单，不受零件大小和形状的限制，可以氧化大型零件和组合件，已成为铝材涂装前处理中不可缺少的一个重要环节，被广泛应用于各工业领域。

传统上使用六价铬氧化膜来提高铝及其他金属的防腐蚀性能，然而六价铬有毒，在电器及电子工业中，欧盟禁止使用六价铬化合物，这就要求开发不同种类的无六价铬转化膜技术。国内外已开展了多种铬化膜的替代技术，包括无铬转化及毒性较小的三价铬转化膜技术。目前铝合金无铬化学氧化有磷酸盐体系、锰酸盐体系、钼酸盐体系、稀土体系、锂盐体系、硅酸盐体系、丹宁酸盐体系等。所有这些元素被认为低毒，在自然界也相对丰富。目前这些技术主要掌握在发达国家手中，这对我国金属相关制品的出口十分不利。所以，研究和开发铝及铝合金的无铬转化及三价铬转化膜工艺，对提升我国铝加工的技术水平，提高产品竞争力，具有重要的意义。

铝及铝合金化学氧化按其溶液性质可分为酸性和碱性两类，按其膜层性质可分为氧化膜、磷酸盐膜、铬酸盐转化膜等。有铬处理工艺是当前工业的主要处理方式，但鉴于环保的要求，无铬化学氧化法是化学氧化工艺的发展方向。

第二节　六价铬化学氧化工艺

铬酸盐转化处理就是将工件放在含六价铬的溶液中处理，使表面形成一层很薄的钝态含铬保护膜的过程。铬酸盐处理是有色金属最常用的化学转化处理工艺，至今在工业上还广泛用于铝、镁及其合金。铬酸盐转化膜包括含、不含磷酸盐的铬酸盐和磷铬酸盐膜两大类。表 3-1 列举了铝及铝合金铬酸盐化学氧化工艺。

表 3-1　铝及铝合金铬酸盐化学氧化工艺

序号	溶液组成	温度/℃	时间/min	应用范围、膜色	备注
1	碳酸钠 45g/L、铬酸钠 14g/L、氢氧化钠 2g/L	85～100	10～20	纯铝、Al-Mg 合金、Al-Mn 合金；灰色	膜层疏松
2	磷酸 55g/L、铬酐 15g/L、氟化钠 3g/L、硼酸 1g/L	室温	10～15	各种铝合金；浅绿色	膜层较 1 好
3	重铬酸钠 3.5～4g/L、铬酐 3～3.5g/L、氟化钠 0.8g/L	室温	2～3	各种铝合金；深黄色或棕色	溶液 pH＝1.5，膜层较 1 好
4	碳酸钠 32g/L、铬酸钠 15g/L	90～100	3～5	纯铝及含 Mg、Mn 和 Si 的合金，也可用于含 Cu 量少的合金；灰色	可作油漆底层
5	铬酸钠 0.1g/L、氢氧化铵 29.6g/L	70～80	20～50	各种铝合金；灰色有斑点	类似搪瓷的膜层
6	碳酸钠 47g/L、铬酸钠 14g/L、硅酸钠 0.06～1g/L	90～100	10～15	纯铝、Al-Mn（淡透明银色）合金、Al-Mn-Si 合金、Al-Mg 合金；鲜明金属色	孔隙小，不能很好着色，不宜作油漆底层
7	碳酸钠 20g/L、重铬酸钾 4～5g/L	90～100	10～18	各种铝合金；灰色	

一、铬酸盐处理

六价铬酸盐化学转化膜的应用比较广泛，是目前耐蚀性最佳的铝合金化学转化膜，不仅常用于铝合金有机聚合物喷涂层的有效底层，也可以作为铝合金最终涂层直接使用，这是目前磷铬酸处理或无铬处理中难以实现的。含铬酸盐的化学处理溶液品种繁多，其中大量是已经工业商品化的产品。通常铬酸盐处理液中含有三种基本组分，分别是六价铬酸或铬酸盐、刻蚀剂和促进剂。它的成膜处理时间较短，处理温度 20～40℃，膜层较薄，具有很牢固的附着力，膜厚为 0.125～1.000μm，膜重 0.15～1.00g/m^2，膜色为金黄色或者透明无色。膜层的主要成分为水合三氧化铬和三氧化铝，受处理时间、温度和 pH 值等条件的影响而有所不同。六价铬酸盐化学转化膜成本低廉、工艺简单、操作简单、易于维护，而且其膜层防护性能高于其他非铬处理的防护膜，钝化膜层的耐盐雾性大于 2000h。人们一般认为是因为其膜层结构中含有六价铬，即膜层的六价铬离子具有自我修复作用而导致其高耐盐雾性。

铝及其合金的铬酸盐化学氧化膜处理可以分为酸性铬酸盐氧化法及碱性铬酸盐氧化法两种。

1. 酸性铬酸盐氧化法

通常铬酸盐处理是在 pH＝1.5、温度 30℃左右的条件下。膜的外观随合金成分和膜厚增加而变化。酸性铬酸盐处理溶液中主要含有 CrO$_3$ 或 Na$_2$Cr$_2$O$_7$ 及有活化作用的氟化物、氟硅酸盐等促进剂，以及钨盐、硒盐、赤血盐等添加剂，在铝件表面形成膜层。刚形成的新鲜膜呈胶态，易碰伤；老化处理后膜层坚固，与基体附着良好，具有疏水性。依据膜厚度其外观可呈无色、彩虹色或橘黄色，当膜受外力作用遭到破坏时，表面上由于 Cr^{6+} 渗出会使其再发生化学氧化。

2. 碱性铬酸盐氧化法

碱性铬酸盐氧化法有 BV 法、MBV 法、EW 法、派卢明法、阿尔罗克法、阿洛克罗姆法等。表 3-2 给出了几种碱性铬酸盐处理溶液的基本成分和工艺。

表 3-2　几种碱性铬酸盐处理溶液的基本成分和工艺

方法	溶液组成	处理温度/℃
BV 法	$K_2Cr_2O_7$ 10g/L，Na_2CO_3 25g/L，$NaHCO_3$ 25g/L	100
MBV 法	Na_2CO_3 20～50g/L，Na_2CrO_4 5～25g/L	90～100
EW 法	Na_2CO_3 50g/L，Na_2CrO_4 15g/L，Na_2SiO_3 0.07～1.0g/L	90～100

在 BV 法基础上，德国 Gustav Eckert 提出了改进后的 MBV 法。MBV 法等碱性铬酸盐处理法在工业领域中仍占有相当重要的地位。EW 法是改良的 MBV 法，使用添加硅酸钠的 MBV 溶液。对于大多数铝合金铸件，可得到均匀、致密、无色透明、有金属光泽的转化膜，该转化膜表面光滑，与铝基体结合牢固。

二、磷铬酸盐处理

磷酸-铬酸盐处理也称为磷铬化处理，是 1945 年由美国化学涂料公司开发的，其成膜是在含有磷酸、铬酸、氟化物的盐类溶液中进行，磷酸是膜的重要成分，铬酸作为氧化剂参与成膜，而且控制活化剂（氟化物）对基体的溶解速度。其成膜过程与前述有类似之处，主要差别在于铬酐、氟化物（F^-）浓度较高，反应更快，膜层也比较厚。当工件置于铬磷化处理液中，随着铝的溶解及六价铬的还原，在金属与溶液两相界面处 pH 值会不断升高，Al^{3+} 及 Cr^{3+} 浓度增大，并加速 H_3PO_4 电离，当其离子浓度积大于溶度积，则会在工件表面析出 $AlPO_4$ 及 $CrPO_4$。需要指出的是 F^- 对 $AlPO_4$ 有选择性地溶解，而对 $CrPO_4$ 溶解很差。F^- 对 $AlPO_4$ 溶解，使膜产生孔隙，进而使 F^- 和基体材料反应，铝不断溶解，使膜增厚，当然过高浓度的 F^- 及 H_3PO_4 都会使膜疏松，甚至难以成膜。膜中 $CrPO_4$ 显绿色，当 F^- 含量相对低时，膜中 $AlPO_4$ 含量相对增多使绿色变浅；当 CrO_3 含量高时，氧化能力强，膜中 Al_2O_3 含量相对高，膜致密，通常膜呈现无色到绿色。磷铬酸盐化学氧化工艺见表 3-3。

表 3-3　磷铬酸盐化学氧化工艺

配方 组成及工艺条件	弱碱性氧化			配方 组成及工艺条件	酸性氧化		
	1	2	3		4	5	6
碳酸钠（Na_2CO_3）/(g/L)	50	50	40～80	磷酸（H_3PO_4）/(mL/L)	50～60	10～15	

续表

配方 组成及工艺条件	弱碱性氧化			配方 组成及工艺条件	酸性氧化		
	1	2	3		4	5	6
铬酸钠(Na_2CrO_4)/(g/L)	15	15		铬酐(CrO_3)/(g/L)	20~25	1~2	3.5~4
氢氧化钠(NaOH)/(g/L)	5~10			氟化氢铵(NH_4HF_2)/(g/L)	3~3.5		
氟化钠(NaF)/(g/L)		3~3.5		磷酸氢二铵[$(NH_4)_2HPO_4$]/(g/L)	2~2.5		
高锰酸钾($KMnO_4$)/(g/L)			10~30	硼酸(H_3BO_3)/(g/L)	1~1.2	1~3	
碳酸铬[$Cr_2(CO_3)_3$]/(g/L)			20~35	氟化钠(NaF)/(g/L)		3~5	0.5~0.8
磷酸氢二钠(Na_2HPO_4)/(g/L)			5	重铬酸钠($Na_2Cr_2O_7 \cdot 2H_2O$)/(g/L)			3~3.5
温度/℃	60~70	95~100	90~100	pH 值			1.5
时间/min	5~10	10~30	3~5	温度/℃	30~40	室温	30
				时间/min	2~8	5~15	3

第三节　无铬化学氧化工艺

科技界一直努力在表面处理工艺中彻底消除六价铬的有害影响，20 世纪 70 年代就开发出了完全无铬的化学转化处理。当时是以氟锆酸、硝酸和硼酸为基础的配方，提高铝罐涂料的附着性，应用在铝易拉罐上。由于建筑业对于有机聚合物涂层的附着力和耐蚀性要求较高，在铝合金型材上并没有得到广泛应用。20 世纪 80 年代开发的磷酸钛-磷酸锆体系，使用性能有所提高，但仍没有突破使用屏障。随着人们对环境保护意识的增强，六价铬的应用已逐渐受到严格限制。因此研究和开发无毒或低毒的工艺替代铬酸盐化学氧化工艺势在必行。20 世纪 90 年代以来，无铬化学氧化技术发展很快，已取得了一定的进展。据报道，欧洲铝罐工业已经 100% 使用无铬转化涂层，而建筑铝型材还不到 25%。

化学氧化处理液一般含有成膜剂、氧化剂、活化剂和促进剂。其中氧化剂和活化剂是必不可少的成分。氧化剂的作用是使铝表面氧化而生成氧化膜，常用的有硝酸、亚硝酸、氯酸、铬酸、铬酸盐、重铬酸盐、过氧化氢、过硫酸盐等。活化剂的作用是使铝表面在氧化成膜的过程中不断地溶解，在氧化膜中形成孔隙，保证氧化膜不断长大增厚，常用的有氢氟酸、氟化物、碳酸盐、氢氧化铵等。促进剂的作用是化学转化时，使转化膜在溶液中的生长速度大于溶解速度。人们对可以取代铬酸盐的物质进行了大量的研究。这些物质大体可分为有机和无机两大类。有机物质包括硅烷、有机膦酸、羧酸等，可在铝合金上形成耐蚀涂层，但这些物质存在成膜物质有毒性、对人体有刺激作用、价格较高等缺点。无机物质包括稀土盐、钼酸盐、钨酸盐、钒酸盐等，其中钼酸盐由于无毒性而被广泛研究。

一、磷酸盐处理

铝合金表面磷酸盐处理是参照钢铁的磷化工艺，经适当改进后的一种无铬处理方法。为了能渗透氧化层，槽液中要添加氧化物，如氟硅酸盐、氟硼酸盐。这种改型锌盐磷化工艺对铝及铝合金处理后，转化膜的化学组成主要是磷酸锌，与钢铁形成的磷化膜大致相同，成分见表 3-4，其表面形貌、膜的生成原理也与钢铁磷化相似。以游离态存在的铝离子对锌盐磷化液具有破坏作用，因此处理液中须加入足够的氟化物，使溶出的铝离子始终保持配位状态。

表 3-4　铝及铝合金转化膜化学成分的质量分数

成分	质量分数/%		成分	质量分数/%	
	铝及铝合金	钢铁		铝及铝合金	钢铁
Zn	32.5	31.4	Fe	0.4	8.2
PO_4	39.8	42.1	Cu	3.7	—
F	4.1	1.4	Mg	0.4	—
Al	3.2	—	Cr	0.03	0.1

铝及铝合金的磷酸盐转化膜，其耐蚀性远低于其他处理方法。磷酸盐转化膜也可用于铝及铝合金的深拉延和冷挤压处理，通常与硬脂酸盐润滑剂结合使用。铁系磷化工艺添加氟化物调整后也可用于铝及铝合金处理，而且主要用于铝与其他金属的混合型基材。

张圣麟等人研究了一种不含铬的铝合金磷化液，对游离酸度、温度、磷化时间和所含物质对磷化效果的影响进行了讨论，并通过 X 射线衍射、能谱仪、扫描电镜和电化学等方法对磷化膜的成分、晶相、形貌、耐蚀性进行了研究。

游离酸度对膜重的影响如图 3-1 所示。游离酸度在 0.5～1.5 可以得到较好的磷化效果。游离酸度过高，阴极会不断析出 H_2，锌盐浓度达不到饱和状态，造

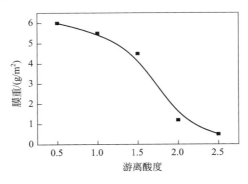

图 3-1　游离酸度对膜重的影响

成成膜困难，磷化膜不均匀，颗粒较大；游离酸度过低，则铝合金表面腐蚀反应慢，磷化成膜速度慢，且形成的磷化膜不完整，有时甚至会出现无法磷化的现象，同时磷化液中沉渣也会增多。

温度对铝合金磷化膜的形成有较大影响。图 3-2 为温度对膜重的影响。从图 3-2 中可以看出，随着温度的升高，膜重逐渐增加。但温度高于 45℃ 后，磷化膜的颗粒变大，磷化膜较疏松；温度低于 35℃，磷化成膜速度较慢，膜重较低；磷化温度在 35～45℃ 左右时，磷化质量较好。

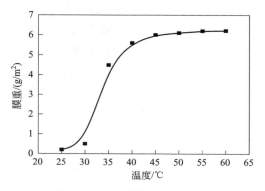

图 3-2　温度对膜重的影响

时间对磷化膜的影响较明显，在 40℃ 下进行磷化时，磷化时间与膜重的关系如图 3-3 所示。试验表明：磷化 1min 时，铝合金表面只有少量结晶；磷化 3min 后，铝合金表面的结晶数量有较大增加；磷化 5min 后，铝合金表面即可生成较为致密的磷化膜。磷化时间继续延长，磷化膜重增加缓慢。

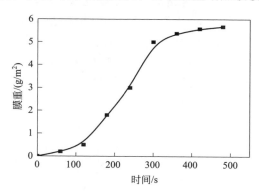

图 3-3　时间对膜重的影响

谢守德等人研究了 Fe^{2+} 对铝件磷化的影响，认为 Fe^{2+} 的存在可以改善铝合金磷化膜的质量；周谟银在研究 F^- 在铝材磷化过程中的作用时发现，在同时加入 F^- 和氧化剂的磷化液中，其电位会出现多次波动性的变化，只加 F^- 而无氧化剂的磷化液中则不会出现这种情况，这可能就是由于 F^- 和氧化剂同时存在，从而使得 Al_2O_3 薄膜溶解、再形成、再溶解、再形成所造成的。磷化液中加入 Cu^{2+} 后，磷化膜光滑致密，颜色较深，而且膜重有所增加。Cu^{2+} 可增加铝合金表面的阴极面积，从而增加磷酸锌晶核数量，提高铝合金上磷化膜的覆盖率。但加入过多 Cu^{2+} 后，其腐蚀电流会上升，耐蚀性有下降的趋势。在钢铁用磷化液里，通常加入 Ni^{2+} 来细化晶粒，降低孔隙率，提高与有机涂层间的结合力，从而增加钢铁的耐蚀性。A. S. Akhtar 等人通过 SEM、SAM、XPS 等方法研究了 Ni^{2+} 在铝合金 2024 磷化过程中的作用，他们研究后认为，Ni^{2+} 在磷化过程中起到了两方面的作用：一是减缓了磷化液中铝合金表面 pH 值上升的速度，从而使磷化膜变薄。二是在磷化过程的后期，含 Ni 的氧化物（$NiAl_2O_4$）等会沉积在磷化膜的空隙中，由于 $NiAl_2O_4$ 比 Al_2O_3 更难溶解，从而提高了铝合金的耐蚀性；Ni^{2+} 也可增加铝合金上的阴极面积，从而起到提高磷化膜覆盖率的作用。

图 3-4 为铝合金磷化前后的 XRD 谱图。XRD 结果表明：磷化膜的主要成分为磷酸锌和少量的磷酸铁锌。磷酸锌晶体结构为单斜晶体，化学式为 $Zn_3(PO_4)_2 \cdot 4H_2O$；磷酸铁锌晶体为单斜晶系，化学式为 $Zn_2Fe(PO_4)_2 \cdot 4H_2O$。

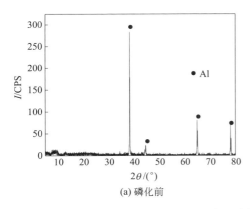
(a) 磷化前

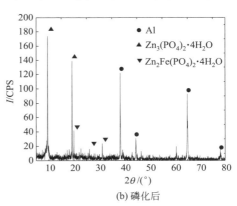
(b) 磷化后

图 3-4　铝合金磷化前后的 XRD 谱图

(a) 磷化前

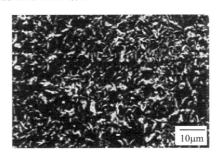
(b) 磷化后

图 3-5 铝合金磷化前后的 SEM 图

图 3-5 为铝合金磷化前后的 SEM 图。由图 3-5 可见，铝合金上形成的磷化膜致密，孔隙较少，呈颗粒状。

二、硅烷处理

近年来，有机类物质对金属的保护作用也愈来愈受到人们的重视，对金属的有机氧化研究也正日益成为传统铬酸盐氧化膜替代技术的一个重要选择。其中，有机硅烷具有独特的结构和性能，目前正成为金属表面防腐蚀领域的重要材料之一，它完全符合国家及国际社会对节能环保的发展要求。有机硅烷化处理技术作为一种新型的、有潜力替代铬酸盐转化膜的金属表面保护处理技术，具有适应现代工业对节能环保要求的特点，相比于传统的表面处理技术，具有无污染、无毒、操作简单、成本低等优点。据研究，硅烷处理工艺可以完全达到铬酸盐处理的效果，这主要体现在以下四个方面：①铬酸盐转化膜由于铬离子渗出而使其具有自修复性，在硅烷膜中添加某种有机或无机缓蚀剂可以达到相同的效果。②与铬酸盐相似，硅烷可以是阳极或者阴极缓蚀剂，这取决于所用的缓蚀剂性质。③添加能与硅醇反应的着色剂（避免着色剂滤出），可以使硅烷膜具有颜色。④对于许多油漆体系，硅烷提供了非常出色的附着力，这类似于或者优于铬酸盐转化膜工艺。

硅烷偶联剂可应用到金属表面处理领域，与它本身的物理化学性质是紧密相关的，它的化学结构通式为 $X-Si(OR)_3$，其中 X 代表有机官能团，R 代表烷基。常用硅烷偶联剂的种类如表 3-5 所示。

表 3-5 常用硅烷偶联剂

国外/国内牌号	化学名称	分子式	水溶性
A-143/NQ-54	γ-氯丙基三甲基硅烷	$ClC_3H_6Si(OCH_3)_3$	不溶
A-150	乙烯基三氯硅烷	$CH_2=CHSiCl_3$	剧烈反应
A-151	乙烯基三乙氧基硅烷	$CH_2=CHSi(OC_2H_5)_3$	不溶
A-171/NQ-83	乙烯基三甲氧基硅烷	$CH_2=CHSi(OCH_3)_3$	不溶
A-172/WD-72	乙烯基三（β-甲氧乙氧基）硅烷	$CH_2=CHSi(OC_2H_4OCH_3)_3$	5%以下
A-174/NQ-57/KH570	γ-甲基丙烯酰氧丙基三甲氧基硅烷	$CH_2=C(CH_3)COO(CH_2)_3Si(OCH_3)_3$	不溶
A-181/KH560	γ-缩水甘油醚氧基丙基三甲氧基硅烷	$CH_2OCHCH_2OC_3H_6Si(OCH_3)_3$	5%以下

续表

国外/国内牌号	化学名称	分子式	水溶性
A-186	β-(3,4-环氧环己基)乙基三甲氧基硅烷		5%以下
A-189/NQ-58/KH580	γ-巯基丙基三甲氧基硅烷	$HSC_3H_6Si(OCH_3)_3$	不溶
A-1100/NQ-55/KH550	γ-氨丙基三乙氧基硅烷	$NH_2C_3H_6Si(OC_2H_5)_3$	5%以下
A-1120/NQ-61	N-β-氨乙基-γ-氨丙基三甲氧基硅烷	$NH_2C_2H_4NHC_3H_6Si(OCH_3)_3$	5%以下
A-1160	γ-脲丙基三乙氧基硅烷	$NH_2CONHC_3H_6Si(OC_2H_5)_3$	5%以下
NQ-62	二乙烯三氨基丙基三甲氧基硅烷	$NH_2(CH_2)_2Si(OCH_3)_3$	5%以下
KH170	双(三甲氧基甲硅烷基丙基)胺	$(C_2H_5O)_3Si(CH_2)_3NH(CH_2)_3Si(OCH_3)_3$	遇水水解
BTSE	1,2-双(三甲氧基硅基)乙烷	$(CH_3O)_3Si(CH_2)_2Si(OCH_3)_3$	不溶
BTSM	1,2-双(三乙氧基硅基)乙烷	$(C_2H_5O)_3Si(CH_2)_2Si(OC_2H_5)_3$	不溶
KH1231	正十二烷基三甲氧基硅烷	$CH_3(CH_2)_{11}Si(OCH_3)_3$	不溶
KH332	正丙基三乙氧基硅烷	$Si(OC_2H_5)_4$	不溶

　　在对金属基体进行处理时，有机硅烷通常要先进行水解才可以进行成膜，未进行水解的硅烷对金属基体进行处理后，耐蚀效果往往不佳。有机硅烷通过一步或多步水解可以生成硅醇，这种硅醇可以与金属表面的羟基发生交联，形成Si—O—Me键，并且硅醇本身也会发生相互的缩合交联，形成Si—O—Si键，最终构成高度交联的硅烷膜。这种硅烷膜是一种自组装膜，它的主要特征是形成的硅氧网络结构非常稳定，外观形貌非常均一，化学性质和热学性质很稳定。由此，有机硅烷膜可以为金属提供非常牢固的结合力，是一种可以有效阻止外界的侵蚀介质接触的屏蔽层。

　　20世纪90年代美国辛辛那提大学化学与材料工程系 Van Oolj 教授首次提出了金属表面硅烷处理技术，研究了铝合金、钢和锌等金属涂装前进行硅烷预处理形成有机硅烷膜，提高了金属与有机涂层的结合力，改善了金属的耐蚀性。有机硅烷作用于铝合金基体表面时，常见的体系有烷氧基硅烷和卤代烷基硅烷。硅烷可与基体表面的铝氧化物形成键能大于 100kJ/mol 的 Al—O—Si 键，而硅烷的有机部分又可与表面涂层形成化学键结合,因此可以把铝基体和有机材料这两种性质差别很大的材料牢固地黏合在一起,极大地提高了铝合金表面的耐蚀性能以及铝合金与涂层的结合强度。硅烷单分子膜中分子间也以聚硅氧烷链聚合成网状结构,使形成的膜更加稳定。同时溶液中硅烷分子间存在自聚竞争反应,成膜过程中水含量过少会导致膜不完整,过多会使硅烷水解后自聚,温度也会影响硅烷分子的成膜和自聚反应的竞争,因此硅烷类分子对自组装体系很敏感。Van Oolj 研究了 AA2024 铝合金表面自组装硅烷膜,采用电化学阻抗谱和傅里叶红外光谱技术分析出界面层存在 Si—O—Si 键和 Al—O—Si 键,证明了硅烷自组装的化学键理论。

Frignani 等研究了长链硅烷在铝合金表面形成自组装膜的耐腐蚀性能,结果表明硅烷在铝合金表面形成的自组装膜有良好的耐腐蚀性能,并且缓蚀性能随着硅烷分子链长的增加而增强,链长达到 8 个碳原子之后,继续增加链长自组装膜的缓蚀性能保持不变。Si 原子有 4 个孤对电子,因此硅烷分子含有 3 个 Si—OH 官能团,当 1 个 Si—OH 与金属表面结合之后,剩下的 Si—OH 会与邻近的 Si—OH 基团发生缩合反应,增加了分子之间的结合强度和膜的致密性,从而可提高自组装膜的缓蚀性能。如图 3-6 所示,硅烷分子上未与铝合金表面结合的 Si—OH 与溶液中游离的硅烷发生缩合反应从而使自组装膜表面形成纳米级别的粗糙结构,这些结构增加了自组装膜的疏水性,疏水性的膜可以阻碍腐蚀溶液或离子渗透到铝合金基体表面造成腐蚀。徐斌等利用 Tafel 测试铝表面自组装膜的耐腐蚀性能,表明双 [3-(三乙氧基硅基)-丙基] 四硫化物硅烷(BTESPT)对铝合金的阳极氧化和阴极还原都有很好的抑制作用,但主要是抑制阴极反应来提高缓蚀效果,并且缓蚀膜的存在主要是阻碍铝合金和腐蚀液之间 O_2 和电子的迁移与

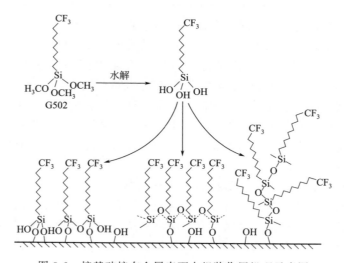

图 3-6 烷基硅烷在金属表面自组装作用机理示意图

扩散，从而抑制阴极极化反应。

Palanivel 等采用 BTESPT 对 2024-T3 铝合金进行自组装，电化学测试结果表明在 0.6mol/L NaCl 溶液中硅烷自组装膜对合金的耐蚀性优于铬酸盐处理。郭增昌等对铝合金进行三氯十八硅烷自组装，热盐浴试验结果表明表面形成良好的阻隔层，较空白试样组装表面腐蚀减轻，但仍出现点蚀。分析认为合金表面富铜相的存在影响了膜的致密性和缓蚀性能。Hintze 等研究了癸基三甲氧基硅烷和十八烷基三甲氧基硅烷在 2024-T3 铝合金上的自组装，表面表征和电化学测试表明有机硅烷 SAMs 有较好的覆盖度和缓蚀性能，但仍然存在局部的缺陷。

三、稀土盐处理

稀土元素的电子结构特殊，化学活性很强，其在金属表面处理的应用越来越广泛，在化学转化膜方面多用于细化膜层结晶晶粒，改善金属的防护性能，是一种优良的促进剂。20 世纪 80 年代中期，澳大利亚航空研究室材料科学部的 Hinton 等人发现在 NaCl 溶液中加入少量的 CeCl$_3$ 能显著降低 7075 铝合金的腐蚀速度。稀土盐处理一度被认为是最有希望替代铬酸盐处理的无铬转化膜。80 年代后期，美国南加利福尼亚大学材料科学系的 Mansfeld 对铝基复合材料进行了 CeCl$_3$ 浸泡处理，使其耐蚀性得到了提高。之后，他对这一工艺进行了改进，发明了铈钼处理工艺，并于 1990 年申请了专利。铝合金表面稀土转化技术主要分为稀土溶液长时间浸泡工艺、稀土转化膜的阴极电解工艺、含有强氧化剂成膜促进剂和其他添加剂的处理工艺、波美层处理工艺、铈钼处理工艺及熔盐浸泡工艺等。

稀土表面转化膜形成工艺不同，膜的形成机理也不一样。就稀土盐浸泡工艺而言，Hinton 等人提出阴极成膜机理，认为铝合金浸到稀土盐溶液中，合金表面局部微区形成微电池，微电池的微阳极发生 Al 的溶解，微阴极发生 O$_2$ 的还原，使微阴极区 OH$^-$ 浓度增大，界面局部 pH 值上升而趋于碱性，使得稀土离子形成不溶性氢氧化物附着于铝表面。就含强氧化剂工艺而言，Hughes 的理论与阴极成膜机理相似，不过他认为，微阴极区除了 O$_2$ 的还原反应外，还有强氧化剂参加还原反应，从而使成膜速度加快。国内有学者认为强氧化剂工艺中，溶液中的 O$_2$ 并不参加还原反应，只有强氧化剂参加还原反应。

稀土表面转化膜尚无公认的耐蚀机理，陈溯等人认为，氢氧化铈阴极膜的形成提高了阴极部位氧化还原的过电位，过电位的提高就抑制了基体中的 Al 在阳极溶解，正是由于这个原因，氢氧化铈膜覆盖的基体得到了保护。

1. 稀土溶液长时间浸泡工艺

稀土转化膜最早的处理方法就是浸泡法，这种方法是将铝合金在稀土盐溶液中长期浸泡而形成表面转化膜，Hong Shih 将 Al6061 在 CeCl$_3$ 的处理液中浸泡 7 天，所得到的转化膜在 NaCl 溶液中的耐蚀性明显提高。国内学者于兴文、李国强、李久青等人对稀土转化膜的耐蚀性进行了研究，已摸索出几种在铝合金上生成稀土转化膜的化学浸泡成膜工艺。经过处理的铝及其合金的耐蚀性虽有显著提高，但仍达不到铬酸盐处理的耐蚀性标准。这种处理方法简单，但所需时间太长，所形成的转化膜较薄，不适合大规模生产。

2. 稀土转化膜的阴极电解工艺

Hinton 等人依据阴极成膜机理，尝试在含 $100\sim1000\mathrm{mg/L}$ $CeCl_3$ 的水溶液中采用恒电流阴极极化的方法沉积铈膜。溶液在沉积过程中处于充气状态，电流密度为 $0.1\sim2.8\mathrm{A/m^2}$，这种方法可以在铝合金表面快速得到黄色铈膜，但膜的表面有圆泡、裂纹，质量不佳。基于此，阴极极化方法在 Arnott 等人早期报道后很长时间未见文献报道。

李久青等人在碱性铈盐溶液中用正交法得出了最佳化学成膜工艺 T2/T7 和 T3/T7，在此基础上，通过两步阴极电解方法成功地在工业纯铝表面生成了含铈转化膜，并对这两类工艺形成的膜层的耐蚀性进行了测试。结果表明：经化学成膜法处理的工业纯铝在 NaCl 溶液中的均匀腐蚀速度可降低 $90\%\sim95\%$，工业纯铝腐蚀的阳极过程受到明显阻滞，明显改善了工业纯铝在氯化物介质中的耐点蚀性能；经电化学法处理的工业纯铝在氯化物中的耐蚀性也得到了明显的改善，形成的膜层光滑、清洁、均匀，结合力很好，其厚度达到 $4\mu\mathrm{m}$ 左右，在耐蚀性检测中表现出了优良的性能。如溶液中浸泡达 18 天才出现点蚀现象，极化阻力提高 1 个数量级以上。该种方法是在碱性配方的基础上发展起来的，溶液的改变以及氧化剂在阴极的还原有可能抑制了析氢反应对成膜的不利影响。

李国强等人在铈盐溶液中用阴极电解的方法沉积铝合金铈转化膜，用电化学测试、腐蚀试验、SEM 和 EDAX 等分析手段研究了转化膜的性能。结果表明，铈转化膜的形貌组成和耐蚀性能与铝合金表面状态和阴极是否发生析氢反应关系密切，要想获得性能良好的铈转化膜必须抑制氢气在阴极上的析出。他们同样采用阴极电解的方法在铝合金多孔阳极氧化膜上沉积了富铈转化膜。电解成膜溶液为含 $1\mathrm{g/L}$ $CeCl_3 \cdot 7H_2O$ 和 $10\mathrm{mL/L}$ H_2O_2 的水溶液，用 XPS、FEM、XRD 和 EDAX 等分析手段对此种转化膜的组成、结构形貌进行了研究。结果表明：这种铈转化膜的微结构与氧化膜的多孔结构紧密相关，随电解时间和电流密度的改变而逐渐变化；转化膜主要由三价铈化合物组成，阴极电解 1h 后膜厚约 140nm，并呈非晶态特征。

石铁等人研究了一种通过电解沉积方法在防锈铝 LF21 表面上生成铈盐转化膜的工艺。采用正交试验研究了有关因素对成膜过程的影响，并获得了最佳的技术参数。用极化曲线、交流阻抗和中性盐雾试验等方法测试了该工艺形成膜层的耐蚀性能及其组成。结果表明：经过电解沉积稀土转化膜处理后，防锈铝的阳极腐蚀过程受到了阻滞，自然腐蚀电位负移；与经过化学氧化处理后相比，其耐蚀性能有显著提高，可通过 400h 的中性盐雾试验，亲水性能亦有明显提高。

3. 含有强氧化剂成膜促进剂和其他添加剂的处理工艺

这类工艺的共同特点是引入强氧化剂如 H_2O_2、$KMnO_4$、$(NH_4)_2S_2O_8$ 等，使成膜速度显著提高，把成膜时间缩短到 0.5h 以内甚至几分钟，同时处理温度较低，有些处理方法在室温下即可成膜，成膜促进剂主要包括 HF、$SrCl_2$、NH_4VO_3 和 NH_4ZrF 等。这类工艺处理液中所用的稀土盐种类单一，以 Ce 为主，且转化膜的性能不够稳定，故该处理工艺的配方需进一步调整。

4. 波美层处理工艺

波美层处理法就是将铝合金浸入沸水中，随着时间的推移，铝合金表面的天然氧化膜多孔性水软铝石膜（$Al_2O_3 \cdot H_2O$）会不断增厚，最后在铝表面可形成厚度达 $0.7 \sim 2\mu m$ 的乳白色或无色的氧化膜，此膜即为波美层，然后再浸到稀土盐溶液中。处理液 pH 值在 $3.5 \sim 9$ 时形成的膜层非常稳定，可作为油漆的底层。A. Kindler 等推荐处理温度为 $97 \sim 100\text{℃}$，同时还可以在水中加入促进剂如氨水或者三乙醇胺，以增加氧化膜厚度，得到多孔性氧化膜。加入氨水处理后的氧化膜颜色为白色，且色调均匀。其中，氨最佳的添加范围是 $0.3\% \sim 0.5\%$（质量分数）；加入三乙醇胺后不仅波美层的成膜速度加快，而且膜的厚度也增加了。需要注意的是波美层的增厚速度会随着时间的增加逐渐变慢。使用波美层处理法制得的氧化膜的结晶度、致密度、耐磨性和耐腐蚀性能均比化学法和电化学法制得的氧化膜好很多。但波美层处理法也有不足之处，如热能消耗大，需要过热蒸汽或沸水，成膜速度慢，处理时间长，膜层容易受污染，常有指纹，铝表面稍有污染，膜层就会变色、不均匀等。

四、分子自组装处理

自组装技术是指在稀溶液中固液界面分子及纳米微粒等结构单元在没有外界因素干涉的情况下，基于非共价键的相互作用而自发地组织或聚集为一个稳定、具有一定规则的二维有序单层膜结构。作为自组装技术关键的吸附驱动力包括外部驱动力和内部驱动力两方面，外部驱动力包括形状、形貌、表面官能团和表面电势等，内部驱动力包括氢键、范德华力、静电作用力等，如图 3-7 所示。由于自组装膜在铝合金表面形成的是一层单分子紧密排列薄膜，厚度仅为纳米级别，分子一端的功能基团与金属表面形成稳固结合，而尾基暴露在空气中并且为疏水性，可以阻碍金属在腐蚀环境下因离子进入金属基体表面而导致的腐蚀，因而在提高缓蚀性能的同时不会影响金属本身的颜色。并且自组装单分子膜技术提供了能在分子水平上控制界面性质、人工设计获得特定功能膜材料的有效方法，近年来成为涉及固体物理、材料科学、微电子学、生物传感学、腐蚀科学等学科交叉领域非常活跃的研究领域。铝表面的自组装膜主要是硅烷自组装膜、膦酸自组装膜和羧酸自组装膜三大体系。其中硅烷自组装膜在前面已经进行了介绍，这里不再赘述，下面主要介绍膦酸自组装膜和羧酸自组装膜。

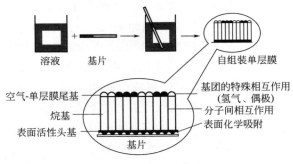

图 3-7　分子自组装机理

1. 膦酸自组装膜

膦酸与铝氧化物表面反应可形成稳定的、有序排列的单分子膜。大多文献报道表明，膦酸可以单齿、双齿和三齿三种键合方式进行键合。烷基膦酸与铝合金形成的键合牢固，有很好的缓蚀性能。羟化的铝合金表面和膦酸的两个 P—O—H 基团脱去两分子 H_2O 形成 P—O—Al 键合，然后 P＝O 与铝合金表面的羟基在 H^+ 的作用下脱去一分子 H_2O，最终膦酸与 Al 形成一种稳定的三叉结构。图 3-8为烷基膦酸在铝表面自组装示意图。

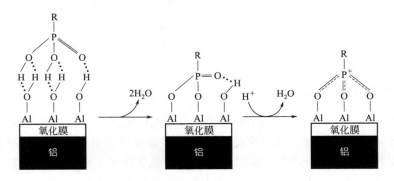

图 3-8　烷基膦酸在铝表面自组装示意图

铝合金表面羟基数量增加能够促进膦酸的吸附。M. Giza 等研究了有机膦酸在等离子改性的覆盖氧化物的铝表面的吸附动力学。结果表明，增加铝合金表面羟基数量促进了膦酸的吸附，并且随着组装时间的延长，吸附的自组装膜的接触角增大，达到一定时间后不再发生变化，说明达到一定时间后铝合金表面的羟基与膦酸反应完成，不再继续吸附。自组装溶液中存在水有利于铝合金表面的羟基化，并且 H_2O 促进膦酸电离出 H^+，加快了三叉结构的形成。Roberts 等采用 XPS 成像研究铝合金抛光表面。研究表明，在机械抛光表面的偏析相和基体表面膦酸与铝合金都形成稳定的三叉结构。

Andrea 等采用傅里叶变换红外光谱对膦酸自组装膜进行了研究，发现 P＝O

峰的缺失、R—PO$_3^{2-}$振动峰和 3 个对称 P—O—Al 键的存在证明膦酸分子中 2 个 P—OH 基和 P＝O 基同时与铝表面的羟基进行了反应，从而与铝表面以三齿方式进行键合。Pellerite 等观察到烷基膦酸在铝氧化物上的吸附现象，发现长时间组装后膦酸膜红外反射吸收谱中 C—H 振动减弱，说明膦酸分子吸附后进行了重排，最终垂直吸附在铝表面，由于三齿键合的膦酸膜的理论倾斜角为 35°，可以推断此条件下膦酸与铝以单齿或双齿方式进行键合。

Luschtinetz 等采用电荷自洽的密度泛函-紧束缚方法研究了膦酸和乙基膦酸在蓝宝石［α-Al$_2$O$_3$（0001）］、三羟铝石［β-Al(OH)$_3$（001）］和水软铝石［γ-AlOOH（010）］这三种不同晶体表面的化学吸附，对所有晶面上单齿、双齿和三齿键合的吸附能量进行了分析，结果表明不同晶面上的最有利吸附方式有所区别，证明晶面结构对键合方式有很大影响。

但除了 P—O—Al 的键合方式，还可能存在离子键吸附机理。Ramsier 等认为纯铝表面羟基和膦酸发生缩合反应形成膦酸盐。Thissen 等研究了极性氧化铝（0001）和非极性氧化铝（1102）表面十八烷基膦酸自组装吸附机制，后者的偏振调制红外光谱中未观察到 P—OH，但存在 P＝O 和弱的 P—O 伸缩振动峰，说明膦酸头基中的 2 个 P—OH 键与铝表面羟基脱水以双齿形式在氧化铝表面吸附，而前者红外光谱中观察到 PO$_3^{2-}$峰，无 P＝O 伸缩振动峰，说明此时主要通过 PO$_3^{2-}$与质子化带正电的羟基化铝表面以离子键形式进行吸附。DeRose 等通过比较纯铝上全氟癸基羧酸（PFDA）、全氟癸基膦酸（PFDP）、十八烷基膦酸（ODP）、全氟癸基二甲基氯硅烷（PFMS）自组装膜的稳定性，得出 PFDP/Al 和 ODP/Al 最稳定，并通过分子头基的化学吸附优势进行解释，认为膦酸能在氧化铝表面和羟基以三齿方式键合，而 PFDA 和 PFMS 只能单齿键合，因此前者更为稳定。

陈庚等研究了溶剂中水对 2024 铝合金表面膦酸自组装膜缓蚀性能的影响。结果表明，膦酸在铝合金表面形成了致密的自组装膜，在 3.5％NaCl 溶液中缓蚀效率可达 92％。并且在自组装溶液中添加水可促进铝合金表面羟基化，有利于膦酸分子的吸附，提高了膜的致密性和结合强度，增强了膜在 Harrison 溶液中的缓蚀性能。

膦酸类有机物在铝及铝合金表面的吸附形式较为多样化，随着金属表面的晶面结构、化学状态等发生变化。目前的研究尚未取得定论，需要开展大量工作进行深入探索，以掌握其吸附行为的关键影响因素和机理。

2. 羧酸自组装膜

羧酸倾向于通过铝表面的 Al$_2$O$_3$静电吸附和烷基长链的范德华力交互作用形成单分子薄膜，在含水条件下铝原子可能结合羟基或水分子，铝原子此时带上了一个正电荷，羧酸电离产生带负电荷的羧基，羧基与带正电的 Al 原子以离子键形式结合。基底与羧酸分子的键合方式和分子链的取向与膜的缺陷程度关系密切，所以反应时间的长短、杂质等会影响羧酸分子的键合方式，从而影响自组装膜的性能。

莫宇飞等使用全氟羧酸自组装的纳米摩擦学性能研究表明，采用气相沉积的方法在铝表面沉积一层稳定的自组装膜，得到的自组装膜羧酸分子与铝基体表面垂直，自组装膜为疏水性，有很好的减摩效果，并且链长较长的羧酸膜有更好的润滑效果。Liakos 等研究了不同单官能团有机分子在磁控溅射铝表面的自组装膜。结果显示 C_4H_9COOH、$C_{10}H_{21}COOH$ 和 $C_{18}H_{37}COOH$ 在铝表面形成的自组装膜有很好的缓蚀性能，并且随着链长增长，自组装膜的疏水性提高。但是，由于羧酸自组装膜耐腐蚀性能不如烷基膦酸和硅烷，目前羧酸的研究主要集中在润滑性能和吸附动力学。王海人等人通过自组装前后铝合金表面锌电化学沉积行为的变化研究和极化曲线测试，探讨了十四烷基膦酸自组装膜在 2024 和 1060 铝合金表面的吸附及缓蚀行为。研究结果表明：锌的初期电化学沉积优先在铝合金偏析相表面进行；偏析相表面吸附膜致密度较差，因此自组装后基体和偏析相表面之间的物化性质差异更大，从而加速了锌的初期沉积；1060 合金表面自组装膜比 2024 合金表面自组装膜更为致密，因而对 1060 合金表面锌沉积行为的影响更显著，对 1060 合金阴极极化区和阳极维钝区的腐蚀抑制效果也更为明显。

综上，铝及其合金表面自组装功能膜的研究目前主要停留在实验室阶段，对现实使用环境下自组装膜的稳定性以及长效性需要深入探讨和考察，以使铝及铝合金表面自组装修饰技术向真正的技术产业化阶段迈进。

从目前国内外对环保型钝化的研究和试验来看，无铬钝化已取得了积极的进展，但尚有不足之处。无铬氧化膜的综合性能特别是耐蚀性与传统的有铬钝化膜相比尚有一定差距。随着环保要求的日益严格，对于量大面广的铝合金氧化行业，无铬氧化工艺具有巨大的应用前景，无疑是铝合金环保型钝化发展的方向。铝合金无铬氧化工作者仍需要继续努力，不断克服困难，进一步提高氧化膜的耐蚀性，简化工艺，降低成本，使其能够真正替代有铬氧化成为绿色氧化工艺。

参考文献

[1] 屠振密.防护装饰性镀层 [M].北京：化学工业出版社，2004.

[2] 李家柱，侯富兴.电镀工（中级）[M].北京：机械工业出版社，2007.

[3] 马晋.铝合金微弧氧化工艺研究 [D].武汉：武汉理工大学，2003.

[4] 李小成.2A12 铝合金表面微弧氧化制备含 ZrO_2 陶瓷层工艺及耐蚀性研究 [D].西安：长安大学，2013.

[5] 韩孝强，秦文峰.航空铝合金表面防腐：从化学氧化到等离子技术 [J].中国科技信息，2018（10）：37-39.

[6] 于瑞海，钟思.铝合金表面处理技术研究进展［J］.经营管理者，2010（18）：406.

[7] 陈道琪，范洪远，陈志文，等.稀土在铝合金表面处理中的应用及研究进展［J］.表面技术，2007，36（3）：58-60.

[8] 吴纯素.化学转化膜［M］.北京：化学工业出版社，1988.

[9] 朱祖芳.铝合金阳极氧化与表面处理技术［M］.北京：化学工业出版社，2010.

[10] 王文忠.铝及其合金化学转化膜处理［J］.电镀与环保，2002，22（6）：24-25.

[11] 王玉宾.铝及铝合金的化学转化膜处理［J］.国际表面处理，2002（1）：22-28.

[12] 谢守德，李新立，李安忠.Fe^{2+}对铝件磷化的影响［J］.材料保护，2005，38（3）：55.

[13] 周谟银.游离和氧化剂对铝镁合金（LF_2）磷化过程的影响［J］.材料保护，1998，31（7）：13.

[14] Akhtar A S, Susac D. The effect of Ni^{2+} on zinc phosphating of 2024-T3 Al alloy［J］. Surface and Coatings Technology, 2004, 187（23）：208.

[15] Akhtar A S, Wong K C, Mitchell K A R. The effect of pH and role of Ni^{2+} in zinc phosphating of 2024-Al alloy［J］. Applied Surface Science, 2006, 253（1）：493.

[16] 张圣麟，张小麟.铝合金无铬磷化处理［J］.腐蚀科学与防护技术，2008，20（4）：279-282.

[17] Ooij W J V, Zhu D. Electrochemical Impedance Spectroscopy of Bis-［Triethoxysilypropyl］Tetrasulfide on Al 2024-T3 Substrates［J］. Corrosion Science, 2001, 57（5）：413-427.

[18] Frignani A, Zucchi F, Trabanelli G, et al. Protective action towards aluminium corrosion by silanes with a long aliphatic chain［J］. Corrosion Science, 2006, 48（8）：2258-2273.

[19] 李松梅，周思卓，刘建华.铝合金表面原位自组装超疏水膜层的制备及耐蚀性能［J］.物理化学学报，2009，25（12）：2581-2589.

[20] Wang D, Ni Y, Huo Q, et al. Self-assembled monolayer and multilayer thin films on aluminum 2024-T3 substrates and their corrosion resistance study［J］. Thin Solid Films, 2005, 471（1-2）：177-185.

[21] Susac D, Sun X, Mitchell K A R. Adsorption of BTSE and γ-APS organosilanes on different microstructural regions of 2024-T3 aluminum alloy［J］. Applied Surface Science, 2003, 207（1-4）：40-50.

[22] 徐斌，满瑞林，倪网东，等.铝表面自组装分子及缓蚀剂复合膜的制备及耐蚀性能［J］.腐蚀与防护，2007，28（10）：499-502.

[23] 肖围，满瑞林.铝管表面BTESPT硅烷稀土复合膜的制备及耐蚀性的研究［J］.电镀与环保，2009，29（5）：30-34.

[24] Palanivel V, Zhu D, Ooij W J V. Nanoparticle-filled silane films as chromate replacements for aluminum alloys［J］. Progress in Organic Coatings, 2003, 47（3-4）：384-392.

[25] 郭增昌，王云芳，王汝敏.铝合金表面自组装膜层的表征及耐蚀性研究［J］.材料保护，2007，40（7）：1-4.

[26] Hintze P E, Calle L M. Electrochemical properties and corrosion protection of organosilane self-assembled monolayers on aluminum 2024-T3［J］. Electrochimica Acta, 2006, 51（8）：1761-1766.

[27] 李久青，高陆生，卢翠英，等.铝合金表面四价铈盐转化膜及其耐蚀性［J］.腐蚀科学与防护技术，1996，8（4）：271-275.

[28] 陈溯，陈晓帆，刘传烨，等.铝合金表面稀土转化膜工艺研究［J］.材料保护，2003，36（8）：33-36.

[29] 于兴文，曹楚南，林海潮，等.铝合金表面稀土转化膜研究进展［J］.中国腐蚀与防护学报，2000，20（5）：298-307.

[30] 张巍，李久青，田虹，等.利用化学法和电化学法在工业纯铝上沉积稀土转化膜［C］//材料科学与

工程新进展, 2000.

[31] 李国强, 李荻, 李久青, 等. 用阴极电解法沉积铝合金铈转化膜 [J]. 材料研究学报, 2001, 15 (2): 239-243.

[32] 李国强, 李荻, 李久青, 等. 铝合金阳极氧化膜上阴极电解沉积的稀土铈转化膜 [J]. 中国腐蚀与防护学报, 2001, 21 (3): 150-157.

[33] 石铁, 左禹, 赵景茂, 等. 铝合金表面电解沉积稀土转化膜工艺研究 [J]. 电镀与涂饰, 2005, 24 (6): 22-25.

[34] Kindler A. Chromium-free method and composition to protect aluminum: US5192374 [P]. 1993.

[35] 张圣麟. 铝合金表面处理技术 [M]. 北京: 化学工业出版社, 2009.

[36] Giza M, Thissen P, Grundmeier G. Adsorption kinetics of organophosphonic acids on plasma-modified oxide-covered aluminum surfaces [J]. Langmuir the Acs Journal of Surfaces & Colloids, 2008, 24 (16): 8688.

[37] Roberts A, Engelberg D, Liu Y, et al. Imaging XPS investigation of the lateral distribution of copper inclusions at the abraded surface of 2024T3 aluminium alloy and adsorption of decyl phosphonic acid [J]. Surface & Interface Analysis, 2002, 33 (8): 697-703.

[38] Andre S C D, Fadeev A Y. Covalent Surface Modification of Calcium Hydroxyapatite Using *n*-Alkyl- and *n*-Fluoroalkylphosphonic Acids [J]. Langmuir, 2003, 19 (19): 7904-7910.

[39] Luschtinetz R, Oliveira A F, Frenzel J, et al. Adsorption of phosphonic and ethylphosphonic acid on aluminum oxide surfaces [J]. Surface Science, 2008, 602 (7): 1347-1359.

[40] Ramsier R D, Henriksen P N, Gent A N. Adsorption of phosphorus acids on alumina [J]. Surface Science, 1988, 203 (1-2): 72-88.

[41] Thissen P, Valtiner M, Grundmeier G. Stability of phosphonic acid self-assembled monolayers on amorphous and single-crystalline aluminum oxide surfaces in aqueous solution. [J]. Langmuir, 2010, 26 (1): 156-164.

[42] 陈庚, 屈钧娥, 刘少波, 等. 溶剂中水对 2024 铝合金表面膦酸自组装膜缓蚀性能的影响 [J]. 表面技术, 2012, 41 (2): 12-14, 67.

[43] 屈钧娥, 刘成, 王海人. 铝及铝合金表面自组装功能膜的研究进展 [J]. 材料导报, 2014, 28 (5): 147-151.

[44] 聂德键, 罗铭强, 陈文泗, 等. 铝合金表面改性技术的研究现状 [J]. 南方金属, 2016 (6): 9-13.

[45] 杨生荣, 任嗣利, 张俊彦, 等. 自组装单分子膜的结构及其自组装机理 [J]. 高等学校化学学报, 2001, 22 (3): 470-476.

[46] 莫宇飞, 白明武. 全氟羧酸自组装分子润滑膜的纳米摩擦学性能的研究 [J]. 润滑与密封, 2007, 32 (11): 18-20.

[47] Liakos I L, Newman R C, Mcalpine E, et al. Comparative study of self-assembly of a range of monofunctional aliphatic molecules on magnetron-sputtered aluminium [J]. Surface & Interface Analysis, 2003, 36 (4): 347-354.

[48] Allara D L, Nuzzo R G. Spontaneously organized molecular assemblies. 2. Quantitative infrared spectroscopic determination of equilibrium structures of solution-adsorbed n-alkanoic acids on an oxidized aluminum surface [J]. Langmuir, 1985, 1 (1).

[49] 王海人, 屈钧娥, 张强, 等. 膦酸自组装膜在铝合金表面的吸附及缓蚀行为 [J]. 表面技术, 2011, 40 (1): 40-43.

[50] 李梅. 铝及铝合金表面化学氧化工艺研究 [J]. 科技经济导刊, 2018 (33): 81.

[51] 王兴秋，赵跃，马璐.铝合金化学氧化溶液中氟化氢铵测定方法的改进研究[J].航空维修与工程，2016（8）：92-93.

[52] 穆强，朱智勇，张晓丽，等.铝及铝合金化学氧化在航空结构材料中的应用[J].山东化工，2015，44（06）：94-95.

第四章

铝及铝合金阳极氧化处理

第一节　概述

铝及其合金具有密度小、比强度大、易成形及表面装饰性能优良等特点，被广泛应用于建筑、装饰、航空以及日常生活等诸多领域。作为一种活泼金属，铝在空气中可以自发形成一层非晶态氧化膜，然而这层膜薄而多孔，机械强度低，满足不了人们的实际应用要求。自 20 世纪 20 年代起，人们对此做了大量研究工作，开发出一些新技术，其中阳极氧化是应用最广与最成功的技术，也是研究和开发最深入与最全面的技术。铝的阳极氧化膜具有一系列优越的性能，可以满足多种多样的需求，因此被誉为铝的一种万能的表面保护膜，如图 4-1 所示。随着研究的进一步深入和科技的发展，其应用领域将日益扩大。

铝合金有两大类：变形铝合金和铸造铝合金。它们由于具有不同的成分、热处理工艺和相应的加工形态，因此分别具有不同的阳极氧化特性。

一、变形铝合金

按照铝合金系，从强度最低 1××× 系纯铝到强度最高 7××× 系铝锌合金。1××× 系铝合金又称"纯铝"，一般不用于硬质阳极氧化，但在光亮阳极氧化和保护性阳极氧化方面具有很好的特性。2××× 系铝合金又称"铝铜合金"，由于合金中的 Al-Cu 金属间化合物在阳极氧化时易溶解，因此难以生成致密的阳极氧化膜，在保护性阳极氧化时，其耐腐蚀性更差，因此该系列的铝合金不易阳极氧化。3××× 系铝合金又称"铝锰合金"，不会使阳极氧化膜的耐腐蚀性下降，但是由于 Al-Mn 金属间化合物质点，会使阳极氧化膜呈现灰色或灰褐色。4××× 系铝合金又称"铝硅合金"，由于此合金含有硅成分，会使阳极氧化膜呈灰色，硅含量越高，颜色越深，因此也不易阳极氧化。5××× 系铝合金又称"铝镁合金"，是一种用途较广的铝合金系，耐蚀性好，可焊性也好。此系列铝合金可以阳极氧化，但当镁含量偏高时，其光亮度不够。6××× 系铝合金

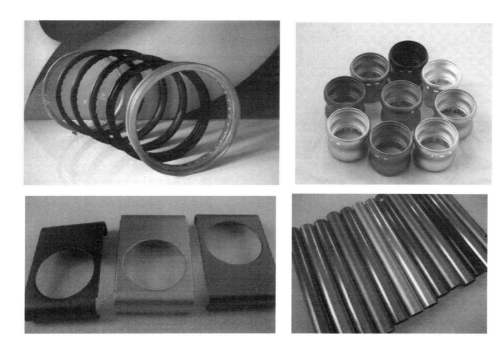

图 4-1　铝合金阳极氧化产品

又称"铝镁硅合金"，在工程应用中尤为重要，主要用于挤压型材，此系列合金可以阳极氧化，典型的牌号：6063，6463（主要适用于光亮阳极氧化）。强度高的 6061 和 6082 合金的阳极氧化膜不能超过 $10\mu m$，否则会使阳极氧化膜呈现浅灰色或黄灰色，其耐腐蚀性也明显低于 6063 和 6463。其他系铝合金的介绍参见第一章第一节。

二、铸造铝合金

铸造铝合金和压铸件一般含有较高的硅含量，通常情况下，硅含量在 6％～12％，主要起到提高合金液流动性的作用。铸造铝合金和压铸件阳极氧化膜都是呈深色的，不可能得到无色透明的氧化膜，随着硅含量的增加，阳极氧化膜的颜色从浅灰色到深灰色直至黑灰色。因此铸造铝合金不适合阳极氧化。此类合金是不可能氧化上色的，即使采用脱硅氧化，也难以达到理想效果。而铝硅合金或含铜量较高的铝合金，氧化膜则较难生成，且生成的膜发暗、发灰，光泽性不好。铝镁合金的氧化膜容易生成，膜的质量也较佳，是可以氧化上色的，这是区别于其他合金的一个重要特点。但比较而言，存在如下缺点：

① 阳极氧化膜具备双重性，且孔隙较大、分布不均，难以达到最佳防腐效果；

② 镁有产生硬化及脆性、降低伸长率、增大热裂的倾向，如 ADC5、ADC6 等，在生产中，因其凝固范围宽、收缩倾向大，经常产生缩松和裂纹，铸造性能

极差，因此，在其使用范围上有较大局限性，结构稍复杂的工件根本不宜生产；

③ 市场上常用的铝镁合金，因其成分复杂，铝纯度过低，硫酸阳极氧化时，难以产生透明防护膜，多呈乳白色，上色状态也差，按正常工艺难以达到理想效果。

综合所述，可以看出，常用压铸铝合金是不宜采取硫酸阳极氧化的；但是，并非所有压铸铝合金都不能达到氧化上色的目的，如铝锰钴合金 DM32、铝锰镁合金 DM6 等，压铸性能与氧化性能俱佳，只是因为进入国内时间短，未得到普及罢了。

从氧化后要求氧化膜无色透明来看，5×××系和6×××系铝合金是比较好的，并且也可以氧化后着色。如果只是要求能阳极氧化，形成一层致密的阳极氧化膜，对于颜色没有要求的话，大部分铝合金是可以氧化的。在选取氧化工艺前，应对铝或铝合金材质有所了解，因为材料质量的优劣、所含成分的不同，是会直接影响到铝制品阳极氧化后的质量的。比如，铝材表面如有气泡、划痕、起皮、粗糙等缺陷，经阳极氧化后，所有疵病依然会显露出来；而合金成分对阳极氧化后的表面外观也会产生直接的影响。

另外，合金中其他杂质成分对氧化膜外观的影响：1%～2%锰的铝合金，氧化后呈棕蓝色，随铝材中含锰量的增加，氧化后的表面色泽从棕蓝色到深棕色转化。含硅0.6%～1.5%的铝合金，氧化后呈灰色，含硅3%～6%时，呈白灰色。含锌的呈乳浊色，含铬的呈金黄色至灰色的不均匀色调，含镍的呈淡黄色。一般而言，只有含镁和含钛量大于5%的铝含金，经氧化后可以得到无色透明且光亮、光洁的外观。需说明的是有些型材外观呈不同的颜色，这些颜色不是氧化上去的，而是铝材经过阳极氧化后，染色或者电解着色形成的。染色基本什么颜色都有，而电解着色就比较少了，可以做黑色、古铜色、香槟色、金黄色或仿不锈钢色等。

阳极氧化按电流形式分为直流电阳极氧化、交流电阳极氧化、脉冲电流阳极氧化；按电解液分为硫酸、草酸、铬酸、混合酸和以磺基有机酸为主溶液的自然着色阳极氧化；按膜层性质分为普通膜、硬质膜（厚膜）、瓷质膜、光亮修饰层、半导体作用的阻挡层等的阳极氧化。

第二节　阳极氧化原理

铝合金阳极氧化处理是利用电化学原理，以铝或铝合金制品为阳极，置于电解质溶液中进行通电处理，利用电解作用使其表面形成氧化铝薄膜的过程。经过阳极氧化处理，铝表面能生成几微米至几百微米的氧化膜。这种氧化膜的表面是多孔蜂窝状的，比起铝合金的天然氧化膜，其耐蚀性、耐磨性和装饰性都有明显的改善和提高。

虽然氧化铝的电阻很大，电子不易通过，但在强电场（$10^6 \sim 10^7$ V/cm）作用下，仍有电流通过，因此当铝合金作阳极时可以获得较厚的氧化膜。氧化膜的膜厚与通过的电量呈直线关系，根据实测结果，每消耗单位电量所生成的氧化膜厚度约为 1.4nm。

采用不同的电解液和工艺条件，就能得到不同性质的阳极氧化膜。早在1896 年，Pollak 就提出了在硼酸或磷酸溶液中直流电解可得到"堡垒"型氧化膜的专利。到 20 世纪 20 年代，这个工艺在工业上用于制造电解电容器。阳极氧化最初的商业应用是铬酸阳极氧化。G. D. Bengough 和 J. M. Stuart 在研究铝上镀铬时，因接错线发现了铝表面生成了阳极氧化膜。当时的电解液组成是 250g/L铬酸、2.5g/L 硫酸。后来人们进一步研究发现，这种氧化膜可以被墨水或染料染色，氧化膜厚度为 $3 \sim 5\mu m$，工作电压约 50V。这种工艺首先用于飞机制造业，用于油漆的底层，防止裂纹和提高耐蚀性。1927 年，日本的 Kujirai 和 Ueki首先采用草酸电解液阳极氧化，得到 $15\mu m$ 以上的氧化膜，但工作电压比硫酸阳极氧化高。这种工艺先在日本普及，后来传到德国，逐步被欧洲人采用，用于店面和建筑物的装饰。1927 年，Gower、Stafford O. Brien 和 Partners 发表了硫酸阳极氧化的专利，氧化的电流密度为 $0.7 \sim 1.3$A/dm^2，这种电流密度一直沿用到现在。硫酸阳极氧化与草酸和铬酸阳极氧化相比，工作电压更低，电解液成本更小，操作更简单，氧化膜装饰性更强，所以这种工艺很快得到完善和普及。目前 95％以上的阳极氧化是在硫酸中进行的，阳极氧化如果没有特别指明，通常是指硫酸阳极氧化。

铝合金阳极氧化处理按其电解液的种类及膜层性质可分为硫酸（可着色）、铬酸（不需着色）、混酸硬质（不能着色）和瓷质阳极氧化。根据各种阳极氧化膜的染色性能，只有硫酸阳极氧化获得的氧化膜最适宜染色；其他如草酸、瓷质阳极氧化膜（微弧氧化）虽能上色，但干扰色严重；铬酸阳极氧化膜或硬质氧化膜均不能上色。因此，要达到阳极氧化上色的目的，仅有硫酸阳极氧化可行。

一、阳极氧化膜的结构

铝阳极氧化膜可分为阻挡型（也称壁垒型）和多孔型两类。阻挡型氧化膜是在接近中性的电解液中进行阳极氧化，可得到致密氧化膜。这种膜的绝缘性很好，可用来制作电容器等器件。多孔型氧化膜是在酸性或弱碱性电解液中进行阳极氧化，由于它们具有溶解氧化铝的能力，故可形成多孔型氧化膜。这种膜具有独特的结构，由两层组成，紧靠着金属铝表面是一层薄而致密的阻挡层，在其上则形成较厚而疏松的多孔层。多孔层的膜胞为六角形紧密堆积排列，尺寸范围$30 \sim 300$nm，每个膜胞中心都有个纳米级的微孔。这些孔大小均匀，且与基体表面垂直，彼此之间是平等的，孔密度的范围为 $10^9 \sim 10^{11}$ 个/cm^2，孔隙率为

$10\%\sim40\%$，孔壁厚度约与孔直径相当。其结构见图 4-2。

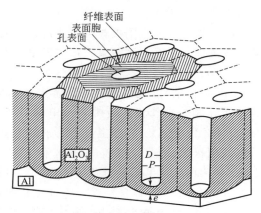

图 4-2　多孔型氧化膜的结构示意图

阻挡层是由无水的氧化铝所组成的，薄而致密，具有高的硬度和阻止电流通过的作用。阻挡层厚约 $0.03\sim0.05\mu m$，为总膜厚的 $0.5\%\sim2.0\%$，比电阻为 $10^{11}\Omega\cdot cm$。氧化膜多孔的外层主要是由非晶型的氧化铝及少量的水合氧化铝所组成的，此外还含有电解液的阳离子，比电阻为 $10^{7}\Omega\cdot cm$。当电解液为硫酸时，膜层中硫酸盐含量在正常情况下为 $13\%\sim17\%$。氧化膜的大部分优良特性都是由多孔外层的厚度及孔隙率所决定的，它们都与阳极氧化条件如槽压、电解时间等密切相关。孔径的大小和电解液种类密切相关，在不同电解液中所得膜的孔径大小顺序为：硫酸＜草酸＜磷酸＜铬酸。一般情况下，槽压越高，电解时间越长，孔径就越大。阻挡层及孔壁的厚度主要取决于槽电压，槽电压越高，阻挡层越厚，孔壁也越厚。在不同电解液体系中所得膜层孔隙率增加的顺序为：磷酸＜铬酸＜草酸＜硫酸。在相同体系中，电压越高，孔隙率就越大。

二、阳极氧化膜的生长机理

铝是两性金属，既能溶于酸生成 Al^{3+}，又能溶于碱生成 $H_2AlO_3^-$，但在一定的 pH 值范围内，铝的水合氧化物可以稳定存在。阳极氧化膜的制备是在一定电解池中进行，将铝制件作为阳极，通上直流电，可以观察到电解池的阳极和阴极上都有气体析出。阳极析出氧气，阴极析出氢气。

简单来说，阳极氧化的机理是：在电解池中，铝作为阳极失去电子，与氧离子结合而形成氧化膜。其电极反应可简单描述为：

$$H_2O \longrightarrow [O] + 2H^+ + 2e$$

$$2Al + 3[O] \longrightarrow Al_2O_3$$

实际上，铝的阳极氧化膜的形成机理非常复杂，国内外研究者进行了大量的研究工作，发现电场强度、溶解速度、离子的迁移速度等在膜的形成过程中起到了主导作用，并且比较一致的看法是膜生长的同时伴有膜的溶解，生成了相当多的气孔。柯马捷夫等认为，Al 在电解池中作为阳极，在外加电压作用下易失去电子变成 Al^{3+}，然后进一步水解生成 $Al(OH)_3$，很快在阳极饱和，析出 $Al(OH)_3$ 晶核，伴随着晶核长大，相互接触脱水形成致密的膜层。

$$2Al(OH)_3 \longrightarrow Al_2O_3 + 3H_2O$$

黄奇松等认为氧化膜的生成包含两个过程，即电化学过程和化学过程。电化学过程产生 Al_2O_3 氧化膜；化学过程是在电化学过程的基础上 Al_2O_3 氧化膜被电解质溶液溶解生成多孔层。K. Shimizu 等人研究恒电流下制备的铝阳极氧化膜后，指出在阳极氧化前期表面形成薄而致密的阻挡层。这层膜最初是由表面活性溶解下来的铝离子与溶液中的含氧离子在金属与溶液界面上直接形成固态膜。在强大的外加电场的作用下，他们认为 O^{2-} 向铝基体与氧化膜的界面迁移，而 Al^{3+} 向氧化物与溶液的界面迁移。O^{2-} 的迁移填补了金属损耗后而空出来的体积，使阻挡层的生长得以进行。而且这个迁移速度是整个电极反应的控制步骤。Al^{3+} 向外迁移至氧化膜与溶液界面后，全部进入溶液中。由于氧化膜体积小于消耗的金属体积，随着阻挡层的形成出现体积变小的倾向，即产生了拉应力，最终使阻挡层外表面出现裂纹。裂纹处的电流密度高，且局部升温，又使裂纹有可能再度合拢，通过裂纹的多次形成与合拢，形成微孔与多孔层。C. Daskf 等研究也发现，在铬酸、磷酸等体系中，Al^{3+} 向膜电解质界面的迁移对膜的生长起到了明显的作用。认为多孔氧化物的增长可看作阻挡层的延续，其三个关键步骤是：①先生成的阻挡层由于电击穿而向多孔氧化物转变；②铝的阳极氧化过程；③由于氧化物的沉积-溶解过程而形成新的阻挡层，伴随着新阻挡层的形成，多孔氧化膜层稳态生长。在上述三个步骤中，阻挡层的电击穿过程是整个阳极氧化过程的控制步骤。

第三节　硫酸阳极氧化工艺

一、硫酸阳极氧化规范

在一定浓度的硫酸溶液中，利用电化学作用，在铝及其合金表面形成阳极氧化膜的过程，称为硫酸阳极氧化。硫酸阳极氧化工艺是目前应用最广泛的阳极氧化工艺之一，与其他阳极氧化工艺相比，硫酸阳极氧化有以下特点：①槽液成本低，成分简单，操作维护简便，一般只需将硫酸稀释到一定的浓度即可，无须添加其他化学药品，推荐使用化学纯硫酸，杂质较少的工业级硫酸也可采用，所以成本特别低。②氧化膜透明度高。纯铝的硫酸阳极氧化膜是无色透明的，对于铝合金，随着合金元素 Si、Fe、Cu、Mn 的增加，透明度会下降。相对于其他电解液，硫酸阳极氧化膜的颜色是最浅的。③着色性高，硫酸氧化膜透明，多孔层吸附性强，易于染色和着色，着色鲜艳不易褪去，有很强的装饰作用。

铝的硫酸阳极氧化由于与其他阳极氧化工艺相比具有以上种种优点，现已成为铝及其合金在表面涂覆工艺中的主要涂覆品种。硫酸阳极氧化主要用于防护装饰性及硬质膜的处理，氧化液体系分为硫酸体系和混酸体系，常见工艺参数如表 4-1 所示。

表 4-1 硫酸阳极氧化工艺参数

溶液组成及工艺条件	直流法		交流法	
	工艺 1	工艺 2	工艺 3	工艺 4
硫酸/(g/L)	150～200	160～170	100～150	180～360
铝离子(Al^{3+})/(g/L)	<20	<15	<25	<20
草酸/(g/L)				55
甘油/(g/L)				5～15
添加剂/(g/L)				60～100
温度/℃	15～25	0～3	15～25	5～30
阳极电流密度/(A/dm²)	0.8～1.5	0.4～6	2～4	4～8
电压/V	18～25	16～20	18～30	15～25
氧化时间/min	20～40	60	20～40	30～40
适用范围	一般铝及铝合金	纯铝及铝镁合金	一般铝及铝合金	一般铝及铝合金

二、硫酸阳极氧化工艺参数的影响

1. 硫酸的影响

硫酸是电解液的主要成分，它影响膜层结构及成膜率。硫酸浓度较低时，溶液电阻较大，槽电压升高，获得的膜层阻挡层较厚，孔隙率降低，着色性能差。硫酸浓度升高时，有利于多孔层的形成，孔隙率增加，着色效果好。但随着硫酸浓度的升高，溶液对膜的溶解速度加快，氧化膜的生长速度减慢。因此需要进行着色处理的氧化膜，宜采用较高浓度的电解液，硫酸质量分数为 20% 左右；而硬而厚的氧化膜选用较稀的电解液，硫酸的质量分数为 10%～15%。

2. Al^{3+} 的影响

新配制的氧化液一般需要添加一定量的 Al^{3+}，其含量在 1g/L 以上才能获得正常的膜。若不含 Al^{3+}，硫酸对膜的溶解能力太强，得不到正常的氧化膜。在阳极氧化过程中 Al^{3+} 会不断增加，槽电压也随之上升，所得膜层耐磨性、耐蚀性及透明性均有所下降。Al^{3+} 最佳含量为 1～5g/L，在实际生产中应控制在 10g/L 以下。

3. Ni^{2+} 的影响

在氧化液中加入适量的 Ni^{2+} 可以提高氧化的速度，扩大电流密度及使用温度的上限。一般在快速氧化液中加入 8～10g/L 硫酸镍。

4. 有机酸和甘油的影响

加入一些有机二元酸或三元醇，可提高成膜速度及温度的上限，所得膜层的性能如硬度、耐磨性及耐蚀性能等均有所改善。一般认为它们可以吸附在氧化膜表面，形成一层缓冲层，减缓氧化过程中膜表面氢离子上升的速度，致使膜溶解的速度减慢。

5. 温度的影响

氧化反应是一个放热反应，同时由氧化液的内阻产生热量，使得氧化液的温度上升，尤其是阳极表面的温度急速上升。温度上升，氧化液对膜的溶解速度加快，这不仅使得成膜率降低，而且使得膜层的质量下降，膜硬度、耐磨性及耐蚀性均降低。因此需要对溶液进行搅拌或强制循环。通常采用空气搅拌，同时采用冷冻机降低溶液的温度。但温度低于 13℃ 时易出现膜层发脆现象，故溶液温度一般控制在 15～20℃。

6. 阳极电流密度的影响

电流密度和膜的生长速度及膜层结构密切相关，电流密度越大，成膜速度越快，生产效率越高，孔隙率也越大，越便于着色。但随着电流密度的增加，氧化液温度升高，氧化液对膜的溶解也加剧，尤其对于结构复杂的工件，因各部位电流密度分布不均，表面液温也不均，因此氧化膜的厚度和着色膜的色泽也不一致。综合考虑，电流密度控制在 $1～2A/dm^2$。

7. 电压的影响

电压主要对膜层结构有影响，电压升高，阻挡层及孔壁厚度、膜硬度及耐磨性提高，但孔隙率变小，着色性变差。电压升高，电流密度也升高，会导致膜层疏松，甚至发生烧焦现象。一般氧化控制在 12～16V 为宜，铝型材为 18～22V。

8. 氧化时间的影响

氧化时间由所需厚度决定，但电解液种类及所用工艺条件不同，氧化时间有所不同。氧化液温度低，延长氧化时间可以增加膜厚，但在高温下，延长氧化时间反而会使膜厚减薄。通常氧化时间为 30～60min，超过 60min 后氧化膜厚度增加很慢。

9. 电流波形的影响

阳极氧化可以用直流，也可以用交流或交直流叠加电源。直流氧化成膜速度快，膜层硬度及耐磨性高，但膜的透明度较差。交流氧化功效高，成本低，膜透明度及孔隙率高，着色性好，但膜层较薄，硬度低，耐磨性差。脉冲阳极氧化是目前普遍得到青睐的氧化工艺，用该工艺所得的膜层综合性能优于直流氧化膜，可全面提高氧化质量和速度，避免"起粉"和"烧焦"现象，可使用较高的电流密度，缩短氧化时间 30%，节约电能 7%。

10. 杂质的影响

阳极氧化液中可能带入的杂质有 F^-、Cl^-、NO_3^-、CrO_4^{2-}、Al^{3+}、Cu^{2+}、

Pb^{2+}、Fe^{2+}、Mn^{2+}、Mg^{2+}等。其中阴离子的影响较大，如少量 F^-、Cl^- 足以使得膜层粗糙、疏松，甚至造成局部腐蚀，严重时制品穿孔。溶液中 F^-、Cl^-、NO_3^- 允许量分别为 0.01g/L、0.05g/L、0.02g/L。Cu^{2+}、Pb^{2+}、Mn^{2+} 等使得膜层产生黑条纹，发蒙，给着色带来困难。Al^{3+} 影响氧化膜层色泽、透明度及耐蚀性。重金属离子一般可以通过小电流电解除去，悬浮在溶液中的 Si^{2+} 可以通过过滤除去。但是对于阴离子还没有理想的处理方法，只有通过严格的管理来控制，如配制溶液时对药品的纯度及水质严格把关，在氧化过程中强化水洗工序等。

11. 对电极的影响

阳极氧化的对电极通常使用铅电极或不含锑的铅合金电极，但是近来用铝作为阴极的报道逐渐增多。由于铝的质量轻，操作方便，不含重金属，因而颇受人们的青睐。需要注意铝在溶液中溶解能够产生 Al^{3+}，因此电解结束后，须将铝电极从溶液中取出。

在铝的硫酸阳极氧化工艺中还有一点是需要说明并予以重视的，即各种不同铝合金所获阳极氧化膜的外观是有差异的。因此，硫酸阳极氧化对铝合金材质是有限制的。

① 合金元素的存在会使氧化膜质量下降，同样条件下，在纯铝上获得的氧化膜最厚，硬度最高，抗蚀性最佳，均匀度最好。铝合金材料要想获得好的氧化效果，要确保铝的含量，通常情况下，以不低于 95％ 为佳。

② 在合金中，铜元素会使氧化膜泛红色，破坏电解液质量，增加氧化缺陷；硅元素会使氧化膜变灰，特别是当含量超过 4.5％ 时，影响更明显；铁元素因本身特点，在阳极氧化后会以黑色斑点的形式存在。

第四节 硬质阳极氧化工艺

一、硬质阳极氧化概述

硬质阳极氧化是使铝及铝合金表面生成厚而坚硬的氧化膜的一种工艺方法。在第二次世界大战后期，为了提高阳极氧化膜的硬度和厚度，把硫酸氧化槽的温度降低至 0℃，电流密度提高至 $2.7 \sim 4.0 A/dm^2$，获得了 $25 \sim 50 \mu m$ 的"硬质氧化膜"。用草酸加少量硫酸可以在 $5 \sim 15℃$ 得到硬质氧化膜。有些专利通过优化硫酸的浓度、加有机酸或其他添加剂如苯六羧酸进行硬质阳极氧化。苏格兰的 Campbell 采用交流-直流叠加电源，电解液高速流动，温度 0℃，电流密度 $25 \sim 35 A/dm^2$，获得 $100 \mu m$ 的硬质阳极氧化膜。

硬质膜的最大厚度可达 $250 \mu m$，纯铝上形成的膜层微硬度为 $12000 \sim$

15000MPa，合金的一般为4000~6000MPa，与硬铬镀层相差无几，它们在低负荷时耐磨性极佳，硬质膜的孔隙率约为20%，比常规硫酸膜低。图4-3是铝镁钛硬质阳极氧化工艺所得工件外观。

图 4-3 铝镁钛硬质阳极氧化工艺所得工件外观

在国内，20世纪五六十年代开发的工艺是今天大多数硬质阳极氧化工艺的基础。目前制备硬质阳极氧化膜的方法很多，其中典型的硬质阳极氧化工艺都是以中、高浓度硫酸或有机酸作为电解液的主要成分，采用低温、直流的电解方式（表4-2）。其主要特点是：电解液成分简单，易于分析、调整；氧化膜厚度易于控制；工艺操作简单、方便。当前典型硬质阳极氧化工艺如表4-3所示。

表 4-2 以硫酸或有机酸为电解液主要成分的硬质阳极氧化工艺

工艺序号	基本电解液	参考工艺	温度范围/℃	电流形式	电压范围/V	电流密度范围/(A/dm²)	特性
1	0.5%~2.5%（体积分数）H_2SO_4	Czokan	−5~10	直流	20~100	2~10	氧化层粗糙
2	(10%±2%)（体积分数）H_2SO_4	Alumilite	0~5	直流	15~70	1.5~3	标准，用于无铜合金
3	(15%±1%)（体积分数）H_2SO_4	MHC	0~5	直流	15~80	1.5~3.6	标准，用于无铜合金
4	(20%±2%)（体积分数）H_2SO_4	M. O. D.	0~10	直流	15~120	1.5~4.8	标准，较软，用于含铜合金

续表

工艺序号	基本电解液	参考工艺	温度范围/℃	电流形式	电压范围/V	电流密度范围/(A/dm²)	特性
5	7%～20%（体积分数）H_2SO_4＋10～20g/L 草酸或二羟基乙酸	Alumilite 226 Duranidic 100	−5～10	直流	20～100	1.5～3.6	标准，较硬
6	10%～20%（体积分数）H_2SO_4＋10～50mL/L 含六苯羧酸的 Sanfran	Sandford	−5～0	直流	15～70	1.5～4.8	标准，较软，用于含铜合金
7	10%～20%（体积分数）H_2SO_4＋2.5%～10% 甘油和/或三乙醇胺		0～10	直流	20～100	1.5～3.6	光滑的氧化层
8	10%～20%（体积分数）H_2SO_4＋5～50mL/L 硝酸	Acorn	−10～−5	直流	20～120	1.5～4.8	氧化层生长很快，用于含铜合金
9	同1～8	Hardas	−5～0	直流＋交流	10～90	直流:1.0～5.0 交流:0.5～2.5	膜层生长迅速，可得极厚氧化膜
10	同1～8，主要是硫酸、草酸	低压 Sandford Plus	−5～0	直流＋交流	24	1～5	氧化层均匀性很好
11	同1～4，主要是硫酸＋特殊添加剂		−5～20	交流	20～70	1～10	在大多数合金上氧化层均生长很快

表 4-3　典型硬质阳极氧化工艺

工艺名称	基本电解液	温度/℃	电流形式	电压/V	电流密度/(A/dm²)	工艺特性
美·硬质铝阳极氧化	(10%±2%)H_2SO_4	0～5	直流	15～70	1.5～3.0	标准，用于无铜铝合金
交直流叠加法	10%～20%H_2SO_4＋5～50mL/L 硝酸	−10～−5	直流＋交流	20～120	1.5～4.8	用于含铜铝合金
桑福德	10%～20%H_2SO_4＋10～50mL/L 六苯羧酸	−5～0	直流	15～70	1.5～4.8	标准，用于含铜铝合金
坎贝尔	(20%±2%)H_2SO_4	−5～0	直流＋交流	10～90	直流1.0～5.0 交流0.5～2.5	膜层较厚
低压桑福德	7%～20%H_2SO_4＋10～20g/L 草酸	−5～0	直流＋交流	24	1.0～5.0	氧化膜均匀性好

　　由于硬质阳极氧化膜具有独特的硬度和耐磨性，所以被航空、航天、自动化、汽车、计算机设备、电子等工业领域采用。用聚四氟乙烯、二硫化钼等固体润滑剂封闭，使硬质阳极氧化膜具有自润滑性能，应用前景更加广泛。

二、硬质阳极氧化工艺参数的影响

硬质阳极氧化膜的生成过程是电化学反应和化学反应同时进行的结果。随着致密氧化膜的生成，氧化电压急剧上升，同时伴随大量热量的产生，从而加速氧化膜的溶解。因此需要严格控制槽液温度和氧化电压。有研究表明，阳极氧化膜的生长速度及性能主要是由电解液成分与浓度、电压、电流密度、温度及氧化时间等因素，通过影响膜的生成与化学溶解的动态平衡过程综合决定的。此外，还应考虑搅拌方式和速度、挂具、水质、辅助电极材料、面积及电极间距、材料成分，以及退火、抛光等预处理工艺对氧化膜性能的影响。因此随着现代工业的发展，为提高铝合金材料的表面防护水平，同时结合当前高效节能生产的时代要求，在现有硬质阳极氧化技术基础上，大力发展具有高效节能特点、膜层性能优异的铝及铝合金硬质阳极氧化技术不仅十分必要，而且意义重大。国内外研究者主要从前处理工艺、槽液及添加剂、搅拌方式与挂具、电源优化及膜层后处理等方面进行了广泛的研究。

1. 前处理工艺

确定合适的前处理工艺是保证阳极氧化膜质量的有力措施。选择前处理工艺需要考虑零件的加工情况、合金成分、污染程度及产品的要求等，此外还应关注温度、时间、前处理材料种类等实践操作因素的影响。通常铝合金氧化前处理主要包括脱脂、碱蚀、出光和水洗四部分。当前为实现常温高效除油，采用在丙酮溶液中超声波清洗技术，研制并选用低温脱脂剂。鉴于碱蚀时生成氢氧化铝沉淀，难以除去，因此常在碱蚀溶液中加入少量络合添加剂，如葡萄糖酸钠、柠檬酸钠等以抑制氢氧化铝沉淀的生成，或使生成的氢氧化铝沉淀疏松不结块，易于清除。另外水洗部分最容易被忽视。由前三部分带入大量杂质离子，特别是对点蚀敏感的氯离子在较低或较高的 pH 值条件下都会加剧点蚀。因此选择去离子水，适宜的温度、时间、pH 值等也显得格外关键。

2. 槽液及添加剂

硬质阳极氧化当前存在槽液单一、浓度偏高、应用范围有限、对膜层溶解度偏大、需要低温环境和能耗较高等突出问题。为追求更好性能或适用范围广的槽液，一方面改善膜层质量，使之更加平滑、光洁，孔隙率更小，表面厚度、硬度更高，耐磨性更好；另一方面提高工艺温度，达到节约能源、降低成本的目的，拓宽工艺范围，特别是一些高硅、高铜铝合金。因此需要对现有槽液进行改进，选用某些化合物或稀土元素作为添加剂，改善硬质阳极氧化过程，建立新的动态平衡来实现。在电解质溶液中添加一些可降低膜层溶解速度的化合物，以改善铝阳极氧化的界面状态，降低膜的溶解速度和孔隙率，从而提高硬质阳极氧化温度，节省氧化时间。常见添加剂有草酸、磺基水杨酸、苹果酸、酒石酸、甘油、三乙醇胺等多元醇及其衍生物。

稀土元素应用于铝合金阳极氧化过程并不能使稀土元素在氧化膜上沉积，但稀土元素能加快阳极氧化反应速率，提高成膜速度，从而使阻挡层有所增厚，使多孔部分孔隙率减小，结构更为致密，提高铝合金抗点蚀、晶间腐蚀性能。王春涛等人将 Ce 盐和 La 盐引入阳极氧化溶液中，他们发现：随着 Ce 盐量的增加，氧化膜的厚度和硬度也随之增加，当 Ce 盐量到达一定量时，其厚度和硬度有峰值，此后 Ce 盐量的增加对膜厚和硬度的影响不大；稀土添加剂能提高铝合金阳极氧化膜的耐蚀性，而且在电解液中加入 Ce^{3+} 和 La^{6+} 的复合稀土盐产生的阳极氧化膜的耐蚀性要比加入 Ce^{3+} 单稀土盐产生的氧化膜的耐蚀性好；阳极氧化膜中没有稀土元素，稀土元素只起催化作用。

随着研究的深入，研究者发现单独添加一种常用添加剂或稀土添加剂并不能使氧化膜性能得到明显提高，而是需要配合使用一些混合添加剂。这类添加剂包括有机络合剂、导电盐和表面活性剂等。有机络合物可提高铝表面氧化层的沉积速度，可使用更高的电流密度而不致烧毁氧化膜，使氧化膜具有更好的光泽，紧密均匀，耐磨性和抗腐蚀性良好。如钾盐、钠盐、铝盐和镁盐这类导电盐，可以提高溶液的导电性，降低槽压，减少电能消耗，改善膜层质量，提高其性能。当前研究热点：一是着眼点于提高氧化温度，解决温度升高过快对氧化膜的不良影响；二是探索添加剂在铝及铝合金阳极氧化中的新工艺，以期有效提高氧化膜的耐蚀性能和硬度。

3. 搅拌方式与挂具

据资料介绍，生成 $2.5\mu m$ Al_2O_3 膜的生成热是 $15.88kJ/m^2$，从而造成槽液温度升高。改进搅拌方式和增加散热是提高氧化效率、改善膜层性能的主要措施之一。目前国内外搅拌和散热的措施较多，主要有高速泵加速循环槽液、压缩空气搅拌、槽液高速射流搅拌散热等方式。实践表明，采用内外冷却方式效果最佳，且冷却速度对氧化膜的生长和致密度有很大的影响。采用自动化控制系统，实现铝合金硬质阳极氧化生产的全自动化，消除人为操作的误差，从而保证产品的一致性，实现提高槽液温度和降低能耗的目标。

此外，挂具的选择也至关重要。挂具材料一般选用铝或钛，有钩挂式和夹具式两种。主要存在挂具或夹具与铝合金表面接触不牢、接触面积太大，挂具与夹具材料影响膜层性能等问题，采用钛铝组合挂具，效果更好。周春华等指出：夹具式具有接触面积大、导电性能好的特点，但是电流计算面积不准确，而且夹具处无法进行氧化。而使用钩挂方式，必须在每次氧化前后，对挂具进行处理，以使其导电良好。导电压板能解决挂具的挂钩与阳极杆接触不牢固、压缩空气搅拌不够激烈而产生的烧蚀和氧化膜性能差等缺陷。因此，鉴于搅拌方式和挂具对硬质阳极氧化膜制备和性能的影响状况，应针对不同形状的工件、工艺条件和性能要求，采取不同的对策，选择合适的搅拌方式和挂具类型。

4. 电源优化

为进一步改善铝合金材料硬质阳极氧化，特别是铜、硅质量分数分别在

2.5%、7%以上的铝合金材料，减少烧穿或提高工作温度，提高膜层的硬度、厚度或耐磨等性能，电源波形和电源设备已经成为硬质阳极氧化研究的热点。20世纪80年代以来，日本、美国等对从直流电源到交流、交直流叠加、脉冲电源，一直到直流叠加脉冲电源等都开展了大量的研究，并已取得可喜的成果。

脉冲电源的引入给铝合金硬质阳极氧化带来较大变革。脉冲氧化通过调整通断比和峰值电流，在瞬间给出较大电流密度，但因电流的非连续性，氧化产生的热量可通过氧化间隙由强搅拌带走，即"电流恢复效应"，从而达到降低膜的溶解速度、提高氧化液温度的目的。研究表明：高电流密度脉冲氧化比恒电流氧化的硬度和耐磨性明显提高，而采用脉冲方式氧化获得一定厚度氧化膜与采用恒流方式所耗的电量几乎相同，从而达到节能目的。脉冲阳极氧化工艺生成的膜层，在硬度、耐蚀性、柔韧性、电阻和厚度均匀性方面更好，可有效防止烧蚀和粉化现象，且生产速度大大提高。

因此，通过对脉冲电源输出峰值电流、通断比、脉冲频率的组合，减少氧化膜的溶解并对其修复，以提高成膜速度和氧化膜的致密度，最终实现高效节能、获得优异性能是今后脉冲电源发展的方向。此外，在电源设备上，注意改进控制和调整电路的设计，完善计算机对接程度，以及完善脉冲电源多功能化技术。

第五节 其他阳极氧化工艺

一、瓷质阳极氧化工艺

铝合金的瓷质氧化又称仿釉氧化，氧化膜不仅外观类似瓷釉，而且还具有搪瓷般的光泽和质地，如图4-4所示。瓷质阳极氧化随着材质和氧化工艺的不同，氧化膜的厚度、色泽也发生不同的变化，优质的合金材料和正确的氧化工艺，可以获得外观呈银白色（或乳白色）、瓷质感强的氧化膜。

图 4-4 铝合金表面阳极氧化沉积形成的类搪瓷非晶态复合转化膜

在瓷质阳极氧化工艺中要获得优质的氧化膜,在正确选择合适的工艺的同时选择适宜的合金材料是非常关键的。虽然纯铝的阳极氧化适用范围很广,且容易控制,但是纯铝机械强度较差,在工业生产中一般以铝合金材料为主,在瓷质阳极氧化工艺中以铝锌、铝镁合金为佳,其中 Zn、Mg 含量不超过5%,或者是防锈铝。

瓷质阳极氧化工艺方法很多,一般根据氧化液的组分不同,大体上分为草酸钛钾法、硫酸锆法和混合酸法三种。其中,混合酸阳极氧化法是指用含有两种或两种以上的无机酸或有机酸的混合水溶液对工件进行的阳极氧化。综合比较它们的特点,草酸钛钾法的操作电压和工作温度较高,而且成分复杂,氧化液不稳定,难以控制。相比之下,混合酸法成分简单,操作电压和工作温度较低,通过引入合适的添加剂可以获得优质的瓷质氧化膜,在生产中容易操作。混合酸法瓷质阳极氧化工艺见表4-4。

表 4-4　混合酸法瓷质阳极氧化工艺

序号	溶液配方		工艺规范					阴极材料	适用范围
	成分	含量/(g/L)	温度/℃	阳极电流密度/(A/dm²)		电压/V	时间/min		
				开始	终结				
1	草酸钛钾 硼酸 柠檬酸 草酸	35～45 8～10 1～1.5 2～5	24～28	2～3	1～1.5	90～110	30～60	硅碳棒或纯铝	用于耐磨且需高精度的零件
2	铬酐 硼酸	30～35 1～3	40～50	2～4	0.1～0.6	40～80	40～60	铅板不锈钢或纯铝	用于一般零件的装饰,膜层可以染色
3	铬酐 草酸 硼酸	35～40 5～12 5～7	45～55	0.5～1		25～40	40～50		

铬酸、草酸是形成瓷质阳极氧化膜的主要成分,它们的含量决定了氧化膜的厚度和色泽,铬酸含量高,氧化液导电能力提高,成膜的速度加快,但是容易使铝合金材料发生浸蚀。氧化液中由于草酸的存在,对氯离子非常敏感,因此在配槽过程中要注意水的质量,最好选用去离子水,在生产过程中氯离子含量不超过0.03g/L,同时在阳极氧化过程中,铝不断溶解,因而 Al^{3+} 不超过30g/L。

瓷质阳极氧化膜硬度高,耐蚀性强,氧化膜厚度一般在 $10\sim23\mu m$,其装饰效果可以与瓷釉相媲美,而且由于氧化膜不透明,对制件表面机加工要求不高,对光洁度好的产品,仿釉效果好,因此在工艺流程中往往增加电化学抛光工序,以提高制品的表面光洁度。瓷质阳极氧化工艺在生产中的运用较硫酸、草酸阳极氧化仍不广泛,主要原因是氧化电压较高,受到一定限制。然而瓷质氧化膜独有的装饰效果是其他阳极氧化膜所不能比拟的,而且氧化膜的隔热性能和电绝缘性非常显著,因此对于铝及铝合金来说仍不失为一种较好的表面处理方法。

二、草酸阳极氧化工艺

草酸溶液对铝阳极氧化膜的腐蚀性小，所得的膜层阻挡层较厚。草酸阳极氧化在日本应用较普遍。草酸氧化膜的特点和硫酸氧化膜相近，孔隙率低于硫酸氧化膜，耐蚀性和硬度高于硫酸氧化膜。草酸的槽液成本和操作电压高于硫酸，有些合金的草酸氧化膜颜色较深。草酸和硫酸阳极氧化都需要良好的冷却系统配套。尽管草酸硬质阳极氧化的成本比硫酸硬质阳极氧化的高，但是因其氧化膜的耐磨性、耐蚀性和绝缘性能较高，在航天航空、电气工业等领域有着广泛的应用。具体工艺见表 4-5。

表 4-5 草酸硬质阳极氧化工艺

氧化液		工艺条件				
组成	含量/(g/L)	电流密度/(A/dm^2)	电流形式	温度/℃	电压/V	氧化膜特性
草酸($H_2C_2O_4$)	50～100	2～4	直流	0～20	20～120	20℃时生成的膜层硬度高
		2～4	交流	0～35	20～120	膜硬度比直流所得的软
		平均3～6峰值20	脉冲	0～20	20	膜硬且厚

对硫酸阳极氧化有影响的大部分因素也适用于草酸阳极氧化，草酸阳极氧化可采用直流电、交流电或者交直流电叠加。用交流电氧化比用直流电在相同条件下获得的膜层质地软、弹性小；用直流电氧化易出现孔蚀，采用交流电氧化则可防止，随着交流成分的增加，膜的耐蚀性提高，但颜色加深，着色性比硫酸膜差。电解液中游离草酸浓度为 3%～10%，一般为 3%～5%，在氧化过程中 1A·h 约消耗 0.13～0.14g，同时 1A·h 有 0.08～0.09g 的铝溶于电解液生成草酸铝，需要消耗 5 倍于铝量的草酸。溶液中的铝离子浓度控制在 20g/L 以下，当含 30g/L 铝时，溶液则失效。草酸电解液对氯化物十分敏感，阳极氧化纯铝或铝合金时，氯化物的含量分别不应超过 0.04g/L 和 0.02g/L，溶液最好用纯水配制。电解液温度升高，膜层减薄。为得到厚的膜，则应提高溶液的 pH 值。直流电阳极氧化用铅、石墨或不锈钢作阴极，其与阳极的面积比为 1:(1～2)。草酸是弱酸，溶解能力低，铝氧化时，必须冷却制品及电解液。草酸膜层的厚度及颜色依合金成分而不同：纯铝的膜厚，呈淡黄色或银白色；铝合金的膜薄，呈黄色、黄铜色。氧化后膜层经清洗，若不染色可用 3.43×10^4 Pa 压力的蒸汽封孔 30～60min。

影响草酸阳极氧化的因素包括如下几方面。

1. 槽液成分

槽液的主要成分是草酸。一般来说，采用草酸氧化膜的溶解度低，可生成硬度较高的氧化膜。但是若单用草酸进行阳极氧化，有些材料会因在氧化过程中电压升高太快而使氧化过程无法进行，或因膜的生长速度太慢而不易生成厚膜。因此需要添加添加剂。添加剂可以降低氧化过程中的生成电压，保证操作的进行，另外添加剂还具有使氧化膜致密、均匀的良好性能，是能够生成高硬度厚膜的关键，但添加剂不可过量加入，太高会导致氧化膜的硬度降低。

2. 电解液的温度

温度对膜层的硬度和耐磨性影响很大。为了获得硬度较高和耐磨性好的氧化膜，必须使用较低的工作温度，而铝的氧化是一个放热反应，氧化膜生成时在铝基体表面会产生很大热量，如不及时散热，在成膜速度大的情况下，单位时间的放热量就会很大，导致槽液温度迅速上升。过高的温度会加速膜层溶解，使硬度降低，因此为得到优质的硬质氧化膜必须将槽液降温并进行强力搅拌。可采用冷冻机进行强制降温并用洁净的压缩空气进行激烈搅拌，以使工件表面迅速散热，降低膜层的溶解速度，这是保证硬度的一个重要条件。

3. 材料成分

合金元素对硬质氧化膜的质量影响很大，它严重影响膜层硬度和成膜速度。即使同一种材料，由于合金元素的偏析或分布不均匀，也会影响膜层的硬度。如铝合金中硅元素分布不均匀可能引起硬度有较大差别。

4. 阳极电流密度

提高电流密度，氧化膜的生长速度加快，时间缩短，膜层发生化学溶解的时间减少，膜的硬度和耐磨性相应提高。但如果电流密度过高，槽电压也会进一步上升，氧化放热量会进一步增大，加速膜层溶解，致使膜层硬度降低。

三、铬酸阳极氧化工艺

铬酸阳极氧化法所得膜层厚度很薄，一般只有 $2\sim5\mu m$，基本保持工件原来的尺寸，膜层质地软，弹性好，耐蚀性强，但是耐磨性较差。其外观色泽呈灰色或乳白色，经着色处理后可以获得柔和的彩色膜。铬酸对铝基体的腐蚀较小，氧化处理后即使电解液残留在多孔层中，基本也不会受腐蚀。因此这种工艺常用于精密件及铆接件、点焊件、压铸件和浇铸件的氧化处理。但对于含铜及含硅量较高的铝合金不能用该工艺处理。铬酸阳极氧化法的溶液成本和能耗比硫酸阳极氧化法高，污染严重，使用受到局限，其中一个典型工艺如下。

铬酐(CrO_3)/(g/L)	30~100
温度/℃	40~70
电流密度/(A/dm²)	0.1~3
电压/V	0~100
时间/min	35~60

氧化过程中应经常进行浓度分析，适时添加铬酐。电解的阴极材料可用铅、铁、不锈钢，阳阴极面积比为（5~10）:1。当溶液中三价铬离子多时，可用电

解的方法使其氧化成六价铬离子。溶液中的硫酸盐含量超过 0.5％，阳极氧化效果不好，硫酸根离子过多时可加入氢氧化钡或者碳酸钡使其生成硫酸钡沉淀。溶液中氯化物含量不应超过 0.2g/L。溶液中铬含量超过 70g/L 时就应稀释或更换溶液。铬酸阳极氧化有电压周期变化的阳极氧化法和恒电压阳极氧化法（快速铬酸法）两种。铬酸阳极氧化电流效率较低，一般在低浓度电解液中，在一定电流密度下电解，并对溶液进行强烈搅拌，才有可能加速氧化过程。

铬酸阳极氧化膜特别耐腐蚀，主要应用于飞机制造工业。铬酸氧化膜和油漆的附着力强，也用于作油漆的底层。铬酸阳极氧化膜灰色不透明，一般不用于装饰。

四、有机酸硬质阳极氧化工艺

采用有机酸的硬质阳极氧化也有不少人进行了研究。然而由于成本较高，大部分有机酸溶液并未实现大规模工业化生产。有机酸包括草酸、磺酸和酒石酸等几种类型。

1. 以草酸为基础的硬质阳极氧化

单一草酸溶液进行硬质阳极氧化，对有些铝合金材料成膜较困难，或不易生成厚膜。所以有时草酸溶液中添加添加剂，可以有效降低阳极氧化过程中的外加电压，同时有利于生产致密的硬质氧化膜。此外，草酸与甲酸的混合溶液可以在大多数铝合金表面于较低电压下生成较厚的氧化膜。

2. 以磺酸为基础的硬质阳极氧化

德国早期在基于获得更致密的硬质阳极氧化膜的目标下，用磺酸部分代替硫酸，以减轻硫酸对于膜的腐蚀作用，已经在室温得到耐磨的硬质氧化膜。第二次世界大战后这类槽液用到阳极氧化膜的整体着色上，以后磺酸溶液在整体着色方面应用远超过硬质阳极氧化膜方面的应用。

3. 以酒石酸为基础的硬质阳极氧化

日本开发过这一类电解液，Y.Fukuda 报道以 1mol/L 酒石酸、苹果酸（羟基丁二酸）或丙二酸为基础，加入 0.15～0.2mol/L 草酸。这种槽液可在温度 40～50℃、外加电压 40～60V、维持电流密度在 5A/dm² 的条件下生成硬质膜，其硬度可达 300～470HV。虽然冷却达到低温要求需消耗大量电能，但该工艺可在高于室温很多时实现，因此可显著降低操作成本。

除了以上介绍的工艺之外，其他一些常用的混合酸硬质阳极氧化工艺见表 4-6 和表 4-7，供参考。

表 4-6　常用的混合酸硬质阳极氧化工艺

序号	成分	浓度/(g/L)	温度/℃	电流密度/(A/dm²)	电压/V	适用材料
1	丙二酸 草酸 硫酸锰	25～30 35～50 3～4	10～30	3.0～4.0	起始 40～50 终止 130	7075、5154、3600、3560、5140 等铝合金

续表

序号	成分	浓度/(g/L)	温度/℃	电流密度 /(A/dm²)	电压/V	适用材料
2	磺基水杨酸 苹果酸 硫酸 水玻璃	90~150 30~50 5~12 少量	变形铝合金 15~20 铸造铝合金 15~30	变形铝合金 5.0~6.0 铸造铝合金 5.0~8.0	—	2024、6351、2618、3560、7120 等铝合金
3	硫酸 粗蒽 乳酸 硼酸	10~15 3.5~5 30~40 35~40	18~30	3.0~5.0	—	7075、2017、2024、6351、2681、3550 等铝合金

表 4-7　有机酸电解液基本成分的硬质氧化工艺

基本电解液	参考工艺	温度/℃	电流形式	电压/V	电流密度范围 /(A/dm²)	特性
5%~10%(质量分数)草酸		0~20	直流	20~120	2~4	操作温度20℃,膜层坚硬
		0~35	交流	20~120	2~4	氧化层较薄且比直流的软
		0~20	直流+交流	20~120	2~4	极硬且膜厚
		0~20	脉冲	>20	平均3~6 峰值20	极硬且膜厚
5%~10%(质量分数)草酸+2.5%~5%(体积分数)甲酸	Herenzuel	0~20	直流或交流	20~80	4~40	较快生成较厚的氧化膜
50~100g/L 5-磺基水杨酸+2.5~5g/L硫酸	Kalcolor	20~30	直流	20~80	1.5~3	只能用于无铜的铝合金
50~100g/L 4-磺基苯二酸+2.5~5g/L硫酸	Duranodic300	20~30	直流	20~80	1.5~3	只能用于无铜的铝合金

参考文献

［1］　朱祖芳.铝合金阳极氧化与表面处理技术［M］.第2版.北京：化学工业出版社，2010.

［2］　屠振密.防护装饰性镀层［M］.北京：化学工业出版社，2004.

［3］　张士林，任颂赞.简明铝合金手册［M］.第2版.上海：上海科学技术文献出版社，2006.

［4］　徐义库，爨洛菲，王旭阳，等.铝合金复合阳极氧化的研究现状及进展［J］.热加工工艺，2018，47（20）：1-6.

［5］　张瑞芝.草酸硬质阳极氧化［J］.电镀与精饰，1994（4）:33-35.

[6] 王春涛,林伟国,曹华珍,等.含稀土介质中铝合金阳极氧化研究 [J].表面技术,2003, 32(3): 49-51.

[7] 王春涛,王国平,龚雅萍.铈盐和镧盐对铝合金阳极氧化膜性能的影响 [J].腐蚀与防护,2003, 24 (6):244-245.

[8] 周谟银.铝合金常温硬质阳极氧化工艺 II 有机添加剂的作用及槽液维护 [J].电镀与环保,2002, 22 (3):28-30.

[9] Heber K V. Studies on porous Al_2O_3, growth— I . Physical model [J]. Electrochimica Acta, 1978, 23(2):127-133.

[10] 赵旭辉.铝阳极氧化膜的电化学阻抗特征研究 [D].北京:北京化工大学,2005.

[11] 黄奇松.铝的阳极氧化和染色 [M].北京:中国轻工业出版社,1981.

[12] Shimizu K, Kobayashi K, Thompson G E, et al. Development of porous anodic films on aluminium [J]. Philosophical Magazine A, 1990, 66(4):643-652.

[13] 凯普,钟炜.铝的硬质阳极氧化工艺 [J].电镀与环保,1992(02):14-18.

[14] 韩克,欧忠文,蒲滕,等.铝及铝合金硬质阳极氧化的研究进展 [J].表面技术,2011(5):92-96.

[15] 干建群,张敏,刘言平,等.添加剂在铝宽温阳极氧化中的应用研究进展 [J].广州化学,2009, 34 (4):55-58.

[16] Fukuda Y, Fukushima T. Anodic oxidation of aluminium in sulphuric acid containing aluminium sulphate or magnesium sulphate [J]. Electrochimica Acta, 1983, 28(1):47-56.

[17] 周春华,郑居正,王洪涛,等.2A12-T4 铝合金板硬质阳极氧化试验 [J].轻合金加工技术,2008, 36 (9):40-42.

[18] 赵云成,李霞.硫酸-草酸混合法硬质阳极氧化溶液的分析 [C] // 国际轻金属表面精饰技术论坛, 2003:19.

[19] 罗一帆,许旋,陈学文,等.铝合金硫酸阳极氧化工艺 [J].电镀与涂饰,2004, 23(1):33-35.

[20] 吴双成.温度对铝阳极氧化的影响 [J].表面工程与再制造,2013, 13(5):10-13.

[21] 程红霞,罗静,尹茂生,等.铝合金铬酸阳极氧化膜的低铬封孔工艺研究 [J].材料保护,2004, 37 (7):32.

[22] 崔昌军,彭乔.铝及铝合金的阳极氧化研究综述 [J].全面腐蚀控制,2002, 16(6):12-17.

[23] 宋曰海,郭忠诚,李爱莲,等.铝及铝合金阳极氧化、着色及封闭的现状和发展趋势 [J].电镀与涂饰,2002, 21(6):27-33.

[24] 王艳芝.铝及其合金阳极氧化技术研究的进展 [J].材料保护,2001, 34(9):22-23.

[25] 孙衍乐,宣天鹏,徐少楠,等.铝合金的阳极氧化及其研发进展 [J].电镀与精饰,2010, 32(4): 18-21.

[26] 李捷,毕艳.铝及铝合金硬质阳极氧化技术的发展 [J].表面工程与再制造,2007, 7(1):3-5.

[27] 熊劲松.阳极氧化挂具的设计与应用 [J].电镀与涂饰,2004, 23(3):49-50.

[28] 朱祖芳.脉冲技术在铝合金硬质阳极氧化中的应用 [J].电镀与涂饰,2002, 21(6):22-26.

[29] 刘佑厚,井玉兰,胡若莹.不同电源波形的铝合金硬质阳极氧化 [J].电镀与精饰,2001, 23(2): 16-19.

[30] 何潘亮.四酸体系铝合金瓷质氧化工艺研究 [D].杭州:中国计量大学,2016.

[31] 郑瑞庭.铝及其合金铬酸阳极氧化 [J].电镀与精饰,2003, 25(1):13-15.

[32] 何潘亮,沈士泰,卫国英.硫酸-有机酸混合酸体系中铝合金硬质氧化膜的研究 [J].电镀与环保, 2017, 37(6):25-28.

[33] Yang L, Zhao Q, Jian H E, et al. Corrosion behavior of 6061 aluminum alloy in simulative industry-marine atmospheric environment [J]. Materials China, 2018, 37(1):28-34.

［34］ Ma Y, Zhou X, Thompson G E, et al. Microstructural modification arising from alkaline etching and its effect on anodizing behavior of Al-Li-Cu alloy［J］. Journal of the Electrochemical Society, 2013, 160（3）: 111-118.

［35］ 刘爱民, 刘成林, 吴厚昌. 铝合金常温硬质阳极氧化新工艺［J］. 表面技术, 1993（5）:218-221.

［36］ 杨永泽. 铝合金复合硬质阳极氧化及其机理研究［D］. 沈阳: 东北大学, 2009.

［37］ 周雅, 周佳, 江溢民. 2024-T3铝合金硫酸、草酸和酒石酸常温硬质氧化工艺［J］. 材料保护, 2012, 45（2）:45-48.

［38］ 陈鸿海, 王景, 李先云. 铝及铝合金硬质阳极氧化新工艺的研究［J］. 表面技术, 1991（1）:13-16.

［39］ 莫伟言, 石玉龙. 2A12铝合金常温脉冲硬质阳极氧化电解液配方优化［J］. 电镀与涂饰, 2010, 29（9）:30-32.

［40］ 周谟银. 有机添加剂在铝合金硬质阳极氧化中的作用［J］. 造船技术, 1982（2）:35-38, 41, 48.

［41］ 卫国英. 用酒石酸阳极氧化制备铝合金阳极氧化膜的方法: CN103014808A［P］. 2013.

［42］ 刘佑厚, 井玉兰. 铝合金硼酸-硫酸阳极氧化工艺研究［J］. 电镀与精饰, 2000, 22（6）:8-11.

［43］ 邱佐群. 铝合金件硫酸阳极氧化工艺的变革［J］. 表面工程与再制造, 2008（3）:24-25.

［44］ 周科可, 黄燕滨, 桑浩然, 等. 铝合金阳极氧化膜层结构对粘接性能的影响［J］. 表面技术, 2016, 45（09）:188-193.

［45］ 高镜涵, 李菲晖, 巩运兰, 等. 铝合金阳极氧化技术研究进展［J］. 电镀与精饰, 2018, 40（08）: 18-23.

第五章

铝及铝合金微弧氧化处理

第一节　概述

微弧氧化技术（micro-arc oxidation）又称等离子体电解氧化（plasma electrolytic oxidation，PEO）、阳极火花沉积、火花放电阳极氧化或等离子体增强电化学表面微弧氧化技术。它是将铝、镁、钛、锆、钽、铌等有色金属及其合金（统称阀金属），在适当的电参数条件下使其与电解液中的溶质发生反应，最终在金属表面生成具有一定厚度的陶瓷膜的技术。利用该技术在铝及其合金上生长一层 Al_2O_3 陶瓷膜，该陶瓷膜具有良好的耐磨、耐蚀性，而且可通过改变电参数和电解液等得到不同性能、不同颜色的陶瓷膜。铝合金微弧氧化产品见图 5-1。

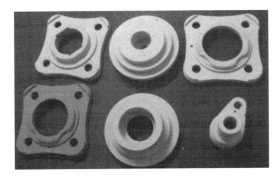

图 5-1　铝合金微弧氧化产品

采用微弧氧化技术对铝及其合金材料进行表面强化处理，具有工艺过程简单、占地面积小、处理能力强、生产效率高、适用于大工业生产等优点。微弧氧化电解液不含有毒物质和重金属元素，电解液抗污染能力强和再生重复使用率高，因而对环境污染小，满足优质清洁生产的需要，也符合我国可持续发展战略的需要。微弧氧化处理后的铝基表面陶瓷膜层硬度高（＞1200HV），耐蚀性强（CASS 盐雾试验＞480h），绝缘性好（膜阻＞100MΩ），膜层与基底金属结合力强，并具有很好的耐磨和耐热冲击等性能。表 5-1 比较了微弧氧化与阳极氧化性能，可以明显看出微弧氧化性能的优异。

表 5-1　微弧氧化与阳极氧化性能比较

性能	微弧氧化	阳极氧化
最大厚度/μm	300～400	50～80
显微硬度/MPa	15000～30000	3000～5000
击穿电压①/V	约 2000	较低
孔隙率/%	0～40	10～40
柔韧性	好	较脆
耐腐蚀性	好	一般
耐磨性	好	差
粗糙度	较小	一般

① 工件表面刚刚产生微弧放电的电解电压。

　　微弧氧化技术工艺处理能力强，可通过改变工艺参数获取具有不同特性的氧化膜层以满足不同需要；也可通过改变或调节电解液的成分使膜层具有某种特性或呈现不同颜色；还可采用不同的电解液对同一工件进行多次微弧氧化处理，以获取具有多层不同性质的陶瓷氧化膜层。

　　由于微弧氧化技术具有上述优点和特点，因此在机械、纺织、电子、航天航空及建筑民用等工业领域有着极其广泛的应用前景，见表 5-2。主要可用于对耐磨、耐蚀、耐热冲击、高绝缘等性能有特殊要求的铝基零部件的表面强化处理；也可用于建筑和民用工业中对装饰性和耐磨、耐蚀要求高的铝基材的表面处理；还可用于常规阳极氧化不能处理的特殊铝基合金材料的表面强化处理。例如：汽车等的铝基活塞、活塞座、汽缸及其他铝基零部件；机械、化工工业中的各种铝基模具、各种铝罐的内壁；飞机制造中的各种铝基零部件，如货仓地板、滚棒、导轨等；民用工业中各种铝基五金产品，健身器材等。

表 5-2　微弧氧化的应用领域

微弧氧化层	应用领域	举例
腐蚀防护膜层	化工设备、建筑用泵及部件	阀门
耐磨膜层	机械纺织、航天航空、管道	点火阀、轴、纺杯
电防护膜层	电子、化工设备、能源工程	电容器线圈
装饰膜层	仪器仪表、土木工程	电熨斗
光学膜层	精密仪器	显微镜零部件
功能性膜层	催化、医疗设备、医用材料	钛合金人工关节

　　微弧氧化技术目前仍存在一些不足之处，如：工艺参数和配套设备的研究需

进一步完善；氧化电压较常规铝阳极氧化电压高得多，操作时要做好安全保护措施；电解液温度上升较快，需配备较大容量的制冷和热交换设备。这些都有待科研人员进一步改进和完善。

第二节 微弧氧化原理

微弧氧化工艺是在阳极氧化工艺基础上发展而来的，其氧化过程非常复杂。图 5-2 为铝电化学氧化膜层结构与对应电压区间的关系图。阳极氧化在法拉第区进行，将金属阳极上的电位升高，金属阳极氧化的电流也随之升高，当升高到一定电压进入电火花放电区时，金属阳极表面会出现电晕、辉光及电火花放电现象。表面辉光放电过程的温度较低，对氧化膜的结构影响不大，电火花放电区发生微区的高温高压等离子体放电，此时的温度适中，既可使氧化膜结构发生变化，又不会造成铝合金材料表面的破坏。以铝阳极为例，铝的阳极氧化膜主要组成是无定形 Al_2O_3、γ-Al_2O_3 和 $AlOOH$。由于铝的氧化物在高温下有以下相变过程：

$$AlOOH \xrightarrow{560\text{℃}} \gamma\text{-}Al_2O_3 \xrightarrow{1370\text{℃}} \alpha\text{-}Al_2O_3$$

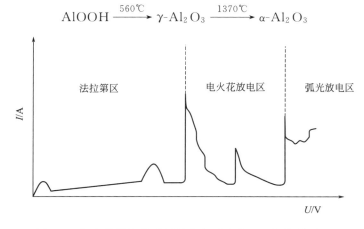

图 5-2 铝电化学氧化膜层结构与对应电压区间的关系图

所以在微区高温高压等离子体放电情况下，铝阳极氧化膜由相变过程晶化转变为 γ-Al_2O_3 和 α-Al_2O_3，形成具有高硬度及良好耐腐蚀性的微弧陶瓷氧化膜，其显微硬度可达 2000HV 以上。当电压继续升高，进入弧光放电区时，阳极表面电流密度较大，发生强烈的弧光放电现象。由于弧光放电时电弧较大，产生强大的冲击力，容易将刚生成的氧化膜击碎破坏，在铝表面产生凹坑及麻点，甚至可能使铝合金表面熔化。弧光放电区是微弧氧化应避免的区域。

一、微弧氧化的生长过程

微弧氧化过程中具有等离子体放电通道的高温高压及电解液温度低的特点，

在此极限条件下的反应过程可赋予陶瓷膜层用其他技术难以获得的优异的耐磨、耐腐蚀等性能，同时使铝合金基体保持原有性能。液相中参与反应并形成陶瓷膜的粒子在电场力的作用下传输到基体附近的空间参与成膜，陶瓷膜层的厚度、组成、结构可以通过改变电源电参数和电解液组成进行控制，从而实现陶瓷膜层的设计与构造。微弧氧化膜的成膜过程涉及电化学、等离子体化学、热化学及结晶学等过程，十分复杂。一般可以分为以下四个阶段：

（1）普通阳极氧化阶段　在氧化初期，样品表面颜色变暗，形成一层阻挡层。在电流密度恒定的条件下，电压迅速升高。该阶段形成的阻挡层是后续阶段产生火花放电的必要条件。

（2）微弧氧化阶段　随着电压的不断升高，氧化膜层相对薄弱的地方将会被击穿，在样品表面能够观察到火花放电现象。这些火花较小，但密度很大（约为 10^5 个/cm^2），它们在样品表面形成大量的等离子微区。这些熔融物与电解液发生反应，并被溶液冷却形成 Al_2O_3，从而使这一区域的膜相应地增厚。

（3）微弧氧化和弧光放电共存阶段　该阶段样品表面开始出现较大的红色放电弧斑，它是由某些部位经过多次放电后，使得原来较小的放电通道彼此相连而形成较大的放电气孔。在这一阶段可以观察到电压缓慢下降。

（4）弧光放电阶段至反应结束　随着薄膜的增厚，红色放电弧斑逐渐减少，电压迅速上升。最终在样品表面形成具有内部致密层和外部疏松层的双层结构。

二、微弧氧化的生长模型

由于微弧氧化研究难度比常规氧化过程要大得多，然而人们一直没有停止对其工艺机理的探讨。据文献报道，早在 20 世纪 30 年代，人们就发现在常规氧化膜的表面会随着氧化电压的升高而出现火花放电现象。20 世纪 70 年代初 Vijh 和 Yahalon 阐述了产生火花放电的原因，认为在火花放电的同时伴随着剧烈的析氧，而析氧反应的完成主要是通过电子"雪崩"这一途径来实现的，如图 5-3 所示。

"雪崩"后产生的电子被注射到氧化膜/电解质的界面上，引起膜的击穿，产生等离子体放电。Tran BanVan 等人进一步研究了火花放电的整个过程，精确地测定了每次放电时电流密度的大小、放电持续的时间以及放电时产生的能量。通过分析，指出放电现象总是在常规氧化膜的薄弱部分先出现，也就是说，电子的"雪崩"总是在氧化膜最容易被击穿的区域先进行，而放电时产生的巨大热应力则是产生电子"雪崩"的主要动力。

1977 年，S. Ikonopisov 首次用定量的理论模型来解释微弧放电的机理，第一次引进膜的击穿电位 V_B 的概念，并建立了 V_B 与溶液参数之间的关系。1984 年，J. M. Albella 在前人研究的基础上，指出放电的高能电子束来自扩散进入陶瓷层中的电解液，并进一步完善了 S. Ikonopisov 的定量理论模型，指出 V_B 不仅

与电解液参数有关，还与膜层厚度和所加
电压之间存在一定关系。K. H. Dittrich 提
出了微弧氧化的工作电压与膜层间的关系
模型，指出阳极表面附近类阴极（电解质/
气体界面）的形成，即使在形状复杂的基
体及空心部件上也能形成均匀的陶瓷膜层。
A. V. Rykalin 等提出了微桥放电模型，认
为氧化膜内存在放电通道，气体、熔化的
粒子和电解液从此通道进入，使其逐渐缩
小。2006 年，Z. P. Yao 等结合铝合金的生
长过程提出了析氧反应的两电子反应机理
和四电子反应机理模型，指出 PEO 过程中
产生的等离子体主要为氧等离子体，首先

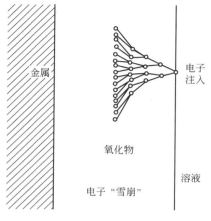

图 5-3　电子"雪崩"示意图

是放电通道内生成的氧的气泡被击穿而产生氧的等离子体，进而引起孔底陶瓷膜
的击穿。

　　由于析氧反应的复杂性，他们对微弧氧化过程做了如下假设：析氧是一种近
乎抽象化、理想化的过程；电极本身在反应前后无任何变化；中间价态粒子（包
括 H_2O_2、HO_2^-、O、金属氧化物等）在热力学上稳定。之所以称为两电子或
四电子反应机理，是因为在析氧反应中每一步均有 2 个或 4 个电子的得失。在碱
性溶液中，两电子反应机理的基本历程如下：

$$O_2 + H^+ + 2e \longrightarrow HO_2^-$$

$$HO_2^- + H_2O + 2e \longrightarrow 3OH^-$$

$$HO_2^- \longrightarrow \frac{1}{2}O_2 \uparrow + OH^-$$

　　四电子反应机理的基本历程如下（M 为电极金属原子，M—O 为过渡物
质）：

$$O_2 + 2M \longrightarrow 2M{-}O$$

$$M{-}O + H_2O + 2e \longrightarrow 2OH^- + M$$

　　大多数电极表面的氧化还原反应都按两电子反应机理进行，或按两电子反应
机理与四电子反应机理两种途径同时进行。

　　L. J. Wang 等在前人研究的基础上，借助光发射光谱深入研究了微弧氧化过
程介质阻挡层的击穿机理，指出微弧氧化经历的过程可分为三个阶段。在阳极氧
化阶段（第一阶段），工件表面不断产生气泡，且发出微弱均匀的光，光强度大
约在 $40 \sim 300cd$，光线强度随电压升高而增强。到过渡阶段（第二阶段）时，电
极表面形成具有类绝缘特性的气体鞘层，其主要成分为 O_2、H_2O。电解液中的
阴离子积聚在气泡表面并与工件形成无数微区的强电场，使气泡层离子化（产生

O_2^+、H_2O^+ 等电离成分），继而击穿气体鞘层，随后击穿介质阻挡层而产生等离子体放电（第三阶段）。因气体鞘层的击穿，过渡阶段工件表面光强度随电压升高而减弱。在第一阶段，工件表面发光主要是由气体类活性物种热致辐射所致。在第三阶段，电解液中离子的移动主要是因为等离子体场作用产生的离子加速和气泡破裂产生的离子气泡的吸附迁移。这两种迁移模式消除了相边界层的扩散，不同于传统的传质过程。

综上可以看出，由于微弧氧化呈非法拉第特性，且过程复杂，至今还未形成一套全面而合理的模型。

第三节　微弧氧化工艺

铝及铝合金材料的微弧氧化工艺主要包括铝基材料的前处理、微弧氧化、后处理三部分。其工艺流程如下：铝基工件→化学除油→清洗→微弧氧化→清洗→后处理→成品检验。微弧氧化工业生产线见图5-4。

图 5-4　微弧氧化工业生产线

一、微弧氧化预处理工艺

由于铝合金长时间放置在空气中，表面易发生氧化，生成一层几微米的钝化膜，同时，其表面又极易吸附周围环境中的杂质，形成表面吸附层。为保证微弧氧化后制得陶瓷膜的综合力学性能，在微弧氧化处理前要对试样表面进行脱脂预处理。详见第二章相关内容。

二、微弧氧化制备工艺

微弧氧化的基本设备配置与阳极氧化大体相同，由氧化槽、电源及溶液的冷却与搅拌系统组成。微弧氧化槽一般由不锈钢板焊接而成，外面由塑料板包裹。

微弧氧化的电源与普通阳极氧化不同，普通阳极氧化一般采用直流、交流或脉冲三大类型电源，而微弧氧化由于采用较高的电压，通常采用正向与反向成一定比例的交流电。由于 Al_2O_3 薄膜具有二极管特性，因此正向与反向的电阻相差较大，采用相同正、负向电压，会使负向电流过大而造成电源的损坏，也不利于 Al_2O_3 膜的生成。因此在制作微弧氧化电源时，需要制作正向和负向两组独立的电源，这样就加大了制作电源的难度。施加在样品表面上的两组电流的电压不能同时作用，一组电源作用完以后，才能允许另一组电源通过，否则会使电源的可控系统损毁。电流和电压的波形可以是锯齿形、方波形等，可根据工艺需要由用户选择使用。溶液的冷却、搅拌系统非常重要，由于微弧氧化处理工艺采用高电压（电压为 $400\sim600V$）和大电流，样品表面上出现弧光放电现象和水的热分解，反应过程中会有大量的热量产生，如果不把这些热量及时带走以维持槽液温度，就会影响微弧氧化膜的性能。在实际生产中可以采用槽液外循环的方法通过热交换器将热量带走，此方法比机械搅拌更加有效和安全。微弧氧化的冷却系统原则上与普通阳极氧化相同，由于其高电压，应特别注意用电安全。

微弧氧化溶液的成分相对比较简单，一般来说，根据所采用的电解液的酸碱性大致可分为以下两类。

1. 酸性电解液氧化法

采用浓 H_2SO_4 作为电解液，在 $500V$ 左右的直流电压下，V. N. Bakovets 等制得了微弧陶瓷膜，并对其结构和性质进行了细致的分析研究。有文献报道，在上述浓 H_2SO_4 电解液中加入一定量的添加剂（如吡啶盐）就可以改善电解液的性质，更有利于实现铝及其合金的微弧氧化。此外，采用磷酸或其盐溶液作为电解液进行恒流氧化，最后经铬酸盐处理可以获得较厚的氧化膜。若在上述电解液中加入含氟的盐，则可以获得强度、硬度适中而结合力、耐蚀性、电绝缘性和导热性均优良的氧化铝陶瓷膜层。

2. 碱性电解液氧化法

碱性氧化法比酸性氧化法对环境的影响更小，且在其阳极生成的金属离子还可以转变为带负电的胶体粒子而被重新利用。同时，电解液中其他的金属离子也可以进入膜层，调整和改变膜层的微观结构，使其获得新的特性。一般认为，微弧氧化溶液分为四大体系：硅酸盐体系，磷酸盐体系，铝酸盐体系，硼酸、酒石酸盐体系。其中以硅酸盐体系最为常见，该体系对环境无污染，并且 SO_3^{2-} 具有良好的离子吸附性能，常配合 NaOH 或 KOH 使用。刘文亮等曾在氢氧化钠、铝酸盐、硅酸盐和磷酸盐等几种溶液体系中分别对 LY 铝合金进行微弧氧化，结果发现在磷酸盐和硅酸盐体系中，微弧氧化膜生长较快。Vladimir Malyschev 研究表明，微弧氧化膜在碱性电解液中有部分溶解，所以试验研究通常采用弱碱性电解液。磷酸盐体系一般含有磷酸二氢钠、磷酸三钠或焦磷酸钠、硼酸盐和氟化物，对环境污染大，在德国较多使用，我国除特别研究使用外，其他情况较少采用；铝酸盐溶液不稳定，易出现白色絮状物，可以配合稳定剂同时使用；硼酸、酒石酸盐体系溶液较稳定，也可作为添加剂和其他体系配合使用，所需工作温度较低。

表 5-3 列出了代表性的几种微弧氧化的电解液成分，仅供参考。

表 5-3　微弧氧化电解液的成分　　　　　　　　　　　单位：g/L

成分	1	2	3	4	5
氢氧化钠（钾）	2.5	1.5~2.5	2.5	—	—
硅酸钠	—	7~11	—	—	—
铝酸钠	—	—	3	—	—
六偏磷酸钠	—	—	3	—	35
磷酸三钠	—	—	—	25	10
硼砂	—	—	—	7	10.5

第四节　微弧氧化影响因素

与常规氧化工艺比较，微弧氧化对工件的前处理要求简单，因而工件的表面状态对工艺的影响不大。而电压、电流密度、电解质浓度以及电解液的温度等因素对工艺影响较大。

一、合金材料及表面状态的影响

微弧氧化工艺对基体材料进行氧化前不需进行严格的表面准备工作，在各种形状零件的内外表面均可形成陶瓷层。该技术对铝基工件的合金成分要求不高，对一些普通阳极氧化难以处理的铝合金材料如含铜、高硅铸铝合金均可进行微弧氧化处理。一般来说，铝合金中杂质和其他合金元素含量增大会使氧化层厚度降低，陶瓷层变得疏松。例如铝合金中的铁、锌、铜等元素的增多就有明显的负面影响，会降低陶瓷层厚度和致密度，增大孔隙率；硅元素虽不如上述元素的负面影响大，但当硅含量超过一定值后，也会使氧化膜变得薄而疏松。

贺子凯等人分别分析了 LY12、LC4、ZL102、LD2 和 Al（纯铝）五组材质，经 90min 微弧氧化后所得陶瓷层厚度和硬度随氧化时间的变化见表 5-4。研究后发现：纯 Al 基体材料对应的微弧氧化陶瓷层硬度最低；LY12 和 LC4 对应的陶瓷层硬度相对较大；氧化时间延长后 5 种基体材料对应的膜硬度均有趋于相等的趋势。这是因为较短的氧化时间范围内，陶瓷层硬度与其厚度近似呈线性地增加。当陶瓷层厚度大于一定的值后，膜硬度的决定因素不再是陶瓷层厚度，而是陶瓷层的组成、结构等，说明基体材料对微弧氧化的影响不是很大。

此外，微弧氧化工艺对工件表面状态也要求不高，一般不需进行表面抛光处理。对于粗糙度较高的工件，经微弧氧化处理后表面得到修复变得更均匀平整；

而对于粗糙度较低的工件，经微弧氧化后，表面粗糙度有所提高。

表 5-4　不同基体材料的陶瓷层厚度和硬度随氧化时间的变化

氧化时间/min		30	60	90	120	150
陶瓷层厚度/μm	LY12	20.5	31.7	53.4	78.5	87.3
	LC4	26.5	43.6	49.2	57.5	72.4
	ZL102	19.8	29.8	55.6	62.3	74.5
	LD2	22.4	37.9	48.9	55.7	71.3
	A1	17.6	27.2	34.0	41.2	68.2
陶瓷层硬度（HV）	LY12	615	847	972	1100	1150
	LC4	689	1050	1040	1050	1100
	ZL102	625	823	1000	1040	1060
	LD2	632	882	942	1000	1050
	A1	608	798	882	993	920

二、电解质溶液及其组分的影响

微弧氧化电解液是获得合格膜层的技术关键。不同的电解液成分及氧化工艺参数，所得膜层的性质也不同。微弧氧化电解液多采用含有一定金属或非金属氧化物的碱性盐溶液（如硅酸盐、磷酸盐、硼酸盐等），其在溶液中的存在形式最好是胶体状态。一般来说，微弧氧化可以在酸性的电解液中进行，也可以在碱性的电解液中进行，目前多用弱碱性电解液。溶液的 pH 值范围一般在 9～13。在相同的微弧电解电压下，电解质浓度越大，成膜速度就越快，溶液温度上升越慢；反之，成膜速度越慢，溶液温度上升越快。

电解液的种类、组成对微弧氧化陶瓷层有着重要的影响，在不同的电解液中，微弧氧化陶瓷层的生长速度、结构、成分和元素分布皆有不同。蒋百灵等人分析了 LY12 铝合金在氢氧化钠、铝酸盐、硅酸盐、磷酸盐体系中生成的微弧氧化陶瓷层，比较了微弧氧化层厚度在不同溶液中随时间的变化。磷酸盐和硅酸盐体系微弧氧化陶瓷层生长较快，但厚度随时间的变化规律基本相同，刚开始生长时厚度增加最快，以后逐渐变慢；不同体系电解质溶液生成的陶瓷层其疏松层成分完全不同，在磷酸盐和硅酸盐体系中，疏松层中含有大量含磷化合物和含硅化合物；致密层成分不受电解质溶液影响，只与基体合金成分有关；疏松层厚度随时间延长呈线性增加，致密层的生长速度类似于总层厚，随时间延长其增长速度变得缓慢。龙北玉等人研究了 Na_2SiO_3、$(NaPO_3)_6$ 和 $NaAlO_2$ 电解液种类和浓度对所制备的铝合金微弧氧化陶瓷层相组成和元素成分的影响后发现，陶瓷层中 $\alpha\text{-}Al_2O_3$ 与 $\gamma\text{-}Al_2O_3$ 的相对含量受电解液种类和浓度的影响大，不同溶液制备的陶瓷层元素成分不同，同种溶液制备的陶瓷层中同种元素在表层和致密层中的含量也有所不同，并且陶瓷层中 α-Al_2O_3 相与 γ-Al_2O_3 相含量比值与电解液的种类密切相关。北京师范大学低能核物理研究所曾经用 5g/L 的 NaOH 溶液作为电解液，获得了厚度可达 $300\mu m$、显微硬度超过 3000HV、绝缘电阻大于 $100M\Omega$ 的氧化铝陶瓷层。

微弧氧化用的电解液除应具有良好的导电性外，还要对铝合金及其氧化膜具有一定的钝化作用和溶解作用。所以，配制电解液还应适当加入某些添加剂，以此在高强度铝合金上形成合格的氧化膜，并可使氧化允许范围变宽，陶瓷层生长速度提高，改善氧化膜外观和性能。水玻璃是当作一种添加剂或者氧化抑制剂来使用的。研究人员通过对微弧氧化过程规律性研究后提出，用硼酸代替传统采用的水玻璃来作为阳极的氧化抑制剂可以获得更好的效果。改良配方加入 EDTA 及 SDBS 作为稳定剂，均可延长电解液的使用寿命，可提高电解液的成膜速度，而不会对陶瓷层性能如耐蚀性、硬度等产生不良影响，初步改良了电解液配方。

三、电流密度及氧化电压的影响

电流密度对微弧氧化陶瓷层的生长和性能的影响较大，不同的电流密度、工作电压，制得的氧化陶瓷层的厚度、硬度、防护性能也将不同。电流密度是影响微弧氧化陶瓷层光洁度、层厚的生长及膜性能的关键参数之一。研究表明，在一定范围内，微弧氧化陶瓷层厚度随着电流密度的增大而增加，陶瓷层的硬度也随之线性增加。当微弧氧化初期形成的一层致密初始氧化膜达到一定厚度后，如果电流密度还低于某一低限值，则微弧氧化过程不能继续进行。但电流密度对陶瓷层增长也有一个极大值，超过这个值，陶瓷层生长过程中极易出现烧损现象，表面粗糙，能耗也迅速增加。而且，微弧氧化电流密度的选定还必须与电解液组成、温度、电源模式等工艺条件和性能要求相配合。

微弧氧化电压的控制对获取合格膜层同样至关重要。不同的铝基材料和不同的氧化电解液，具有不同的微弧放电击穿电压，微弧氧化电压一般控制在大于击穿电压几十伏至上百伏的条件进行。氧化电压不同，所形成的陶瓷膜性能、表面状态和膜厚不同，根据对膜层性能的要求和不同的工艺条件，微弧氧化电压可在 $200\sim600V$ 范围内变化。微弧氧化可采用控制电压法或控制电流法进行，控制电压进行微弧氧化时，电压值一般分段控制，即先在一定的阳极电压下使铝基表面形成一定厚度的绝缘氧化膜层，然后增加电压至一定值进行微弧氧化。当微弧氧化电压刚刚达到控制值时，通过的氧化电流一般都较大，电流密度可达 $10A/dm^2$ 左右，随着氧化时间的延长，陶瓷氧化膜不断形成与完善，氧化电流密度逐渐减小，最后小于 $1A/dm^2$。氧化电压的波形对膜层性能有一定影响，可采用直流、锯齿或方波等电压波形。采用控制电流法较控制电压法工艺操作上更为方便，控制电流法的电流密度一般为 $2\sim8A/dm^2$。控制电流氧化时，氧化电压开始上升较快，达到微弧放电时，电压上升缓慢，随着膜的形成，氧化电压又较快上升，最后维持在较高的电解电压下。

四、温度与搅拌的影响

与常规的铝阳极氧化不同，微弧氧化电解液的温度允许范围较宽，可在10～90℃条件下进行。温度越高，工件与溶液界面的水气化越厉害，膜的形成速度越快，但其粗糙度也随之增加。同时温度越高，电解液蒸发也越快，所以微弧氧化电解液的温度一般控制在20～60℃范围。由于微弧氧化的大部分能量以热能的形式释放，其氧化液的温度上升较常规铝阳极氧化快，故微弧氧化过程须配备容量较大的热交换制冷系统以控制槽液温度。虽然微弧氧化过程工件表面有大量气体析出，对电解液有一定的搅拌作用，但为保证氧化温度和体系组分的均一，一般都配备机械装置或压缩空气对电解液进行搅拌。

五、微弧氧化时间的影响

微弧氧化时间一般控制在10～60min。氧化时间越长，膜的致密性越好，但其粗糙度也越大。随着氧化时间的延长，氧化膜表面微孔孔径逐渐增大，微孔数量逐渐减少，氧化膜生长速度逐渐减小，氧化膜的厚度逐渐增加，平均表面硬度呈先增大后减小的趋势；金红石相所占比例逐渐增大；对微弧氧化陶瓷层的摩擦系数影响不大，可大大提高微弧氧化陶瓷层的磨损寿命，腐蚀电位逐渐增大，腐蚀电流先减小后增大。吴汉华等人研究恒定电流密度下铝合金微弧氧化陶瓷膜的特性随处理时间的变化规律，结果表明：陶瓷膜表面呈圆饼状结构，圆饼的中心存在一个放电通道；膜的厚度、表面粗糙度，圆饼和放电通道的直径随处理时间线性增加；陶瓷膜的显微硬度与处理时间密切相关。薛文斌等人研究了6061铝合金微弧氧化陶瓷膜的生长规律，分析了不同膜厚度下膜层截面组织、成分和相组成，并测量了氧化膜显微硬度分布和电化学腐蚀特性。氧化膜生长分为三个阶段，随着氧化时间的延长，膜层由向外生长逐渐过渡到向内生长，其表面粗糙度线性增加。李忠盛等人采用恒流微弧氧化法在碱性硅酸盐-磷酸盐体系电解液中对7A55铝合金进行了微弧氧化处理，研究了氧化时间对微弧氧化膜表面形貌、厚度和相组成的影响。研究结果表明，在恒定的电参数（电流密度为$6A/dm^2$、占空比均为30%，频率为1000Hz）条件下，随着氧化时间的延长，阳极电压逐渐增大，氧化膜表面微孔孔径逐渐增大，微孔数量逐渐减少，膜层厚度随氧化时间近似呈线性增加。李新东等人对2D12-T4热处理状态铝合金微弧氧化防护膜层的拉伸强度和疲劳性能进行了研究。结果表明，随着氧化时间的增加，膜层厚度正比增加，膜层主要由$\gamma\text{-}Al_2O_3$和$\alpha\text{-}Al_2O_3$及大量的非晶相构成；微弧氧化对基体的拉伸强度等力学性能影响较小，但会显著降低材料的疲劳性能，降低超过基体的99%。李宏战等人在硅酸钠体系溶液中，研究了不同氧化时间对ZL205A铝合金表面微弧氧化层表面形貌、厚度、元素分布及相组成的影响。结果表明：随着氧化时间的增加，氧化膜表面微孔数量减少、孔径增大，膜层厚度不断增大；膜层中的 Al、Si 元素略有变化，O、P 元素变化并不明显；随着氧化时间的增加，膜层中的 α-Al$_2$O$_3$ 和 Mullite 相含量不断提高，Mullite 相主要由阳极反应中生成的 SiO$_2$ 与 Al$_2$O$_3$ 共同作用而产生。

六、阴极材料、挂具及极间距的影响

微弧氧化的阴极材料采用不溶性金属材料。由于微弧氧化电解液多为碱性液，故阴极材料可采用碳钢、不锈钢或镍。其方式可采用悬挂或以上述材料制作的电解槽作为阴极。挂具可选用铝或铝合金材质。

迄今为止，微弧氧化技术多是直接将待处理工件整体放入兼作阴极的不锈钢槽中进行，阴极面积相对较大，工件表面微弧放电同时发生，适合小尺寸工件表面的均匀膜层制备，且生产效率较高，易于实现自动化。从目前的研究和应用来看，微弧氧化技术无法实现对大尺寸工件的处理，已成为限制其工业化推广的瓶颈之一。因此研究非均匀场强下极间距对微弧氧化的诱发和生长规律的研究十分有意义。张欣盟等人利用 Na$_2$SiO$_3$-KOH 溶液体系，以工业纯铝为基体材料对约束阴极微弧氧化的放电特性进行了研究。考察了极间距的影响，结果表明：对于阴阳极等约束条件下，随着阴阳极距离的加大，工作电流逐渐减小。而对于仅约束阴极情况，工作电流随着阴阳极间距的增加而增大。这是由于增加阴阳极间距时，虽然约束阴极正下方试样表面的电场强度降低，工作电流减小，但远离约束电极处，阳极表面电场强度增加，工作电流增大。起弧电压随电极间距离的增大而升高，但阳极表面电场强度几乎保持不变。微弧氧化陶瓷层厚度由处理中心沿半径向外逐渐变薄，且中心处陶瓷膜厚度随电极距离的增大迅速减小，电能利用率随之降低。

其中，约束阴极微弧氧化的实质是将大尺寸待处理工件分割处理，实现其表面局部或由局部至整体的微弧氧化，从而可以摆脱处理工件尺寸受电源输出功率的限制，并且由于同时起弧面积较小，溶液的温度控制更加容易，进而降低了对冷却装置的要求。且该方法简单，易于实现，极大地增大了微弧氧化电源的处理能力，大大降低了大面积微弧氧化处理的成本。

同样，严为刚等人通过研究非均匀场强下极间距对微弧氧化的影响，分析了极间距变化对微弧氧化膜层生长区域和膜层厚度的影响。结果表明，微弧氧化电压随着极间距的增大出现先减小后增大的原因是：极间距较小时，极间距的增大会减小中心区域高场强对电流的束缚作用，受反应面积的增大和电场束缚作用的减小，终止电压开始降低。当极间距增大到足以使样品表面均匀分布时，继续增大极间距只会增大回路中溶液的阻值，使电压升高，并增大能量消耗。

七、微弧氧化的能量参数控制

微弧氧化的电源电压是影响微弧氧化的另一重要因素之一。试验表明，不同的溶液有不同的电压工作范围。有研究者研究了微等离子体的密度对陶瓷层性能的影响。随着能量密度的提高，陶瓷层密度、陶瓷层显微硬度及与基体的结合强度也有增大的趋势，而能量密度则主要与电压、电流有关系。如果电压过低，陶瓷层生长速度较慢，陶瓷层较薄，颜色较浅，硬度也低；如果电压过高，工件易出现烧蚀现象。首先对工作电压进行调整，以保证第一阶段完整绝缘膜的形成、弧的诱发以及最后生成的陶瓷氧化膜的质量，微弧氧化过程中电压变化规律如图 5-5 所示。

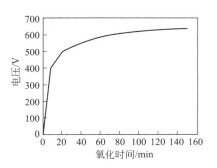

图 5-5 微弧氧化过程中电压
的变化规律

微弧氧化的电源模式各具特色。总的来说，类似普通阳极氧化设备，根据所使用的电源模式的不同，可将微弧氧化电源分为直流、交流和脉冲三种。通常，交流电源在铝合金表面生长的陶瓷层比直流电源生长的陶瓷层质量更好，性能也高得多，但所需时间更长。交流模式是微弧氧化技术的重要发展方向，国内研究以交流模式为主。试验表明，使用脉冲电源可生成粗糙度好、厚度均匀的陶瓷层；陶瓷层组织中非晶态在高频下远远高于低频下的含量，它最高可达到 95％；在高频下获得的陶瓷层的致密度比低频下有明显提高。

使用脉冲电流可大大降低微弧氧化所需的电压，使用更高的电流密度，从而加快陶瓷层的生长速度，并可在室温下完成氧化过程，使铝合金表面的氧化膜具有耐磨和耐腐蚀性。通过选择电控方式或调节输出脉冲参数可对陶瓷层的组织结构进行控制和优化。翁海峰等研究了交流脉冲电源，占空比从 2％提高到 18％时，α-Al_2O_3 逐渐成为氧化膜的主要成分，而氧化膜的表面则越来越粗糙；而当脉冲占空比为 10％时，得到最大的氧化层厚度和最佳的氧化膜截面形貌。脉冲参数对微弧氧化过程的影响，其本质可能归结于单脉冲作用的能量及正负脉冲的分布状态。所以，为优化微弧氧化工艺，可采用恒流微弧氧化方式，对脉冲占空比进行阶段式调节，以进一步优化膜层的组织结构。

八、膜层的后处理

铝基工件经微弧氧化后可不经后处理直接使用，也可对氧化后的膜层进行封闭、电泳涂漆、机械抛光等后处理，以进一步提高膜的性能。该部分详见第七章相关内容。

综上可以看出，电源性质、氧化电压、电流密度、电解液配方及电解液温度对微弧氧化最终所得陶瓷层的质量影响较大。

参考文献

［1］ 吴小源，刘志铭，刘静安.铝合金型材表面处理技术［M］.北京：冶金工业出版社，2009.

［2］ 朱祖芳.铝合金阳极氧化与表面处理技术［M］.第2版.北京：化学工业出版社，2010.

［3］ 屠振密.防护装饰性镀层［M］.北京：化学工业出版社，2004.

［4］ 孙大涌.先进制造技术［M］.北京：机械工业出版社，2000.

［5］ 马晋.铝合金微弧氧化工艺研究［D］.武汉：武汉理工大学，2003.

［6］ 侯正全.ZL201铸造铝合金微弧氧化工艺研究［D］.上海：上海交通大学，2007.

［7］ 胡鹏.锻铝微弧氧化过程控制问题的研究［D］.武汉：中南民族大学，2007.

［8］ 熊仁章.铝合金硅酸盐系微弧氧化陶瓷层的形成机理及摩擦学行为［D］.哈尔滨：哈尔滨工业大学，2004.

［9］ 辛铁柱.铝合金表面微弧氧化陶瓷膜生成及机理的研究［D］.哈尔滨：哈尔滨工业大学，2006.

［10］ 唐培松.铝合金表面微弧氧化工艺条件研究［D］.昆明：昆明理工大学，2001.

［11］ 王丽，付文，陈砺.等离子体电解氧化技术及机理研究进展［J］.电镀与涂饰，2012，31（4）：48-52.

［12］ 贺子凯，唐培松.不同基体材料微弧氧化生成陶瓷膜的研究［J］.材料保护，2002，35（4）：31.

［13］ 龙北玉，吴汉华，龙北红，等.电解液对铝合金微弧氧化陶瓷膜相组成和元素成分的影响［J］.吉林大学学报理学版，2005，43（1）：68-72.

［14］ 东青，陈传忠，王德云，等.铝及其合金的微弧氧化技术［J］.中国表面工程，2005，18（6）：5-9.

［15］ 陈静，徐晋勇，高成,等.铝合金微弧氧化溶液体系的研究进展［J］.材料导报，2011，25（15）：107-109.

［16］ 张欣宇，方明，吕江川,等.电解液参数对铝合金微弧氧化的影响［J］.材料保护，2002，35（8）：39-41.

［17］ 吴汉华，于松楠，龙北玉，等.处理时间对铝合金微弧氧化陶瓷膜特性的影响［J］.材料科学与工艺，2008，16（5）：605-608.

［18］ 薛文斌，蒋兴莉，杨卓，等.6061铝合金微弧氧化陶瓷膜的生长动力学及性能分析［J］.功能材料，2008，39（4）：603-606.

［19］ 李忠盛，吴护林，潘复生，等.氧化时间对7A55铝合金微弧氧化膜的影响［J］.航空材料学报，2009（03）：23-26.

［20］ 李新东，沙春鹏，乔永莲，等.2D12-T4铝合金微弧氧化膜的性能研究［J］.腐蚀科学与防护技术，2016，28（1）：73-76.

［21］ 李宏战，李争显，杜继红，等.氧化时间对ZL205A铝合金微弧氧化膜层的影响［J］.稀有金属材料与工程，2016（10）：2741-2745.

［22］ 张欣盟，田修波，巩春志，等.约束阴极微弧氧化放电特性研究［J］.物理学报，2010，59（8）：5613-5619.

［23］ 严为刚，蒋百灵，施文彦，等.极间距对6061铝合金微弧氧化的影响［J］.表面技术，2016（10）：7-12.

［24］ 徐俊，胡正前，马晋,等.电解液参数对铝合金微弧氧化膜层质量的影响［J］.电镀与涂饰，2006，25（10）：43-45.

［25］ Ikonopisov S. Theory of electrical breakdown during formation of barrier anodic films［J］.Electrochimica Acta, 1977, 22（10）：1077-1082.

［26］ 蒋百灵，白力静，蒋永锋.LY12铝合金表面氧化铝陶瓷层的生长过程［J］.中国有色金属学报，

2001, 11（z2）:186-189.

[27] 薛文彬, 邓志威, 来永春, 等. 铝合金微弧氧化陶瓷膜的形成过程及其特性 [J]. 电镀与精饰, 1996 （5）:3-6.

[28] 刘文亮. 铝合金在不同溶液中的微弧氧化膜层性能研究 [J]. 电镀与精饰, 1999, 21（4）:9-11.

[29] 种建梅. 微弧氧化及硬质阳极化处理对 7050 铝合金力学及摩擦磨损性能的影响 [D]. 西安: 西安理工大学, 2018.

[30] Wang J L, Yang W, Xu D P, et al. Effect of $K_2TiO(C_2O_4)_2$ Addition in Electrolyte on the Microstructure and Tribological Behavior of Micro-Arc Oxidation Coatings on Aluminum Alloy [J]. Acta Metallurgica Sinica（English Letters）, 2017, 30（11）: 1109-1118.

第六章

铝及铝合金化学镀处理

铝合金材料密度小，导热、导电性能较好，强度重量比高，加工成形方便，已得到广泛应用。但其本身却存在易腐蚀、不耐磨、焊接难等缺点，因而应根据使用需要进行相应的表面处理。化学镀是一种赋予铝及铝合金表面良好性能的工艺手段，是铝及铝合金理想的表面改性技术之一。它不仅使其抗蚀性、耐磨性、可焊性和电接触性能得到提高，镀层与铝基体间结合力好，镀层外观漂亮，而且通过镀覆不同的合金，可以赋予铝及铝合金各种新的性能，如磁性能、润滑性能、钎焊性能等。图 6-1 为铝合金化学镀镍后产品外观。

图 6-1　铝合金化学镀镍后产品外观

化学镀镍均形成镍的合金层，按照合金成分分类，可分为镍磷合金和镍硼合金两大类工艺。由于还原剂成本问题，镍硼合金尚未大规模工业化应用，而以次磷酸钠为还原剂的化学镀镍工艺成熟稳定。化学镀镍磷合金镀层中磷的含量范围约为 0.5%～14%，溶液按 pH 值可分为酸性和碱性两大类。碱性化学镀镍，镀层中的磷含量低，稳定性差，主要用于非金属材料镀前金属化及铝镁合金电镀前的底镀层，在铝轮毂的电镀中有成功的应用实例。酸性化学镀镍是应用最广泛的化学镀镍工艺，按照镀层中磷含量可分为高磷、中磷和低磷三类。

镍磷合金镀层具有较优越的性能，其镀层硬度可高达 450～700HV，镀层也具有很强的耐蚀性，而且化学镀镍操作非常简便，尤其适合结构复杂的零件。这些优点使化学镀的铝合金应用范围更加广泛，目前经化学镀镍处理的铝件已经在航海、航空、电子、军事等高新技术领域得到应用。可以预见，铝合金化学镀这一表面处理技术将会有更广阔的发展空间，前景非常光明。

第一节　化学镀镍工艺

化学镀的发展史主要就是化学镀镍的发展史。1844 年，A. Wurtz 发现金属镍可以从金属镍盐的水溶液中被次磷酸盐还原而沉积出来。化学镀镍技术的真正发现并使它应用至今是在 1944 年，美国国家标准局的 A. Brenner 和 G. Riddell 研究清楚了形成涂层的催化特性，发现了沉积非粉末状镍的方法，使化学镀镍技术工业应用有了可能性。在国外其真正应用于工业仅仅是 20 世纪 70 年代末 80 年代初的事，现在美国、日本、德国的化学镀镍已经十分成熟，在各个工业部门得到了广泛的应用。我国的化学镀镍工业化生产起步较晚，但近几十年的发展十分迅速，和国外先进技术差距逐渐缩小，在石油、机械、电子工业得到了大规模应用。

一、化学镀镍原理

化学镀镍磷合金是一种在不加电流的情况下，利用还原剂在活化零件表面上自催化还原沉积得到镍磷镀层的方法。以次磷酸钠为还原剂的化学镀镍磷工艺，其反应原理普遍被接受的是原子氢理论和氢化物理论。

原子氢理论是 1946 年 Brenner 和 Riddell 提出的，他们认为还原镍的物质实际上就是原子氢，其过程可分为：

① 化学沉积镍磷合金镀液加热时不起反应，而是通过金属的催化作用，次亚磷酸根在水溶液中脱氢而形成亚磷酸根，同时放出初生态原子氢。

$$H_2PO_2^- + H_2O \longrightarrow HPO_3^{2-} + 2H_{ad} + H^+$$

② 初生态原子氢被吸附在催化金属表面上而使其活化，使镀液中的镍阳离子还原，在催化金属表面上沉积金属镍。

$$Ni^{2+} + 2H_{ad} \longrightarrow Ni + 2H^+$$

③ 在催化金属表面上的初生态原子氢使次亚磷酸根还原成磷。同时，由于催化作用使次亚磷酸根分解，形成亚磷酸根和分子态氢。

$$H_2PO_2^- + H_{ad} \longrightarrow H_2O + OH^- + P$$

$$H_2PO_2^- + H_2O \longrightarrow HPO_3^{2-} + H_2 \uparrow + H^+$$

④ 镍原子和磷原子共沉积，并形成镍磷合金层。

$$3P + Ni \longrightarrow NiP_3$$

氢化物理论是由 Hersch 提出的，1964 年被 Lukes 改进。该理论认为，次磷酸钠分解不是放出原子态氢，而是放出还原能力更强的氢化物离子（氢的负离子 H^-），镍离子被氢的负离子所还原。在酸性镀液中，$H_2PO_2^-$ 在催化表面上与水反应；在碱性镀液中，镍离子被氢负离子所还原，即氢负离子 H^- 同时可与 H_2O 或 H^+ 反应放出氢气，同时有磷还原析出。

二、铝合金化学镀镍工艺

铝及铝合金属于化学镀镍的难镀基材，所以在其基体上进行化学镀有其自身的特点：①铝是一种化学性质比较活泼的金属，在大气中易生成一层薄而致密的氧化膜，即使在刚刚除去氧化膜的新鲜表面上，也会重新生成氧化膜，严重影响了镀层与基体的结合力。②铝的电极电位很低（−1.56V），易失去电子，当浸入镀层时，能与多种金属离子发生置换反应，析出的金属与铝表面形成接触性镀层。这种接触性镀层疏松粗糙，与基体的结合强度差，严重影响了镀层与基体的结合力。③铝属于两性金属，在酸、碱溶液中都不稳定，往往使化学镀过程复杂化。

由此可知，要在铝及铝合金制品上得到良好的化学镀镍层，最关键的是结合力问题，而结合力取决于镀前处理。因此，对于铝及其合金来说，镀前处理是十分重要的。目前，国内外解决这一问题的研究可归纳为 3 种技术途径：①浸锌-预镀层法；②阳极氧化法；③直接化学镀镍。目前比较成熟可靠的铝及铝合金化学镀镍工艺多采用浸锌-预镀层法，即传统的二次浸锌前处理工艺。然而该工艺有不少缺点：①工艺操作程序烦琐。从除油、酸洗至整个前处理工序，需要十二道工序，然后再进行二次化学镀镍磷合金工艺，加上后处理工序，完成全部操作程序有二十道工序之多。②设备多，材料及能源消耗大，操作时间长，成本高，而且镀件质量难以保证，出现质量隐患的概率高。③除浸锌层对镀液有污染外，在潮湿的环境中，锌还会构成腐蚀电池的阳极，锌层将受到横向腐蚀，最终导致镍层剥落。

铝及铝合金化学镀镍工艺包括镀前处理、化学镀镍和镀后处理等工序。这些工序的安排应符合基体材料的差异和产品设计性能要求。镀前处理工艺要因材而异，要针对不同的材料，采用不同的前处理工艺。其主要的区别是：对一般的不含硅或含硅量很低的铝合金，在酸出光工序中采用 1：1 HNO$_3$ 水溶液即可；而对于含硅量较高的铝合金，在该工序后还应增加浓酸处理。同样，在通常使用的二次浸锌工艺中，不含硅或含硅量很低的铝合金对浸锌的要求不太高，而对于含硅量较高的铝合金却较适合含镍的浸锌液，以便尽快引发化学镀镍反应。此外，在镀前处理工艺中，化学除油液中应尽量避免或减少使用氢氧化钠和硅酸钠，以免影响后续工序。具体镀前处理详见第二章相关内容。

铝合金化学镀镍工艺较多，下面介绍几种典型工艺，其中阳极氧化法已在第四章介绍，这里不再赘述。

1. 传统的二次浸锌法

目前认为比较成熟可靠的铝及铝合金化学镀镍的工艺多采用浸锌-预镀层法，即传统的二次浸锌前处理工艺。其流程为：除油→浸蚀→第一次浸锌→硝酸退除→第二次浸锌→碱性化学预镀镍→酸性化学镀镍→烘烤。由于铝的电极电势较负，极易氧化，在化学除油、酸浸蚀等工序中铝试件表面易重新形成很薄的氧化膜，经化学镀后往往形成疏松的金属沉积层，其结合力差，无使用价值。因此在化学镀之前，先进行两次浸锌预处理的方法，达到理想的效果，使化学镀正常进行，这也是该工艺最关键的步骤。研究发现，进行一次浸锌处理效果不佳，退除第一次浸锌预处理时所形成的粗糙的锌层后，使铝件表面呈活化状态，再进行第二次浸锌处理，可获得均匀、细致的锌层，增强了基体金属的结合力，以利于化学镀的顺利进行。

W. R. Laughton 等人从除油、酸洗、浸锌、结合力、内应力及操作中的注意事项等几方面讨论了影响铝表面化学镀镍的因素，认为正确的操作非常重要，即便是最好的配方在很恶劣的操作条件下也得不到质量好的镀层。首先，特别强调了镀前清洗的重要性，要防止酸性溶液带入浸锌溶液中；其次，强碱性的浸锌溶液不易清洗干净，容易黏附在工件表面上而带入化学镀镍溶液中，引起化学镀镍溶液 pH 值变化，从而导致镀层的内应力升高和结合力下降等故障。此外，应避免浸锌过度，浸锌时间过长会降低结合力，缩短化学镀镍液的寿命。和在钢铁基体表面化学镀镍相同的是，化学镀镍后进行低温热处理（190℃，1h），也可以提高镀层与铝基体的结合力。

此外，铝基体表面化学镀镍产生缺陷的可能原因有三方面：首先，基体的表面状态是影响化学镀镍质量的重要因素，铝合金化学成分和不同的加工工艺都会影响基体的表面状态；其次是工件的表面处理，包括除油、酸洗、碱蚀、浸锌等步骤，浸锌溶液中的锌离子浓度、络合剂和溶液使用时间的长短都是影响镀层质量的因素；最后，化学镀镍溶液的工艺参数对镀层质量都是有影响的，如 pH 值、添加剂、镀液的使用周期等。

针对浸锌中间层容易产生横向腐蚀，导致镀层起皮脱落的问题，国内外研究者进行了大量的工作。刘波等人对 8 种有代表性的预处理方法进行了对比试验，提出了一种预浸锌镍铁合金中间层的预处理方法，可使铝合金表面得到平整、光亮、结合力好的镍磷镀层，减少中间层横向腐蚀的危险，有利于保证铝合金化学镀镍的质量。

2. 活化-预化学镀镍法

虽然浸锌法可以在一定程度上避免生成会严重影响镀层与基体间结合力的接触性镀层，但这种工艺过程复杂，生产周期长，而且表面置换出来的锌层在随后化学镀时会溶解于镀液中，毒化镀液并缩短镀液的寿命。同时，使用这种工艺会在镀层与基体间形成一层影响镀层结合强度及耐蚀性能的锌夹层。

为了解决传统的二次浸锌法中出现的问题，人们又进行了大量研究，开发出了一种铝合金镀镍预处理新技术，即活化-预化学镀镍工艺，其工艺流程如下：化学除油→脱氧化膜→出光→活化→预化学镀镍→酸性化学镀镍→封闭→烘干。该工艺的特点就在于无浸锌层，铝经活化后表面形成具有镀层金属活性的微薄镍，然后预化学镀镍磷合金，形成致密薄镍层后再镀镍磷合金。预化学镀镍层的外观为均匀光滑的浅灰色镀层，空隙少，致密度高，铝合金镀层的结合力和耐蚀性得到了改善，工序简化，污染减少。

此外，还有人研制了新型的活化工艺方案，将二次化学镀镍磷合金工艺改为一次化学镀镍磷合金的工艺，其工艺流程为：化学除油→水洗→活化→水洗→化学镀镍磷合金→水洗→后处理。化学镀镍工艺的活化液基本成分为有机酸，调整其酸性，并加入保护铝表面不被氧化的抗氧化复合液，用以解决前处理活化问题，在此基础上，改二次化学镀镍工艺为一次化学镀镍工艺。活化技术是解决难镀基材表面活化的有效途径，在几种铝合金的前处理活化中都得到了应用，且效果很好，为铝合金化学镀镍提供了新的预处理技术。

预镀液处理分两种：一种是预镀液中加入适量络合剂，使镍离子能得到充分络合并形成稳定的络合物后，置换反应在较慢的速度下进行，从而可在铝合金表面上获得均匀、致密、与基体结合良好的镍沉积层；另一种是预镀液中进行闪镀，闪镀是一种快速的化学镀镍，类似于电镀工艺中大电流冲击镀，这也是提高结合力的重要措施。

3. 直接化学镀镍法

近些年来，随着铝合金表面处理工艺的革新，铝合金化学镀镍工艺进一步简化，由"表面清洗→浸镀→预化学镀镍→直接化学镀镍"，发展为"表面清洗→活化液处理→直接化学镀镍"。活化液一般分为有机活化液和无机活化液。

在有机活化液方面，蒙铁桥通过对铝和钛的性质进行比较和分析，发现两者具有很大的相似性。根据络合处理这一思想，在实践中采用以下两组活化配方对铝合金进行活化处理，使工艺进一步简化，而且镀层与基体的结合力良好：①有机活化液组成为硫酸镍、络合剂、缓冲剂等。张天顺等研究了新型铝及其合金的活化液，该活化液在活化过程中能有效除去氧化膜，使其基体表面活化，同时，使试件在随后的操作中不会再一次被氧化，从而保证了化学镀的进行。②有机活化液组成为镍盐、络合剂、无机酸、乙醇、表面活性剂等。

在无机活化液方面，王向荣等针对铝合金的特点，采用一种无机酸处理工艺对铝合金进行前处理，然后直接进行化学镀镍。讨论了主盐、还原剂、络合剂、pH 值等因素对化学镀镍反应沉积速度的影响，得到了较优的工艺配方。验证试验所得合金镀层表面均匀，耐蚀性好，结合力强，但其作用机理暂无表述。

4. 新型化学镀镍法

随着科学技术和现代工业的迅速发展，通常的镍-磷和镍-硼合金镀层已不能满足日益增长的需求。近几年来发展起来一些新型化学镀镍工艺，包括化学镀三元镍合金、双层复合化学镀及化学复合镀。

① 化学镀三元镍合金比化学镀二元镍合金具有更优异或更特殊的性能，显示出更为广阔的应用前景。在原有 Ni-P 二元系基础上引进某种新的金属组分，得到的 Ni-W-P 等多元合金镀层具有更加优良的力学、耐蚀、耐磨、耐热或电阻等特性。到了 20 世纪 80 年代以后，随着电子和计算机工业的高速发展，对电子器件的质量和数量需求增大，人们成功地开发出了以镍-磷为基与铁、钴共沉积的三元合金，来满足磁性的要求；也成功开发出了镍与铜、锡共沉积的合金，来满足可焊性和导电性的要求，镍-铜-磷合金可用在高密度记忆磁盘上；还根据需要实现了镍与铬、钼、钨的化学共沉积，以提高合金镀层的熔点和硬度特性，来满足合金镀层的高耐磨、耐热和耐腐蚀的要求。

② 双层复合化学镀是在保持原有基质金属镀层的基础上，再辅以复合相的特性，它既能强化原有金属镀层的性质，又对原镀层进行了改性，这就使复合镀层的功能具有相当的自由度。例如，为了要解决铝合金雷达波导管的导电性问题和耐臭氧腐蚀问题，可使用既具有优良导电性能，又具有耐腐蚀性的 Ni-P/Ni-B 双层复合镀层。具体工艺为：抛光→除油→碱蚀→混合酸浸蚀→第一次浸锌→退除浸锌层→第二次浸锌→预镀薄层 Ni-P 合金→镀高磷 Ni-P 合金→镀 Ni-B 合金。该双层复合镀层表面光亮，晶粒均匀，镀层结合力良好，且耐酸、碱腐蚀。

③ 化学复合镀是在化学镀镍的溶液中加入不溶性微粒，使之与镍磷合金共沉积，从而获得具有各种不同物理化学性质的镀层的一种工艺。这种复合镀层的性能比单一镀层更优越，因此化学复合镀正逐渐兴盛起来。国内外大量地研究了在 Ni-P 合金中掺杂固体惰性微粒的复合相镀层，如为提高硬度和耐磨性而采用的复合微粒 SiC、WC、Al_2O_3 等，为提高镀层自润滑性而采用的复合微粒 CuF_2、PTFE 等；也有研究化学镀梯度材料镀层、纳米级化学复合镀等。尽管目前有大量的相关研究报告发表，但绝大多数化学复合镀工艺都没有在工业生产中大规模应用，主要原因是没有解决固体微粒在高温化学镀镍溶液中保持惰性而不被 Ni-P 镀覆的问题。

三、高温化学镀镍工艺及配制方法

1. 高温化学镀镍工艺

铝及铝合金酸性及碱性化学镀镍工艺规范如表 6-1、表 6-2 所示。

表 6-1　铝及铝合金酸性化学镀镍工艺规范

成分含量及工艺条件	配方 1	配方 2	配方 3	配方 4
硫酸镍($NiSO_4 \cdot 6H_2O$)/(g/L)	30	23		
硼酸(H_3BO_3)/(g/L)	15			
次磷酸钠($NaH_2PO_2 \cdot H_2O$)/(g/L)	15~20	24		
乙酸钠(NaAc)/(g/L)	15		HK-350A：60mL/L	MT-877A：120mL/L
柠檬酸钠($Na_3C_6H_5O_7$)/(g/L)	10			
乳酸($C_4H_6O_3$)/(g/L)		27	HK-350B：150mL/L	MT-877B：150mL/L
琥珀酸($C_4H_6O_4$)/(g/L)		20		
pH 值	4.8~5.5	4.7	4.8~5.2	4.2~4.8
温度/℃	70~90	95~97	85~90	85~90
时间/min	15~20			
适用范围	铸铝合金	铝及铝合金	铝及铝合金	铝及铝合金
研制和销售单位			南京海波	广州美迪斯

表 6-2　铝及铝合金碱性化学镀镍工艺规范

成分含量及工艺条件	配方 1	配方 2	配方 3	配方 4	配方 5	配方 6	配方 7	配方 8
硫酸镍（$NiSO_4 \cdot 6H_2O$）/(g/L)	30	30		25				
氯化镍（$NiCl_2 \cdot 6H_2O$）/(g/L)			22		21	30		
次磷酸钠($NaH_2PO_2 \cdot H_2O$)/(g/L)	10	30	25	25	12	7.5		
柠檬酸钠($Na_3C_6H_5O_7$)/(g/L)	100			30	45	72		
焦磷酸钠（$Na_4P_2O_7 \cdot 10H_2O$）/(g/L)		60	50	10			HK-352A：150mL/L	MT-886Mn：100mL/L
氯化铵(NH_4Cl)/(g/L)	50			30				
氨水($NH_3 \cdot H_2O$ 25%)			20mL/L				HK-352B：60mL/L	MT-886A：100mL/L
三乙醇胺/(g/L)		100mL/L						
pH 值	8.5~9.5	10~11	11.5	9	9~10	10	8.5~9	8.5
温度/℃	90~95	30~35	20~30	30	78~82	82~88	87~92	45
研制和销售单位							南京海波	广州美迪斯

2. 配制方法

化学镀镍液的配方很多，要根据配方采用正确的配制方法进行配制，防止因配制不当产生镍的氢氧化物沉淀，这里介绍一般的配制顺序：

①称取计算量的镍盐、还原剂、络合剂、pH 缓冲剂和添加剂，将它们分别用蒸馏水溶解，配制所用镀槽采用塑料、搪瓷或不锈钢材质。

② 将络合剂和缓冲剂溶液相互混合，然后将镍盐溶液加入并充分搅拌。

③ 在搅拌状态下将除还原剂以外的其他溶液依次加入并搅拌均匀。

④ 在将要使用前强搅拌下加入还原剂溶液。

⑤ 用蒸馏水稀释至规定体积，再用酸或碱调溶液 pH 值至规定值。

⑥ 过滤溶液。

四、中低温化学镀镍工艺

铝合金大多数酸性化学镀镍温度一般在 $80\sim95℃$，采用 $80\sim95℃$ 镀镍温度虽然镀速很高，但对基体腐蚀较大，镀液挥发快，镀液很容易产生自分解。如果采用低温（$<60℃$）施镀，镀速会很慢，很难达到 $10\mu m/h$ 以上的镀速，不能够满足实际生产需要。因此很多研究者转而研究 70℃ 左右的中温化学镀镍。铝及铝合金中低温化学镀镍工艺规范如表 6-3 所示。

表 6-3 铝及铝合金中低温化学镀镍工艺规范

溶液组成与工艺条件	配方 1	配方 2	配方 3	配方 4	配方 5
硫酸镍($NiSO_4 \cdot 6H_2O$)/(g/L)	25	30	40		$20\sim30$
氯化镍($NiCl_2 \cdot 6H_2O$)/(g/L)				$40\sim60$	
次磷酸钠($NaH_2PO_2 \cdot H_2O$)/(g/L)	25	30	25	$30\sim60$	$20\sim30$
焦磷酸钠($Na_4P_2O_7 \cdot 10H_2O$)/(g/L)	50	60			
柠檬酸钠($Na_3C_6H_5O_7$)/(g/L)			20	$60\sim90$	$10\sim15$
三乙醇胺/(g/L)		100	25		
氯化铵(NH_4Cl)/(g/L)					$20\sim35$
氨水($NH_3 \cdot H_2O$ 25％)/(g/L)	$30\sim50$				
碳酸钠(Na_2CO_3 25％)/(g/L)			4		
羟基乙酸钾($KC_2H_3O_3 \cdot 3H_2O$)/(g/L)				$10\sim30$	
pH 值	$10\sim11$	$9.5\sim10.5$	9.2	$5\sim6$	$8.5\sim9.5$
温度/℃	$60\sim70$	$30\sim35$	$45\sim50$	$60\sim65$	$40\sim50$
沉积速度/($\mu m/h$)	15	10			
溶液组成与工艺条件	配方 6	配方 7	配方 8	配方 9	配方 10
硫酸镍($NiSO_4 \cdot 7H_2O$)/(g/L)	—	25		$25\sim30$	30
氯化镍($NiCl_2 \cdot 6H_2O$)/(g/L)	$25\sim30$	—	$40\sim60$	—	

续表

溶液组成与工艺条件	配方 6	配方 7	配方 8	配方 9	配方 10
次磷酸钠($NaH_2PO_2 \cdot H_2O$)/(g/L)	20	25	30～60	25～30	22
氯化铵(NH_4Cl)/(g/L)	45～50	—	—	—	—
二水柠檬酸钠($Na_3C_6H_5O_7 \cdot 2H_2O$)/(g/L)	—	—	60～90	—	—
焦磷酸钠($Na_4P_2O_7 \cdot 10H_2O$)/(g/L)	60～70	50	—	30	—
乙酸钠($NaC_2H_3O_2 \cdot 3H_2O$)/(g/L)	—	30～50	—	碳酸钠	酒石酸钾钠
氨水($NH_3 \cdot H_2O$ 30%)/(g/L)	—			40～50	65
琥珀酸乙辛磺酸钠(1%)/(滴/L)	7～8	—	—	—	—
羟基乙酸钾($KC_2H_3O_3 \cdot 3H_2O$)/(g/L)	—	—	10～30	—	—
pH 值	9～10	10～11	5～6	9.5～10	8.5～10
温度/℃	70～72	65～70	60～65	45～50	60～65
沉积速度/(μm/h)	20	15		10～15	15～20

注：三乙醇胺兼有络合剂和 pH 值调节剂的作用。补加镍盐时，镍盐必须与其络合剂络合后再加入镀槽，否则会产生沉淀。

五、镀液各成分的作用

在化学镀镍体系中，主要包括主盐、还原剂、络合剂、加速剂、稳定剂、缓冲剂等，它们在镀液中各自起着不同的作用，对沉积速度、镀液的稳定性、镀层的磷含量等有着重要的影响。化学镀镍液中加入的还原剂次磷酸盐有约 90% 转化为亚磷酸盐，亚磷酸镍的溶解性低，容易产生沉淀，且会促进镀液发生分解。因此溶液中需要添加络合剂，有络合剂存在的条件下游离的镍离子很少，不会产生沉淀物。然而在化学镀的过程中，不可避免地会有少量的镍在镀槽壁或镀液中析出，造成自催化反应的发生，此时需要向镀液中添加稳定剂。此外，在反应进行过程中，生成的氢离子会不断降低镀液的 pH 值，从而降低化学镀沉积速度，需要添加 pH 值缓冲剂及时调节溶液 pH 值。

(1) 主盐 化学镀镍溶液中的主盐是镍盐，它的主要作用是提供沉积所需的镍离子。常用的镍盐有硫酸镍、氯化镍、乙酸镍、碳酸镍、次磷酸镍等。由于氯离子和硫酸根离子等对铝合金基体有腐蚀作用，可先用氢氧化钠和硫酸镍反应，生成氢氧化镍沉淀，过滤掉硫酸根离子后用乙酸等溶解。用这种方法可减少对铝基体的腐蚀，同时也很经济实用。

(2) 还原剂 还原剂的主要作用是在化学镀反应中提供还原镍离子所需要的电子，常用次磷酸钠，其用量主要取决于镍盐浓度。镍盐与次磷酸钠含量比过低时，镀层发暗，镀液稳定性下降；比值过高时，沉积速度很慢。这一比值还直接影响镀层中的磷含量，比值越低，磷含量越高。

（3）络合剂　化学镀镍溶液中除了主盐与还原剂外，最重要的组成部分就是络合剂，化学镀液性能的差异、寿命长短等主要决定于络合剂的选用及其搭配关系。络合剂的作用主要有以下几点：①防止镀液析出沉淀，增加镀液稳定性并延长使用寿命；②提高沉积速度；③提高镀液工作的 pH 值范围；④改善镀层质量。

（4）稳定剂　化学镀溶液是一个热力学不稳定体系，当出现局部过热、pH 值过高、存在杂质等影响因素时，镀液中就会出现一些活性微粒——催化核心，使溶液发生自催化反应，造成 Ni-P 合金直接沉积在溶液中，并且随着沉淀量的增加，溶液分解加剧。稳定剂的主要作用就是抑制镀液的自发分解，使施镀过程能够顺利进行。

（5）缓冲剂　由于化学镀过程中有氢离子产生，致使镀液的 pH 值随着施镀进行而有所减小，沉积速度也随之降低。缓冲剂能保持施镀过程中 pH 值不至于变化太大。

（6）加速剂　加速剂的主要作用是提高镀速，它主要能使次磷酸根中的 H—P 键键能减弱，加速脱氢，增加 $H_2PO_2^-$ 的活性。

（7）其他组分　化学镀镍液中根据需要还可以加入表面活性剂、光亮剂等添加剂。它们主要是起到加速气体逸出、改善沉积环境、提高镀层质量等作用。

六、镀液工艺条件的影响

温度是影响化学镀镍的主要因素，温度变化过大，会影响镀层的沉积速度、磷分布的均匀性、应力和孔隙率等。化学镀过程与 pH 值密切相关，pH 值对于化学镀过程和镀层的结构与性能的影响是至关重要的。

第二节　化学镀钴工艺

迄今为止，化学镀的研究焦点已由当初的化学镀镍辐射到了多种金属与合金的镀覆工艺及原理的研究，如化学镀 Cu、Co、Ag 及 Sn 等。钴的标准电位为 −0.28V，比镍负，所以化学镀钴要比化学镀镍困难。虽然化学镀钴的反应早被 Brener 等人与化学镀镍一起发现，但并未引起人们多大的兴趣，化学镀钴是随着计算机中对磁记录材料的需求而发展起来的。化学镀钴层的美观性、耐蚀性、硬度和耐磨性不如化学镀镍层。其最大优点是具有强磁性，钴是磁化一次就能保持磁性的少数金属之一，在热作用下失去磁性的温度（居里点），铁为 769℃，镍为 358℃，钴可达 1150℃。Co 具有适合高密度磁记录的磁性能，尤其是 Co-P 合金膜，它的磁性能可以通过镀液组成及工艺参数变化予以调整。Co-P 合金膜的矫顽力随晶粒大小、取向及膜厚等在很宽范围内变化，所以化学镀钴在磁性材料领域具有比较广泛的应用前景。

Ni-Co-P 三元合金镀层是一种高密度磁性膜层，该合金兼具了 Ni-P 合金和 Co-P 合金的优点，具有较高的矫顽力、较小的剩磁和优良的电磁转换性能，多用于计算机磁记录系统。这种合金镀层制成的磁盘线密度大，镀膜硬度高，耐磨性好，为大容量化提供了可能，而且还能增加其使用寿命。Ni-Co-P 合金镀液的主盐是镍盐和钴盐，大多用次磷酸钠作还原剂，在氨水碱性镀液中，以柠檬酸盐和酒石酸盐为络合剂，铵盐为缓冲剂，就可沉积出 Ni-Co-P。

国内外已有学者研究在钢铁等材料上用化学镀制备镍钴磷合金镀层，由于铝合金亲氧性强以及催化性弱的特点，以铝及铝合金为基体的研究尚不多见。杨二冰等人采用氢氧化钠作为 pH 值调节剂，通过正交试验确定了在铝合金基体上化学镀 Co-Ni-P 的工艺条件：温度为 85℃，硼酸 5g/L，$c(H_2PO_2^-)/c(Ni^{2+}+Co^{2+})$ 摩尔比 3，$c(Ni^{2+})/c(Co^{2+})$ 摩尔比 2，络合剂 170g/L，加速剂 8g/L，pH 值为 8.5；试验通过极差分析找到了对镀速影响显著的 4 个因素并进行了镀层的性能测试。胡佳等人同样研究了铝硅合金基体化学镀 Ni-Co-P 镀层的工艺对镀层性能的影响。通过正交试验，得出镀液 pH 值，硫酸镍、硫酸钴以及次磷酸钠的含量对镀层厚度、硬度和成分的影响规律，发现：增大镀液 pH 值、增加硫酸镍含量、次磷酸钠含量适中、降低硫酸钴含量，有利于增加镀层膜厚；增大镀液 pH 值、硫酸镍和次磷酸钠含量适中、降低硫酸钴含量，有利于提高镀层硬度。

Co-Fe-P 合金镀层也有较好的电磁性能，镀层的矫顽力和合金中的铁含量有密切关系，通常随镀层中铁含量增加，矫顽力明显下降。Co-W-P 合金薄膜材料具有良好的耐蚀性、耐磨性和磁性，可以在不改变剩磁条件下提高矫顽力。Co-Ni-W-P 合金镀层，其磁性能要比 Co-Ni-P 合金和 Co-W-P 合金好得多。Co-Zn-P 合金镀层的磁性能比 Co-P 合金好，当 Co-Zn-P 合金镀层 δ 为 0.5μm 时，其矫顽力 H_c＝1080Oe（Co-P 合金只有 20～50Oe），矩形比为 0.6～0.7。

化学镀 Co-Cu-P 合金是以化学镀 Co-P 合金为基础，通过加入铜离子化学沉积 Co-Cu-P 三元合金。由于铜的加入，合金的导电性变好，并有极低的残磁性，可用于金属材料的表面防护、磁盘磁记忆底层及电磁屏蔽层等。

一、化学镀钴工艺及配制方法

与化学镀镍工艺相似，化学镀钴的还原剂可以采用次磷酸钠、硼氢化钠、氨基硼烷、肼及甲醛等，然而目前主要使用的还是次磷酸钠。如果采用硼氢化钠作还原剂，得到的是钴硼合金；采用肼作还原剂，得到纯钴层；采用甲醛作还原剂，由于溶液体系呈微碱性，甲醛会发生自身氧化还原反应，造成还原剂损失。

化学镀钴溶液中常用的络合剂仍然是羟基羧酸盐，如酒石酸盐、柠檬酸盐，还有焦磷酸盐及铵盐等。络合剂的使用仍然以多元效果好，如柠檬酸盐和铵盐复配，其中的铵盐除了作为辅助络合剂，还可以起到缓冲剂的作用。此外，化学镀钴溶液中较少添加稳定剂，有报道添加一定量硫脲和咪唑。

以次磷酸钠作还原剂，柠檬酸钠、酒石酸钾钠为络合剂的化学镀钴溶液组成及操作条件如表 6-4～表 6-6 所示。

表 6-4　化学镀钴溶液组成及操作条件

组成及条件	配方 1	配方 2	配方 3	配方 4	配方 5
$CoSO_4$/(mol/L)	0.05	0.05	0.05	0.05	0.08
NaH_2PO_2/(mol/L)	0.2	0.2	0.2	0.2	0.35
柠檬酸钠/(mol/L)		0.2		0.2	0.1(铵盐)
酒石酸钾钠/(mol/L)	0.5		0.5		
$(NH_4)_2SO_4$/(mol/L)	0.5	0.5			
H_3BO_3/(mol/L)			0.5	0.5	
pH 值	9(NH_4OH)	9(NH_4OH)	9(NaOH)	9(NaOH)	10～11
温度/℃	90	90	90	90	90
镀速/(μm/h)	14	10	15	4	
外观	半光亮	半光亮	半光亮	半光亮	

表 6-5　以次磷酸盐为还原剂的化学镀钴工艺规范

成分含量及工艺条件	配方 1	配方 2	配方 3	配方 4	配方 5	配方 6	配方 7
硫酸钴($CoSO_4 \cdot 7H_2O$)/(g/L)	30	23	28			29	22
氯化钴($CoCl_2 \cdot 6H_2O$)/(g/L)				30	27		
次磷酸钠($NaH_2PO_2 \cdot H_2O$)/(g/L)	25	20	20	20	9	20	20
柠檬酸钠($Na_3C_6H_5O_7$)/(g/L)	65		60	100	90		
氯化铵(NH_4Cl)/(g/L)	40			50	45		
硫酸铵[$(NH_4)_2SO_4$]/(g/L)		80				66	30
酒石酸钾钠（$KNaC_4H_4O_6 \cdot 4H_2O$)/(g/L)		140					25
硼酸(H_3BO_3)/(g/L)			30				15
焦磷酸钠($Na_4P_2O_7 \cdot 10H_2O$)/(g/L)						106	
pH 值	8～9	9～10	7	9～10	7.7～8.4	10	10
温度/℃	75～80	90	90	90～92	75	70	70
沉积速度/(μm/h)		15	10	3～10	0.3～2		

表 6-6 以其他物质为还原剂的化学镀钴工艺规范

成分含量及工艺条件	配方 1	配方 2	配方 3
氯化钴($CoCl_2 \cdot 6H_2O$)/(g/L)	20～25	12	14
硼氢化钠($NaBH_4$)/(g/L)	0.6～1		
二盐酸肼($N_2H_4 \cdot 2HCl$)/(g/L)		105	
水合肼($N_2H_4 \cdot H_2O$)/(g/L)			90
柠檬酸钠($Na_3C_6H_5O_7 \cdot 3H_2O$)/(g/L)			206
酒石酸钾钠($KNaC_4H_4O_6 \cdot 4H_2O$)/(g/L)		112	
氯化铵(NH_4Cl)/(g/L)	1～5		
乙二胺($C_2H_8N_2$)/(g/L)	50～60		
氢氧化钠($NaOH$)/(g/L)	4～40		
亚硒酸(H_2SeO_3)/(g/L)	0.003～0.3		
pH 值		11	11.5～12.0
温度/℃	60	90	92～95
沉积速度/(μm/h)		6	4

二、镀液各成分的作用及影响因素

化学镀钴溶液的组成、pH 值、温度及镀层厚度等因素的变化会直接影响镀层的性质。

① 氯化钴和硫酸钴是溶液中的主盐，提供二价钴离子。

② 柠檬酸钠是主络合剂，铵盐（氯化铵、硫酸铵）是次络合剂，主要是控制二价钴离子的浓度，同时亦对溶液的 pH 值起缓冲作用，使镀层沉积能正常进行。由于铵离子与钴能够产生二价钴络合物，并使二价迅速氧化成三价状态，因此铵离子的浓度不宜过大。

③ 次磷酸钠是还原剂，仅在碱性条件下才能还原出金属钴。

④ 溶液的 pH 值与镀层沉积速度有密切关系，一般溶液 pH 值升高会加快沉积速度，当 pH 值低于 7 时，沉积速度会显著降低。

参考文献

[1] 李宁. 化学镀实用技术 [M]. 北京: 化学工业出版社, 2012.

[2] 张允诚, 胡如南, 向荣. 电镀手册 [M]. 北京: 国防工业出版社, 2011.

[3] 沈涪. 接插件电镀 [M]. 北京: 国防工业出版社, 2007.

［4］ 谢无极.电镀工程师手册［M］.北京：化学工业出版社，2011.

［5］ 樊新民.表面处理工实用技术手册［M］.南京：江苏科学技术出版社，2003.

［6］ 王吉会.腐蚀科学与工程实验教程［M］.北京：北京大学出版社，2013.

［7］ Laughton R W. Recent Developments for Electroless Nickel Plating onto Aluminium, their Basis and Implications［J］. Transactions of the IMF, 1992,70（3）：120-122.

［8］ 陈步明,郭忠诚.化学镀研究现状及发展趋势［J］.电镀与精饰,2011（11）：11-15, 25.

［9］ 郝世雄,孙亚丽,余迪,等.柠檬酸对1060铝合金化学镀 Ni-W-P 镀层性能的影响［J］.轻合金加工技术, 2017, 45（08）: 54-58.

［10］ 刘波.铝合金化学镀镍的预处理研究［J］.电镀与环保, 2001, 21（6）：14-15.

［11］ 蒙铁桥.铝合金化学镀镍前处理工艺的探讨与实践［J］.表面技术, 2000, 29（1）：43-44.

［12］ 张天顺,张晶秋,张琦.铝及铝合金化学镀 Ni-P 合金工艺研究［J］.电镀与涂饰, 2006, 25（8）: 41-43.

［13］ 王向荣.铝合金化学镀镍及阳极氧化着色研究［D］.沈阳：东北大学, 2005.

［14］ 杨二冰,王杰民.铝基体上化学镀 Ni-Co-P 的工艺研究［J］.郑州大学学报（工学版）, 2008, 29（2）：55-58.

［15］ 胡佳,方亮,唐安琼,等.铝合金上化学镀 Ni-Co-P 合金工艺及镀层性能的初步研究［J］.材料导报, 2009, 23（14）：99-101.

［16］ 黄昌明,王琼芳.铝合金基体化学镀镍工艺研究［J］.电镀与精饰, 1998（3）：8-11.

［17］ 王勇,万家瑰,万德立,等.铝材表面化学镀镍技术［J］.电镀与涂饰, 2005, 24（12）：46-49.

［18］ 唐田田,党沛琳,赵倩,等.铝合金表面预处理及其镀镍工艺优化［J］.材料科学与工程学报, 2017, 35（05）: 820-825.

［19］ 黎德育,袁国伟.非铁基体上的化学镀镍［J］.电镀与环保, 2000, 20（6）：1-6.

［20］ 孙从征,管从胜,秦敬玉,等.铝合金化学镀镍磷合金结构和性能［J］.山东大学学报（工学版）, 2007, 37（5）：108-112.

［21］ 关颖中.ZL104 铸铝化学镀镍［J］.材料保护, 2001, 34（4）：46-46.

［22］ 范建凤,马小玲.铝及铝合金直接化学镀镍前处理工艺研究［J］.忻州师范学院学报, 2007, 23（2）：7-9.

［23］ 康忠明,彭秋波,代明江,等.铝合金化学镀 Ni-P-B 的研究［J］.电镀与涂饰, 2005, 24（2）：11-14.

［24］ 杨艳波,蔡刚毅,陈宇,等.高强铝合金的化学镀镍镀层性能研究［J］.有色金属（冶炼部分）, 2009（1）：45-48.

［25］ 夏承钰.铝材化学镀镍-铜-磷合金［J］.材料保护, 1997（11）：15-18.

［26］ Correa E, Zuleta A A, Guerra L, et al. Coating development during electroless Ni-B plating on magnesium and AZ91D alloy［J］. Surface and Coatings Technology, 2013, 232（15）: 784-794.

［27］ Sun C, Guo X W, Wang S H, et al. Homogenization pretreatment and electroless Ni-P plating on AZ91D magnesium alloy［J］. Trans Nonferrous Met Soc China, 2014, 24: 3825-3833.

［28］ 梁平.2024 铝合金表面化学镀镍工艺研究［J］.铸造技术, 2011, 32（1）：97-99.

［29］ 周红,李自强,孙从征,等.铝合金化学镀镍磷合金和性能［J］.电源技术, 2008, 32（9）：588-591.

［30］ 孙华,马洪芳,刘科高,等.铝合金化学镀 Ni-P 前处理工艺条件的优化［J］.表面技术, 2010, 39（1）：67-70.

［31］ 陈远军,刘锦云,王敏,等.1060 铝化学镀镍直接置换锌前处理工艺［J］.表面技术, 2013, 42（5）：77-80.

［32］ 邱星武,李刚,徐洋,等.铝硅镁合金化学镀镍［J］.电镀与涂饰, 2008, 27（8）：11-14.

［33］ 肖鑫，许律，刘万民.铝及铝合金全光亮化学镀镍磷合金工艺优选［J］.材料保护，2011，44（3）：64-67.

［34］ 胡永俊，成晓玲，张海燕,等.一种在铝及铝合金表面化学镀镍的方法：CN101319316［P］.2008.

［35］ 张永君，唐鹰翔，吕旺燕.6063铝合金挤压型材Ni-P高速化学镀［J］.材料保护，2018，51（06）：54-58.

［36］ 董成通，刘刚，高顺长，等.热处理对铝锂合金化学镀镍-磷层性能的影响［J］.材料保护，2018，51（05）：98-102.

［37］ 韩孝强，秦文峰.航空铝合金表面防腐:从化学氧化到等离子技术［J］.中国科技信息，2018（10）：37-39.

［38］ 唐鹰翔.6063铝合金挤压型材Ni-P高速光亮化学镀技术研究［D］.广州：华南理工大学，2018.

［39］ 韩孝强.航空铝合金表面复合涂层的制备与防腐性能研究［D］.德阳：中国民用航空飞行学院，2018.

［40］ Han F, Cui L. Application of aluminum alloy sheets in automobile production process［J］. China Metal Forming Equipment & Manufacturing Technology, 2013, 8（3）: 34-49.

第七章

铝及铝合金阳极氧化后处理

铝及铝合金经过阳极氧化后形成的阳极氧化膜由外部厚的多孔层和内部薄的阻挡层构成。多孔层容易吸收水和侵蚀性物质，这些侵蚀性物质很容易渗透过很薄的阻挡层。为了提高铝合金的耐腐蚀能力，必须对阳极氧化膜的多孔层进行封闭处理。铝阳极氧化膜封闭处理的方法很多，根据封孔原理分主要有水合反应、无机物填充和有机物填充；根据温度分主要有高温封孔、中温封孔和常温封孔。封闭的方法有沸水封闭法、水蒸气封闭法、重铬酸盐封闭法、水解封闭法和填充封闭法等。

国内目前主要采用的封孔工艺仍是重铬酸盐封孔和常温封孔，封孔液中含有的重金属离子（铬、镍）对环境污染较大，因此，开发无铬、无镍、无氟，且工艺稳定、能耗低的绿色封孔工艺，具有极大的社会效益和市场价值。

第一节 高温封闭工艺

高温（热）封孔有沸水封孔和水蒸气封孔等。沸水封孔作为传统的封闭方法是在接近沸点的纯水中，水与氧化膜层生成勃姆石，利用其本身体积膨胀而将微孔封闭，封孔反应式为：

$$Al_2O_3 + nH_2O \rightleftharpoons Al_2O_3 \cdot nH_2O \quad (n=1,3)$$

当处理温度大于80℃时，主要生成 $Al_2O_3 \cdot H_2O$；当处理温度小于80℃时，主要生成 $Al_2O_3 \cdot 3H_2O$。$Al_2O_3 \cdot H_2O$ 不易溶解，其稳定性和封闭效果比 $Al_2O_3 \cdot 3H_2O$ 要好得多。

一、沸水封闭

沸水封孔具有成本低、操作简便的优点，适用于大型铝型材和制品的封闭，是使用最为普遍的一种封孔方法。但是沸水封孔主要是物理上的封孔，因而在强酸、强碱的环境中提高阳极氧化膜耐蚀性的程度有限；此外，沸水封孔还存在能耗大、封孔后膜的保护性能有限、易产生微裂纹、硬度及耐磨性下降、对水质要求高、易产生粉霜、封闭后多孔层的一致性较差、难以通过酸失重法的质量检验等缺点。这些缺点限制了沸水封孔工艺在很多场合的应用。

沸水封闭工艺采用的封闭用水为蒸馏水或去离子水，pH 值在 5.5～6.5，温度为 95～98℃，时间为 15～20min。例如张述林等人用硫酸阳极氧化法获得了铝阳极氧化膜，采用在 100℃的沸水中进行封孔。用电化学法优化了沸水封孔条件，根据塔菲尔曲线试验结果得到封闭液最佳 pH 值为 5.5～6.5，最佳封闭时间为 20min。

影响沸水封闭质量的因素有水质因素，实践证明采用去离子水或蒸馏水比自来水封闭的效果要好得多。普通自来水不可以用于沸水封闭，因为自来水中的杂质离子会妨碍氧化膜的封闭，降低氧化膜封闭后的耐蚀性和外观质量，因此需要对沸水封闭用水的水质严格控制。沸水封闭液有害离子的最高允许量见表 7-1。

表 7-1 沸水封闭液有害离子的最高允许量

有害离子	SO_4^{2-}	Cl^-	SiO_3^{2-}	PO_4^{3-}	F^-	NO_3^-
允许含量/(mg/L)	<250	<100	<10	<15	<5	<50

此外，应该尽量避免操作前道工序残留在工件表面的酸或有害离子带入封闭槽内，最好使用去离子水清洗干净，擦干，然后再进入封闭槽。pH 值越高，封闭速度越快，但过高的 pH 值又会使膜层表面出现粉霜，因此，pH 值应控制在 5.5～6.5。有时为了提高封闭质量，常在沸水中添加一些镍、钴金属盐和三乙醇胺等添加剂，需注意不能选错和过量。在封闭过程中残留的电解质溶液会释放出来，因此在封闭后要用热的清水清洗。

随着工艺技术的发展，质量检测更加严格，只提高水质和调整 pH 值仍不能满足技术要求，为此许多公司开发出除霜剂，效果很好，有的甚至可以用自来水封闭。如德国化学品公司（Henkel）的"Sealing bloom preventer"。

二、水蒸气封闭

高温水蒸气封孔与沸水封孔的机理相同，也属于水合封孔。水蒸气封闭是在压力容器里，用 100～150℃的饱和水蒸气且适当地增加压力来进行的。它具有以下优点：封闭速度快，封孔不受水质等因素影响；不易发生颜色的透扩散现象，因此一般不会出现"流色"现象；封孔质量高，耐蚀性好，封孔后较少出现沸水封孔常见的白灰。此法的缺点是所用的设备及成本费用太高，且仅适用于处理小的工件，无法处理大型铝材。当用蒸汽封闭时，温度应控制在 100～110℃，时间为 30min。温度太高，氧化膜的硬度和耐磨性严重下降，因此蒸汽温度不可太高。在封闭过程中，残余电解液会放出，所以经封闭处理后，工件应进行适当的清洗。

水蒸气封闭工艺参数见表7-2。

表7-2　水蒸气封闭工艺参数

处理液	饱和水蒸气	时间/min	15～30
温度/℃	110～150	特点	适用于水箱、容器和管子内表面的氧化膜
压力/MPa	0.2～0.5		

第二节　重铬酸盐和镍钴盐封闭

一、重铬酸盐封闭

重铬酸盐封孔工艺是采用强氧化性的重铬酸盐，在较高温度（90℃）下与氧化膜作用生成碱式铬酸铝、碱式重铬酸铝沉淀和氧化铝的水合物将孔封闭。通常使用的封闭溶液为5%～10%的重铬酸钾水溶液，操作温度为90～95℃，封闭时间为30min。这种方法是各种封孔方法中膜耐蚀性能较好的一种封孔技术，长期以来一直作为提高阳极氧化铝耐蚀性的标准方法，其封孔反应式为：

$$2Al_2O_3+3M_2Cr_2O_7+5H_2O =\!=\!=$$
$$2Al(OH)CrO_4\uparrow+2Al(OH)Cr_2O_7+6MOH(M=K,Na)$$

重铬酸盐封闭工艺参数见表7-3。

表7-3　重铬酸盐封闭工艺参数

重铬酸钾/(g/L)	40～55	时间/min	20～30
温度/℃	90～95	特点	适用于2000系铝合金
pH值	6.5～7.0		

需要注意的是溶液不能被酸污染，因此工件在经过封闭处理前，需要仔细进行清洗，防止污染。例如当重铬酸钾溶液中SO_4^{2-}含量超过0.2g/L，氧化膜封闭后颜色会变淡，发白，可以通过添加铬酸钙沉淀后清除。此外应特别注意Cl^-的含量，当含量超过1.5g/L时，必须更换和稀释溶液。

近年来，由于常温封孔工艺的推广应用，加之重铬酸盐对环境不友好，并且存在封孔后膜层带色等问题，所以该工艺在工程上的应用日渐减少。但因其处理的氧化膜具有腐蚀抑制剂的作用，可以起到较好的防护性能，在某些场合还在应用。为了尽量减轻六价铬含量高、毒性大、对环境污染大等问题，程红霞等人开展了低铬高耐蚀性封孔工艺的研究。研究表明，采用含（30±5）g/L重铬酸钾的低铬封孔溶液对铬酸阳极化膜层进行封孔，可实现高耐蚀性的目的，而适当缩短封孔时间还可获得良好的涂油漆底层，膜层性能不低于高铬溶液封孔膜层。

二、镍盐和钴盐封闭

乙酸镍封闭技术的广泛应用，替代了部分热水封闭工艺。乙酸镍封闭在北美洲非常流行，这得益于它具有较高的封闭质量。乙酸镍封闭的原理是：镍离子被阳极氧化膜吸附后，发生水解反应，生成氢氧化镍沉淀，填充在孔隙内，达到封闭的目的。乙酸镍封孔过程存在两个反应，不仅在高于 80℃ 的水中发生氧化铝转为勃姆石结构的水合氧化铝，而且存在 $Ni(OH)_2$ 在微孔中的沉积：

$$Al_2O_3 + H_2O =\!=\!= 2AlOOH$$
$$Ni^{2+} + 2OH^- =\!=\!= Ni(OH)_2$$

乙酸镍封闭非常适用于染色氧化膜，可以防止氧化膜的褪色和变色。与沸水封闭相比乙酸镍封闭允许更高的杂质含量和相对较低的封闭温度。例如田连朋等人研究了乙酸镍封孔工艺（Ni^{2+} 1.4～1.8g/L，pH = 5.5～6，85～95℃，15min）对不同铝合金阳极氧化膜在 NaCl 溶液中电化学行为的影响，研究表明，采用此工艺封闭多孔氧化膜，可以降低能耗，对水质要求低，封孔效率高，能减轻对环境的影响。

镍盐封闭工艺参数见表 7-4。

表 7-4　镍盐封闭工艺参数

乙酸镍/(g/L)	5～5.8	pH 值	5～6
乙酸钴/(g/L)	1	时间/min	15～20
硼酸/(g/L)	8～8.4	特点	适用于有机染料染色氧化膜，染色牢固度高
温度/℃	70～90		

乙酸镍封闭工艺封闭效果与沸水封闭类似，但封闭速度和杂质允许量稍高，也有沸水封闭的各种缺点，如能耗大，易产生"粉霜"，降低氧化膜的硬度，封闭时间长，水蒸气污染和安全等问题。中温乙酸镍封闭工艺比高温乙酸镍封闭工艺有较高的技术优势，所以高温乙酸镍封闭工艺基本被淘汰，目前广泛应用的都是中温乙酸镍封闭。

中温乙酸镍封闭有如下优点：

① 对封闭工艺参数的变化敏感度较低。

② 封闭槽液对水质要求较低，用质量较好的自来水配制封闭槽液不会损失封闭质量。

③ 减少封闭粉霜的产生。

④ 减少能源消耗约 30%（相对高温封闭）。

⑤ 沉积在阳极氧化膜孔隙中的氢氧化镍几乎无色，所以可以用来封闭无色光亮阳极氧化膜和染色阳极氧化膜。

乙酸镍封闭也会出现一些缺陷,如在槽液化学成分比例失调、pH 值太高、封闭时间太长时,阳极氧化膜表面会产生污迹或粉霜。如果乙酸镍封闭槽的 pH 值太低或氯离子浓度太高,在高铜铝合金的阳极氧化膜表面会产生腐蚀点。由于乙酸镍封闭包含阳极氧化膜的水合作用,所以会使阳极氧化膜的耐磨耗能力下降。乙酸镍封闭槽液中常添加一些添加剂,如添加分散剂可以减少粉霜的产生,但是,分散剂必须能耐紫外光照射。阳极氧化膜在某些加了分散剂的乙酸镍封闭槽中封闭以后,经太阳光照射,氧化膜会变黄,变黄的程度取决于分散剂的化学成分和使用浓度。乙酸镍封闭工艺的废水包含重金属离子,必须对其进行处理才能排放,以免对环境造成污染。

此外,ZuoYu 等人研究了铝合金氧化膜经氟化镍封孔后的耐蚀性,并与沸水封孔、硬脂酸封孔和重铬酸钾封孔的效果进行了比较,结果表明,氟化镍封孔(NiF_2 1.2g/L,pH=6,25℃,20min)后,膜在碱性溶液中的耐蚀性最好,在中性溶液中的耐蚀性也优于重铬酸钾和沸水封孔。颜建辉从铝型材的封孔机理出发,介绍了封孔液中的 Ni^{2+} 和 F^- 的含量、pH 值、温度及杂质等因素对铝型材封孔质量的影响,并给出了相应的槽液维护措施,对提高型材质量、降低成本和提高经济效益有一定的意义。

第三节 常温封闭工艺

常温封闭顾名思义是在常温操作的封孔方法,是在 20 世纪 80 年代初意大利首先发明的,随后在我国和欧洲得到广泛应用,又称冷封闭或低温封闭。此技术是我国目前最基本、最常用的封孔工艺,这与我国许多地区使用水质较硬的地下水,难以满足沸水封孔的水质要求有很大关系。冷封闭节约能源和时间,以氟-镍体系应用最为广泛,这种"低温封闭剂",操作温度 25～40℃,封闭速度快,几乎是热水封闭的三倍,不易产生粉霜。有的配方加入少量钴盐,防止产生绿色。由于封孔机制不同于热封孔,而以沉淀耐蚀的化合物在孔中,又称充填式封孔,冷封孔之后,为了获得理想的效果,必须进行时效熟化。冷封孔槽液的杂质控制要比热封孔宽松得多,我国某些地方甚至不用纯水配槽液,虽然消耗会增加,但也可以达到封孔合格的要求。

一、常温封闭原理

现用的常温封闭剂多属于 Ni-F、Ni-Co-F 体系,还含有络合剂、缓冲剂、表面活性剂及其他添加剂,其组成多属于配方不公开的专利商品,应根据相应说明书规定进行配制和操作使用。欧洲和中国典型的常温封闭技术参数如表 7-5 所示。

表 7-5 典型的常温封闭技术参数

技术参数	$\rho(Ni^{2+})/(g/L)$	$\rho(F^-)/(g/L)$	pH 值	$T/℃$
中国	1.0~1.2	0.3~0.6	5.5~6.5	室温
欧洲	1.2~1.8	0.5~0.8	5.5~6.5	25~28

常温封闭基于吸附阻化原理，主要是盐的水解沉淀、氧化膜的水化反应及形成化学转化膜三个作用的综合结果。封闭剂中的活性阴离子 F^- 具有半径小、电负性大、穿透力强的特点，在氧化膜表面与微溶产生的铝离子形成稳定的络离子。吸附在膜壁上的 F^-，中和氧化膜中的正电荷而使其呈负电势，有利于镍离子向膜孔内扩散。此外，F^- 与膜反应生成的 OH^-，与扩散进入膜孔的镍离子结合生成氢氧化镍沉淀。常温封闭时发生的化学反应为

$$Al_2O_3 + 12F^- + 3H_2O \longrightarrow 2AlF_6^{3-} + 6OH^-$$

$$AlF_6^{3-} + Al_2O_3 + 3H_2O \longrightarrow Al_3(OH)_3F_6 + 3OH^-$$

$$Ni^{2+} + 2OH^- \longrightarrow Ni(OH)_2$$

常温封闭节省能源和时间，操作温度在 20~25℃ 的室温，与沸水封闭比较封孔时间缩短 1/2~2/3。此种封闭方法中常用镍盐，对人体健康有害，对环境生态的影响也是不容忽视的，为此开发新型的封闭工艺显得格外重要。

二、常温封闭工艺要求

① 常温封闭液应采用去离子水配制，工件在封闭前应先经过去离子水清洗，避免带入 Ca^{2+}、Mg^{2+}、Cl^- 等离子。封闭后也应该立即用去离子水洗，以防氧化膜产生污斑。

② 生产过程中需要经常检查 pH 值，在正常情况下，pH 值有上升趋势，可用乙酸调整；如果 pH 值下降，可能是工件清洗不净带入酸，必须加强检查和防止。

③ 定期分析 Ni^{2+}、F^-，根据测定结果补充封闭剂。Ni^{2+} 是封闭剂的主剂，其含量直接影响封闭效果，生产中应控制 Ni^{2+} 含量大于 0.85g/L。Ni^{2+} 含量上升将增加抵抗 SO_4^{2-}、NH_4^+ 影响的能力。镍沉积含量高会使膜层略带绿色，可加乙酸钴消除，故有的配方 Ni^{2+} 和 Co^{2+} 的总量达到 2g/L。F^- 是封闭促进剂，其含量应严格控制，过高会腐蚀铝基体，过低则达不到封闭效果，一般控制 F^- 含量在 0.5~1.1g/L 范围。

④ 防止带入有害杂质，SO_4^{2-}、NH_4^+、Ca^{2+}、Mg^{2+}、Cl^- 等离子将使溶液产生沉淀，或使工件出现污斑。杂质含量过多，如 NH_4^+ 含量大于 4g/L，SO_4^{2-} 含量大于 8g/L，将导致封闭液失效。

⑤ 常温封闭适合阳极氧化的本色膜、电解着色膜、无机着色膜和非酸性染料着色膜，对于某些酸性染料或染浅色的膜层封闭后出现流色现象。建议可以先

在 20g/L 的硫酸镍溶液中，60℃下浸渍 10min，然后进行常温封闭。

第四节 绿色封闭工艺

我国目前仍然使用含铬、含镍、含氟的封闭工艺，然而在人们对环境质量要求日益增加的今天，如果还使用这些环境影响大的封孔技术，是不符合时代的潮流的。绿色封闭是未来发展的趋势，包含无铬、无镍、无氟，且对环境无害的新型封闭方式。

一、溶胶封闭

溶胶封闭是利用物理吸附作用使溶胶胶粒渗入孔隙中，并覆盖住微孔，在阳极氧化膜表面形成一层溶胶膜，溶胶膜经凝胶化及干燥处理后得到干凝胶膜，最后在一定的温度下烧结即得到溶胶封闭膜。目前用于阳极氧化膜封闭的溶胶有二氧化硅溶胶和铝溶胶两种。溶胶的涂覆方式有浸涂、喷雾涂、流动涂、自旋涂、辊涂等。其中，应用最广泛的是浸涂中的浸渍-提拉法。浸渍-提拉法就是把氧化膜浸入溶胶中，在一定的温度和气氛中以一定的提拉速度提拉。溶胶的黏度越大，提拉速度越慢，氧化膜表面形成的溶胶膜越厚。溶胶膜太厚或太薄都会直接影响封闭的质量，因此须严格控制溶胶的黏度和提拉速度。大型工件的提拉速度不易控制，故溶胶封闭不适用于大型铝及铝合金工件。

K. Kai 等在 SiO_2 溶胶水溶液中用溶胶-凝胶电泳沉积技术在铝基阳极氧化膜的纳米孔隙中沉积了 SiO_2 纳米颗粒。结果发现：无须施加电场，悬浮液中的 SiO_2 颗粒也能进入膜孔，SiO_2 溶胶应该能对铝基阳极氧化膜起到封闭作用。Furukawa 等用聚硅氧烷溶液对铝材的阳极氧化表面进行处理。结果发现，氧化膜表面上存在硅酸盐膜。国内许多学者开展了 SiO_2 溶胶对铝基阳极氧化膜的封闭研究。李澄等人采用由溶胶-凝胶法制备的 SiO_2 溶胶对铝阳极氧化膜进行填充封闭，通过控制反应条件可改变溶胶中胶粒的尺寸，同时胶粒具有较高的表面活性，将阳极氧化膜浸入含适当尺寸胶粒的溶胶中，胶粒就可能进入膜孔，将膜孔填充封闭。张金涛等采用浸渍-提拉法将 γ-环氧丙氧丙基三甲氧基硅烷（GPT-MS）/正硅酸乙酯（TEOS）杂化溶胶（简称硅烷杂化溶胶）用于 LY12 铝合金阳极氧化膜的封闭。硅烷杂化膜是一种以 SiO_2 无机网络为基础的有机-无机杂化材料，故该溶胶封闭可认为是 SiO_2 溶胶封闭的延伸和发展。

铝溶胶又称勃姆石溶胶、氧化铝溶胶或氢氧化铝（AlOOH）溶胶，是带正电荷的水合氧化铝胶粒分散在水中的胶体溶液。广泛用于石油化工表面活性剂、硅酸铝纤维和陶瓷等耐高温材料的成形黏结剂、纺织物及纤维品处理的成膜剂和抗静电剂等。

M. Zemanová 等首先将铝溶胶用于铝合金阳极氧化膜的封闭，发现溶胶封闭膜的耐蚀性可与热水封闭的相当。周琦等人将铝合金阳极氧化膜浸入勃姆石（AlOOH）溶胶中进行封闭。以溶胶封闭膜表面密度、磷-铬酸质量损失、酸性点滴试验、染色试验为评价标准，对溶胶封闭进行了正交试验，然后研究溶胶的pH 值、试片浸入溶胶时间对封闭膜表面密度和磷-铬酸质量损失的影响，获得如下的较优工艺条件：溶胶 pH 值为 4.5～5.5，试片浸入溶胶时间为 30min，烘干封闭膜的温度为 80℃，烘干时间为 6h。溶胶法封闭后膜的点滴试验变色时间可达 33min，磷-铬酸质量损失低于 $3g/m^2$。极化曲线显示溶胶封闭膜的腐蚀电流密度比重铬酸盐封闭膜的降低 2 个数量级，其原因是溶胶不仅封闭了氧化膜的孔隙，而且在氧化膜的表面形成溶胶-凝胶涂层。

郭彦飞等人利用溶胶-凝胶技术对 6063 铝合金阳极氧化膜进行封孔处理，采用电化学阻抗谱和剥蚀法研究封孔处理对阳极氧化膜耐蚀性的影响规律，采用显微硬度仪和摩擦磨损测试仪研究封孔处理对阳极氧化膜耐磨性的影响规律。结果表明，经氧化锆或氧化铝溶胶封孔处理后，相应溶胶固化层在铝合金阳极氧化膜表面平整且无裂纹，阳极氧化膜的耐蚀性和耐磨性都获得显著提高。若选取相同的封孔处理工艺，氧化铝溶胶对提高阳极氧化膜耐蚀性和耐磨性的效果均优于氧化锆溶胶。

总之，溶胶封闭剂以 SiO_2 和 Al_2O_3 为主体向着多元化方向发展，使铝阳极氧化膜的硬度、绝缘性、耐高温性、耐磨性等都得到了提高。在溶胶的制备方面还存在一些问题，需寻求一种新的制备工艺，能制备出原料价格低廉、过程简单易控、纯度高、稳定性好且黏度低的溶胶。

二、有机物封闭

有机物封闭技术是由美国科学家在 20 世纪 90 年代中期首先提出的。有机物封孔不仅利用多孔氧化膜对有机酸的物理吸附作用，而且利用有机酸与氧化膜发生的化学作用，从而生成一种铝皂类化合物将氧化膜微孔封闭。当氧化膜出现裂纹时，有机酸可在铝基体表面与氧化膜生成铝皂类化合物，对铝合金基体起到保护作用，这种功效相当于六价铬在铝阳极氧化膜中的修复功效。一般来说，有机物封闭最适合用于室内使用的染色膜的封孔，这些有机物包括硬脂酸、壬二酸、苯并三氮唑-5-羧酸及其衍生物，用异丙醇或 N-甲基吡咯烷酮作为溶剂，可以作为阳极氧化的封孔剂。这种封孔方法没有发生水合作用，有机酸与氧化膜反应，形成疏水的脂肪酸铝充填到微孔中，使得耐蚀性明显提高。用硅油封闭硬质阳极氧化膜，可以提高阳极氧化的电绝缘性；硅脂封闭，用于制造无尘表面；脂肪酸和高温油脂封闭，用于制造红外线反射器，防止波长为 $4～6\mu m$ 的红外线吸收损失。还有许多有机封闭剂被开发出来，在特定的条件下可以选用。

20 世纪 70 年代 Kramer 报道了 2014 铝合金阳极氧化后，用熔化的硬脂酸浸渍 8h，可以保持 6000h 不会破坏。但由于硬脂酸在熔融状态极易氧化，槽液的寿命很短。赵鹏辉等人采用硬脂酸封孔工艺（100％硬脂酸，90～95℃，30min）对铝阳极氧化膜进行封孔，并研究了其在 NaCl 溶液中的耐蚀性，结果表明：硬脂酸封孔后的铝阳极氧化膜表面平整、无缺陷，膜的耐蚀性显著提高，在中性 NaCl 溶液中的耐蚀性优于沸水和重铬酸钾封孔的氧化膜。余祖孝等人也研究了铝阳极氧化膜的硬脂酸封孔，并对比分析了采用不同方法封孔后氧化膜的耐蚀性能，结果表明硬脂酸封孔效果最好。但阳极氧化膜封孔时，温度要求较严格，加入溶剂异丙醇后，温度要求有所降低。采用异丙醇-硬脂酸体系封孔，盐雾试验结果表明采用此体系显示出良好的抗点腐蚀性。然而这个体系易燃，人们又开发出了螯合剂-异硬脂酸体系。螯合剂选用含 N 有机物，如苯并三氮唑-5-羧酸、苯并三氮唑等。A. Bautista 等人在封孔液中添加三乙醇胺，提高了氧化膜的封孔速度，起到了封孔催化作用，且能够很好地保证封孔质量。三乙醇胺的催化效果不仅仅是由于它的 pH 值，还有其特殊的化学结构可以加快水合氧化物在氧化膜多孔层的沉积，所以可在短时间内达到理想的封孔效果。

在一些特殊应用情形下，有机物封闭具有明显优势，如光亮阳极氧化铝，如果采用水溶液封孔，会损失其红外反射性，采用石蜡封孔可以有效解决此问题。据报道阳极氧化工件先用 2％碳酸钠溶液中和，清洗干燥后浸在 160℃ 的凡士林中封孔 2min，也可用羊毛脂或羊毛脂-石油溶剂混合物进行有机物封孔，可以保持原有的光亮度。此外，还有采用聚四氟乙烯与硬脂酸二甘醇酯的悬浮物作为封孔剂，既提高了耐蚀性，又明显降低了阳极氧化膜的摩擦系数。阳极氧化的铝置于某些高温气相混合物中，也可能在微孔中形成有机聚合物，起到封孔的作用，比如酚与乙醛尿素、邻苯二甲酸酐与甘油、苯乙烯与呋喃甲基醇的混合物等。

三、微波水合封闭

近年来，随着对环境保护以及节能减排的要求越来越高，出现了一些既环保又能降低能耗的新型绿色封闭工艺，如微波水合封孔，既能达到高温封孔的质量，又能大幅降低能耗和改善劳动条件。Pozzoli 开发了微波水合封闭法，即采用微波对氧化膜层及氧化膜层上的水膜进行加热，发生水合反应，从而完成对阳极氧化膜的封闭。微波水合封闭的机理与高温水溶液封闭相同。用该方法对铝及铝合金阳极氧化膜封闭时，微波只需要加热湿的铝合金阳极氧化膜和膜前 0.010mm 厚的水膜即可，微波封孔时，湿氧化膜传给铝基体的热很小，因此可以节约加热铝本身的热量，从而达到节能与加速封孔的目的。在整个封闭过程中氧化膜表面必须始终保持一层薄薄的水膜，否则氧化膜会反射微波，达不到水合封孔的目的。该封闭工艺可大大节约能量，将封闭时间缩短至 0.5～0.8min/μm，封闭膜的耐蚀性可达到 ISO 3210 的要求。但缺点是被封闭的工件形状不能太复杂，否则微波对材料凹陷曲折面的辐射量小，达不到封孔质量要求。这严重限制了其应用范围，要想实现工业化大生产，还需要进行更深入的研究，尽量克服它的缺点。

国内学者对微波水合封闭关注得很少，王祝堂进行了这方面的介绍，他介绍了微波水合封闭的基本原理，并对 Pozzoli 等人的试验数据进行了分析，认为微波水合封孔是一种既有热封孔的优点又有冷封孔的低能耗与良好的劳动环境的封孔工艺。它在理论上和实验室工作中都证明是一种新型的有效的封孔方法，但要转化为工业生产还要做许多工作。

孔德军等把无机质粉末、液体和陶瓷原料涂覆在经阳极氧化的铝合金表面上，然后进行微波加热处理，最后以陶瓷层的形式进行封孔处理。该方法的处理效果稳定，所得膜层具有较好的耐蚀性。

微波封闭方法的优点是封闭速度快、能耗低且能改善劳动条件。但要求被封闭工件的形状不能太复杂，否则会有凹陷面或曲折面，微波辐射不到或辐射量太少，影响封孔质量。

第五节　其他封闭工艺

随着研究者对铝及铝合金阳极氧化膜封闭工艺的研究，已经提出了许多的处理工艺，对其中的一个因素或多个因素进行改进，提高阳极氧化膜性能的效果较为明显。这些工艺包括稀土盐封闭、乙酸盐封闭、磷酸盐封闭等。

一、稀土盐封闭

澳大利亚的 Hinton 等在 20 世纪 80 年代中期首次报道了稀土盐对铝合金具有缓蚀作用。1994 年印度的 Srinivasan 等将阳极氧化后的 Al-Zn-Mg 合金分别浸在含 Ce^{3+}、CrO_4^{2-}、MoO_4^{2-} 的溶液中进行封闭处理，并比较了封孔膜的耐蚀性。结果发现，封孔膜的抗腐蚀按以下顺序降低：$Ce^{3+} > CrO_4^{2-} > MoO_4^{2-}$。1998 年美国的 Mansfeld 等对 2024、6061 和 7075 三种铝合金进行了稀土盐（铈盐和钇盐）封闭研究。研究表明，封闭效果较好的两种稀土盐为硝酸铈和硫酸钇，且二者获得的稀土转化膜的抗腐蚀性与铬酸盐封闭的相当。

随着稀土转化膜工艺研究的不断发展，其工艺类别越来越多。目前，铝合金表面稀土转化膜工艺有如下三种。

1. 化学浸泡法

早期的研究者们只有在稀土盐溶液中长时间浸泡才能在氧化膜表面得到稀土转化膜，这种处理方法虽然简单，但耗时较长，且形成的转化膜较薄，并不适用于大规模生产。D. R. Arnott 等将铝合金 7075 浸泡在稀土盐溶液中 20 天，才能在氧化膜表面形成含稀土的转化膜。后来，很多学者在缩短浸泡处理时间方面做了大量研究，如在稀土盐处理液中加入强氧化剂，见表7-6。此处理工艺获得的阳极氧化膜的耐蚀性能与传统重铬酸钾封闭的效果相当。

表7-6　铈盐封孔工艺

Ce(NO₃)₃/(g/L)	H₂O₂/(g/L)	H₃BO₃/(g/L)	pH 值	温度/℃	时间/h
3.0～10.0	0.2～0.9	0.5	5.0	10～50	2

化学浸泡法还包括波美层处理法和熔盐浸泡法。波美层处理工艺需要铝合金预先在沸水中浸泡形成波美层，再在稀土盐溶液中浸泡，该工艺获得的稀土转化膜其耐蚀性优于铬酸盐处理，且封闭处理时间短，不需氧化剂，但需要在较高温度下进行，能耗高。熔盐浸泡法是由Mansfeld提出的，把6061铝合金浸泡在熔融的NaCl-SnCl₂-CeCl₃体系中，温度为200℃，时间为2h，可得到具有一定耐腐蚀性的含铈转化膜。但此法能耗高，不适用于实际生产。

在稀土盐对铝合金阳极氧化膜的封闭机理方面，前期研究很少，加强这方面的基础研究工作是非常必要的。目前用于铝合金阳极氧化膜封闭的大多是Ce盐，对其他非铈稀土盐和混合稀土盐则少见报道，应加强各类稀土盐在铝合金阳极氧化膜封闭中的应用研究。稀土元素在铝合金阳极氧化后处理工序中主要用于阳极氧化膜的封闭处理，封闭处理能提高氧化膜的抗蚀和防污染等性能。这可能是由于铈盐在封闭过程中，其中的离子进入并充满外层孔隙，从而对腐蚀具有抑制作用。Mansfeld和Chen对Al6092/SiCp复合材料在H₂SO₄溶液中阳极氧化后进行铈盐封闭与其他方法封闭的效果进行了比较，结果表明，铈盐封闭的氧化膜比沸水封闭的氧化膜具有更高的腐蚀阻抗，但点蚀依然在几小时后发生，而铬酸盐封闭的氧化膜浸泡两周后仍不发生点蚀。颜建辉等人研究了将6063铝合金经硫酸阳极氧化后用一定工艺封闭，他们发现：铝合金阳极氧化膜经用含铈盐的溶液封闭具有更高的腐蚀阻抗；铈盐工艺对铝合金阳极氧化膜的封闭效果和常温封孔没有明显差别；经铈盐工艺封闭的铝合金阳极氧化膜，在酸性和中性介质中耐蚀性良好，但不耐碱性环境的腐蚀。

2. 电化学处理法

随着研究的深入，很多学者将电场引入稀土盐封闭技术中。Hinton在铝合金表面利用阴极电解法制备了稀土转化膜，此法虽可缩短制备时间，但转化膜的稳定性和耐蚀性能较差。李国强等在铈盐溶液中采用恒电流对铝合金LY12进行阴极极化处理，得到了含铈转化膜。阴极电解工艺获得的转化膜结构疏松、结合力弱、耐腐蚀性能差，很难引起研究者的兴趣，因此这种工艺的研究也就此结束。赵景茂等在阴极直流电沉积的基础上开发了外加脉冲电压封闭法，获得的氧化膜耐蚀性能远高于恒压封闭处理，与传统的氟化镍冷封闭膜和铬酸盐封闭膜的耐蚀性能相当。梁成浩等发明了正弦交流电沉积法。采用交流电沉积时，可施加的电压较大，沉积速度快。但易造成稀土元素沉积不均、耐蚀性差。因此，铝合金阳极氧化膜封闭不宜采用此法。

3. 化学-电化学处理法

20世纪90年代，Mansfeld开发了Ce-Mo盐处理工艺——将高温浸泡和电化学方法结合起来使用的一种处理方法。田连朋等采用Ce-Mo处理方法对L3铝合金阳极氧化膜进行封闭处理，并与氟化镍封闭和重铬酸钾封闭进行了比较。结果发现，Ce-Mo盐封闭处理的氧化膜的耐蚀性最好。Ce-Mo盐处理工艺的发展过程可概括为三个阶段：第一阶段为浸泡—浸泡—电化学氧化，处理工艺为铝合金在 $Ce(NO_3)_3$ 溶液浸泡2h，然后在 $CeCl_3$ 溶液浸泡2h，最后在 $0.3\sim0.8V$（SCE）条件下阳极恒电势处理；第二阶段为表面除铜—浸泡—电化学氧化—浸泡，处理工艺为铝合金先电化学除铜，然后在乙酸亚铈溶液中浸泡2h，再在 500mV（SCE）条件下阳极恒电势处理，最后在 $Ce(NO_3)_3$ 溶液中浸泡2h；第三阶段为水蒸气预处理—浸泡—浸泡—电化学氧化，处理工艺为铝合金在水蒸气中保持24h，然后在 $Ce(NO_3)_3$ 溶液中浸泡2h，再在 $CeCl_3$ 溶液中浸泡2h，最后在 500mV（SCE）条件下阳极恒电势处理。

二、乙酸盐封闭

叶秀芳等人用乙酸镁作为封孔剂的主要成分，对铝阳极氧化膜进行了封孔研究。通过正交试验，研究了封孔工艺参数对封孔质量的影响，并得到了无镍封孔的优化工艺。结果表明，该优化的无镍封孔工艺可实现80℃中温下对阳极氧化膜进行封孔处理，能耗较低，封孔失重值小于 $30mg/dm^2$，封孔效果良好。封孔过程中无 Ni^{2+} 等环境污染源，且该工艺还具有抗 Na^+ 干扰能力突出的优势。

三、磷酸盐封闭

刘莉等人采用磷酸盐对铝合金阳极氧化膜进行封孔处理。利用电化学阻抗谱（EIS）分析该封孔处理对阳极氧化膜耐蚀性能的影响规律，并与常规沸水封孔和铈盐封孔进行比较。试验结果表明，磷酸盐封孔处理后可在阳极氧化膜表面形成约 $15\mu m$ 厚的致密磷酸盐涂层，与常规沸水和铈盐封孔处理相比，磷酸盐封孔处理的阳极氧化膜具有更好耐蚀性和时效性。该方法可为阳极氧化膜封孔处理提供一种新途径。

四、氟钛酸盐封闭

熊晨凯提出一种铝合金无镍封孔剂的发明专利，包括氟钛酸、缓蚀剂和螯合剂的水溶液。以封孔剂的体积为基准，所述氟钛酸的浓度为 $6.0\sim9.0g/L$，所述缓蚀剂的浓度为 $1.0\sim3.0g/L$，所述螯合剂的浓度为 $1.0\sim3.0g/L$；封孔剂采用氟钛酸作为封孔剂的主要成分，从源头彻底消除了镍盐对铝合金和水质的污染。该处理工艺操作简单，节能环保，废水处理容易，易于大规模生产。黄允芳等人同样采用氟钛酸盐溶液封闭阳极氧化铝型材，研究了封闭液组成、封闭机理及氟钛酸盐浓度、槽液 pH 值和温度对封闭质量的影响。试验结果表明氟钛酸盐溶液可实现对阳极氧化铝型材的封闭，封闭膜外观良好。

五、复合方法封闭

张金涛等人以 γ-环氧丙氧丙基三甲氧基硅烷（GPTMS）/正硅酸乙酯（TEOS）杂化溶胶封闭，并在封闭过程中引入 Ce^{3+} 作为缓蚀剂。对吸附 Ce^{3+} 的铝合金阳极氧化膜进行了 X 射线光电子能谱（XPS）分析。通过极化曲线与电化学阻抗谱（EIS）研究了铈盐和硅烷杂化溶胶改性的阳极氧化铝合金电极在 3.5% NaCl 溶液中的耐蚀长效性。结果表明，硅烷杂化溶胶封闭方法极大提高了阳极氧化膜的耐长期腐蚀性能。Ce^{3+} 在硅烷杂化溶胶封闭的阳极氧化膜体系中的引入方式不同导致其耐蚀长效性具有显著差异。吸附 Ce^{3+} 后再经硅烷杂化溶胶封闭的阳极氧化膜电极的耐蚀性显著高于铈盐掺杂硅烷杂化溶胶封闭的阳极氧化膜。黄允芳等人通过分析锂盐与锆盐两种无镍封孔工艺各自对铝阳极氧化膜封孔所存在的优缺点，提出了一种两步法复合无镍封孔工艺，即第一步用锂盐对铝阳极氧化膜进行封孔，第二步用锆盐对相同铝阳极氧化膜进行复合封孔。从而既克服了锆盐和锂盐一步法封孔工艺存在的缺点，又保留了各自的优点，使工艺的适应性得到一定改善，使铝阳极氧化膜综合封闭质量得到较大提高。

参考文献

[1] 张述林，王晓波，陈世波. LY12 铝合金阳极氧化膜沸水封孔工艺条件的优化 [J]. 腐蚀与防护，2007, 28（6）:307-309.

[2] 陈启复. 中国气动工业发展史 [M]. 北京：机械工业出版社，2012.

[3] 张圣麟. 铝合金表面处理技术 [M]. 北京：化学工业出版社，2009.

[4] 吴松山. 铭牌标识设计与工艺 [M]. 北京：化学工业出版社，2005.

[5] 田连朋，左禹，赵景茂，等. 铝合金阳极氧化膜醋酸镍封闭方法耐蚀性研究 [J]. 腐蚀与防护，2006, 27（2）:58-62.

[6] Zuo Y, Zhao P H, Zhao J M. The influences of sealing methods on corrosion behavior of anodized aluminum alloys in NaCl solutions [J]. Surface & Coatings Technology, 2003, 166（166）:237-242.

[7] Kai K, Fukuda H, Maehara K, et al. Insertion of SiO_2 Nanoparticles into Pores of Anodized Aluminum by Electrophoretic Deposition in Aqueous System [J]. Electrochemical and Solid-State Letters, 2004, 7（8）:25-28.

[8] 王法云，吴志均，李裕业，等. 铝合金阳极氧化膜封闭工艺研究进展 [J]. 电镀与精饰，2015, 37（6）:38-43.

[9] 李澄, 黄明珠, 周一扬, 等. 铝阳极氧化薄膜的溶胶-凝胶法封闭研究 [J]. 材料保护, 1995 (9): 4-6.

[10] 张金涛, 李春东, 壮亚峰, 等. 阳极氧化和硅烷化增强 LY12 铝合金耐腐蚀性能 [J]. 腐蚀与防护, 2011, 32 (5): 340-344.

[11] Zemanová M, Chovancová M. Sol-gel method for sealing anodized aluminum [J]. Metal Finishing, 2003, 101 (12): 14-16.

[12] 郭彦飞, 张鲲, 刘莉, 等. 溶胶-凝胶封孔处理对铝合金阳极氧化膜耐蚀及耐磨性能的影响 [J]. 材料热处理学报, 2014, 35 (9): 182-187.

[13] 赵鹏辉, 左禹. 硬脂酸封闭工艺参数对铝阳极氧化膜耐蚀性的影响 [J]. 材料保护, 2002, 35 (5): 30-31.

[14] Bautista A, González J A, López V. Influence of triethanolamine additions on the sealing mechanism of anodised aluminium [J]. Surface & Coatings Technology, 2002, 154 (1): 49-54.

[15] 朱祖芳. 铝阳极氧化膜封孔技术之进展 [J]. 电镀与涂饰, 2000, 19 (3): 32-37.

[16] 王翠平, 赵雅兰, 薛沙燕. 电镀工艺实用技术教程 [M]. 北京: 国防工业出版社, 2007.

[17] Pozzoli S A, Marcolungo I. Hydration sealing of anodic oxide coatings with microwaves: A new process for updating an old technique [J]. Aluminium, 1998, 74: 236-238.

[18] 王祝堂. 阳极氧化膜新封孔法——微波水合封孔 [J]. 轻金属, 2000 (6): 52-55.

[19] 孔德军, 王进春, 王文昌, 等. 一种铝合金阳极氧化膜的封闭方法. CN201410206009.8 [P]. 2014-08-20.

[20] 王雨顺, 丁毅, 马立群. 铝及铝合金阳极氧化膜的封孔工艺研究进展 [J]. 表面技术, 2010, 39 (4): 87-90.

[21] Hinton B R W, Arnott D R, et al. The inhibition of aluminium alloy corrosion by cerous cations [C]. Metals forum, 1984: 211-217.

[22] Srinivasan H S, Mital C K. Studies on the passivation behaviour of Al-Zn-Mg alloy in chloride solutions containing some anions and cations using electrochemical impedance spectroscopy [J]. Electrochimica Acta, 1994, 39 (17): 2633-2637.

[23] Arnott D R, Ryan N E, Hinton B R W, et al. Auger and XPS studies of cerium corrosion inhibition on 7075 aluminum alloy [J]. Applications of Surface Science, 1985, s 22-23 (85): 236-251.

[24] 李久青, 卢翠英. 铈盐在铝合金阳极氧化后处理工序中的应用 [J]. 工程科学学报, 1998 (3): 281-285.

[25] Mansfeld F, Pérez F J. Surface modification of aluminum alloys in molten salts containing $CeCl_3$ [M]. Thin Solid Films, 1995, 270 (1-2): 417-421.

[26] 颜建辉, 刘锦平. 稀土元素在铝合金阳极氧化后处理中的应用 [J]. 电镀与涂饰, 2002, 21 (1): 19-22.

[27] Mansfeld F, Chen C, Breslin C B, et al. Sealing of Anodised Aluminium Alloys with Rare Earth Metal Salt Solutions [J]. Journal of the Electrochemical Society, 1998, 145 (8): 2791-2798.

[28] Hinton B R W, Arnott D R, Ryan N E. Cerium Conversion Coatings for the Corrosion Protection of Aluminum [J]. Materials Forum, 1986, 9: 162-173.

[29] 李国强, 李荻, 李久青, 等. 铝合金阳极氧化膜上阴极电解沉积的稀土铈转化膜 [J]. 中国腐蚀与防护学报, 2001, 21 (3): 150-157.

[30] 赵景茂，郭超，左禹，等. 铝合金阳极氧化膜外加电压封闭法: CN1333111C [P]. 2007.

[31] 梁成浩，陈婉，黄乃宝. 一种在铝及其合金阳极氧化膜内沉积含铈化合物的方法: CN101275265B [P]. 2010.

[32] Mansfeld F B, Shih H, Wang Y. Method for creating a corrosion-resistant aluminum surface: US5194138 [P]. 1993.

[33] 田连朋，左禹，施惠基. 铝阳极氧化膜绿色封闭工艺 [J]. 腐蚀与防护，2007, 28 (8): 414-416.

[34] 王法云，吴志均，李裕业，等. 铝合金阳极氧化膜封闭工艺研究进展 [J]. 电镀与精饰，2015, 37 (6): 38-43.

[35] 叶秀芳，陈东初，潘学著，等. 6063铝合金阳极氧化膜无镍封孔工艺的优化 [J]. 轻合金加工技术，2014, 42 (12): 51-56.

[36] 刘莉，张鲲，骆晓伟，等. 磷酸盐封孔处理对铝合金阳极氧化膜耐蚀性能的影响 [J]. 腐蚀科学与防护技术，2016, 28 (2): 129-134.

[37] 熊晨凯，熊映明. 铝合金无镍封孔剂及其封孔处理工艺: CN103590086A [P]. 2014.

[38] 黄允芳，蔡锡昌. 采用氟钛酸盐封闭阳极氧化铝型材的研究 [J]. 电镀与精饰，2016, 38 (6): 15-17.

[39] 黄允芳，蔡锡昌. 铝阳极氧化膜采用复合无镍封孔工艺的研究 [J]. 电镀与精饰，2017, 39 (3): 4-8.

[40] 薛笑莉，宋政伟. 铝合金阳极氧化后处理工艺及涂层耐蚀性研究 [J]. 山东化工，2018, 47 (19): 36-37.

第二篇

镁及镁合金表面强化技术

第八章

镁及镁合金的特性及应用

　　轻金属通常是指相对密度在 4.5 以下的金属，主要包括铝、镁、钛等金属。伴随着国民经济和国防现代化的发展，轻金属材料的应用越来越广泛。镁合金被誉为 "21 世纪的绿色工程材料"，是目前最轻的金属结构材料，具有密度小、比强度和比刚度高、阻尼减振性好、导热及电磁屏蔽效果佳、机加工性能优良、零件尺寸稳定、易回收等优点。广泛应用于航空航天、国防、汽车工业、电子通信、医疗及一般民用产品等行业。

　　随着镁合金提炼及其成形技术的日渐成熟与完善，镁合金材料质量不断提高，生产成本也逐渐下降。我国是镁资源大国，在镁及镁合金工业应用方面拥有得天独厚的优势。然而在国内，镁合金的应用现状和预期仍然存在巨大的差距，这是因为镁及镁合金还存在一些固有缺点，如镁合金化学和电化学活性很高，耐腐蚀、耐磨性较差等，很大程度上制约了镁合金的开发和应用。因而，在目前全球环境恶化和资源短缺问题日益严峻的压力下，加强对镁合金耐蚀耐磨性能的研究，积极探索提高镁合金耐蚀性能的方法途径，对拓宽镁合金的应用范围并充分发挥其性能优势有着十分重要的现实意义。

　　通常而言，控制镁合金的成分，合理控制材料制备工艺，可以改善镁合金的综合性能，但会使生产成本大幅增加。由于金属材料的腐蚀、磨损和疲劳断裂等材料的失稳多始于表面，因此通过对材料表面处理可进一步提高镁及镁合金的使用特性，具有显著的经济和社会效益。镁合金常用的表面处理工艺主要有电镀、化学转化、阳极氧化、气相沉积、微弧氧化、激光表面处理等。

第一节　镁及镁合金的特性

一、镁及镁合金的物理、化学性质

　　镁是银白色的轻质碱土金属，位于元素周期表中第 3 周期第 2 主族，原子序数是 12，密度为 $1.74g/cm^3$，熔点为 $648.8℃$，沸点为 $1107℃$。

镁的电极电势很负（$-2.17V$），电化学活性很强。在空气中，镁表面极易形成氧化物或碳酸盐膜；镁能与沸水反应放出氢气，燃烧时能产生眩目的白光。镁在碱性溶液中比较稳定，与氟化物、氢氟酸和铬酸不发生作用，但极易溶解于有机酸和无机酸中。镁元素在化学反应中的化合价通常为 $+2$ 价。

向金属镁中加入少量的其他金属，如铝、锌、锰、锆等元素时，形成以镁为基的合金，即镁合金，可以大大提高镁合金的强度，因此用于结构材料的一般为镁合金。镁合金密度小，仅相当于铝的 2/3，钢的 1/4，因此被认为是目前最轻的金属结构材料。此外，镁合金还具有比强度高、导热导电性能好、阻尼减振、电磁屏蔽、易于机械加工和容易回收等优点，已成为交通、电子通信、航天航空和国防军工等工业领域的重要材料。

由于镁化学性质和电化学活性高，在大气中特别是在潮湿和沿海地区很容易受到腐蚀，这限制了镁合金的广泛应用。控制镁合金的成分和形成均匀的组织可以提高镁合金的抗蚀性，但镁合金的最终腐蚀防护常需要进行表面处理，以便改善镁合金的性能，扩大镁合金的应用领域，提高镁合金材料的使用寿命。

二、镁合金的分类

镁合金的化学成分除镁元素外，还含有其他少量的金属元素。一般镁合金的分类依据有两种：合金化学成分和成形工艺。分类依据不同，镁合金可分的类型也不同。

一般而言，按照化学成分的不同，镁合金可以分为 Mg-Mn、Mg-Al、Mg-Zn、Mg-Zr、Mg-Ag、Mg-Th 和 Mg-Li 等二元系合金，Mg-Al-Mn、Mg-Al-Zn、Mg-Zn-Zr、Mg-RE-Zr、Mg-Mn-Ce 等三元系合金，以及其他多组元系合金如 Mg-Ag-RE-Zr、Mg-Y-RE-Zr 等。

根据成形工艺的不同，镁合金可分为铸造镁合金和变形镁合金两大类。二者在成分、组织及性能上都存在着比较大的差异。

铸造镁合金主要通过压铸工艺来生产，它的工艺特点是生产效率高、精度高、铸态组织良好、铸件表面质量高、可生产薄壁及外形复杂的制品等。铸造镁合金主要应用于汽车零件、机件壳罩和电气构件等。

变形镁合金一般是通过熔铸以后取得坯料，将坯料通过铸造、轧制、挤压等工艺，进行变形而获得管材、型材、板材及制品，因而命名为变形镁合金。变形镁合金主要用来生产镁合金板、挤压件、锻件等，主要用于结构件。变形镁合金的力学性能与加工工艺、热处理状态等关系很大。

为了更好地区分不同种类的镁合金，通常以镁合金牌号标示镁合金产品。根据国标 GB/T 5153—2016，镁合金牌号以英文字母加数字再加英文字母的形式表示。前面的英文字母是其最主要的合金组成元素代号（表 8-1），其后的数字表示其最主要的合金组成元素的大致含量，最后的英文字母为标示代号，用于表示各具体组成元素相异或元素含量有微小差别的不同合金。如 AZ91E 表示主要合金元素为 Al 和 Zn，其名义含量分别为 9% 和 1%，E 表示 AZ91E 是含 9% Al 和 1% Zn 合金系列的第五位。

表 8-1　镁合金牌号中的元素代码及相应的元素名称

元素代码	元素名称	元素代码	元素名称
A	铝	M	锰
B	铋	N	镍
C	镧	P	铅
D	镉	Q	银
E	稀土	R	铬
F	铁	S	硅
G	钙	T	锡
H	钍	W	镱
K	锆	Y	锑
L	锂	Z	锌

三、合金元素对镁合金性能的影响

镁合金的化学成分除镁元素外，还含有其他少量的金属元素，如 Al、Zn、Mn、Zr、Ca、Si 和稀土等。这些合金元素尽管含量少，但往往对镁合金的性能有着重要的影响。加入不同合金元素，可以改变镁合金共晶化合物或第二相的组成、结构以及形态和分布，可得到性能完全不同的镁合金。本书就镁合金中通常加入的合金元素对镁合金性能的影响加以简单介绍。

1. 铝元素

铝元素的加入可改善镁合金压铸件的可铸造性，提高铸件强度。在铸造镁合金中铝含量可达到 7%～9%，而在变形镁合金中铝含量一般控制在 3%～5%。铝含量越高，耐蚀性越好。然而，镁合金应力腐蚀敏感性随铝含量的增加而增加。

2. 锌元素

锌元素的加入可以提高铸件的抗蠕变性能，还可提高镁合金应力腐蚀的敏感性，改善镁合金的疲劳极限。锌在镁合金中的固溶度约为 6.2%，其固溶度随温度的降低而显著减少。锌含量大于 2.5% 时对防腐性能有不利影响，原则上锌含量一般控制在 2% 以下。

3. 锰元素

锰元素在镁合金中存在有两类作用：①作为合金元素，可以提高镁合金的韧性，如 AM60，此类合金中 Mn 含量较高；②形成中间相 AlMn 和 AlMnFe，此类合金中 Mn 含量较低。一般锰在镁中的极限溶解度为 3.4%。

4. 硅元素

镁合金中加入硅元素可改善压铸件的热稳定性能与抗蠕变性能。因为在晶界处可形成细小弥散的析出相 Mg_2Si，它具有 Ca_2F 型面心立方晶体结构，有较高的熔点（1085℃）、较高的硬度（$460HV_{0.3}$）和较低的密度（$1.9g/cm^3$）。但在铝含量较低时，共晶 Mg_2Si 相易呈块状或汉字状，Mg_2Si 粒子出现会对基体产生割裂作用，大大降低合金的强度和塑性。硅元素的加入对镁合金的应力腐蚀无影响。

5. 锆元素

锆是高熔点金属，有较强的固溶强化作用。Zr 与 Mg 具有相同的晶体结构，Mg-Zr 合金在凝固时，会析出 α-Zr，可作为结晶时的非自发形核核心，因而可细化晶粒。在镁合金中加入 $0.5\%\sim0.8\%$ Zr，其细化晶粒效果最好。Zr 可减少热裂倾向，提高力学性能和耐蚀性，降低应力腐蚀敏感性。锆在镁中的极限溶解度为 3.8%。

6. 钙元素

在镁合金中加入钙，主要作用为细化组织，Ca 与 Mg 形成具有六方 $MgZn_2$ 型结构的高熔点 Mg_2Ca 相，使蠕变抗力有所提高并进一步降低成本。但是，Ca 含量超过 1% 时，容易产生热裂倾向。Ca 对腐蚀性能产生不利影响。

7. 稀土元素

常用的稀土元素有 Y 和混合稀土，混合稀土包括 Ce、Pr、La、Nd 等。稀土元素的加入可显著提高镁合金的耐热性，细化晶粒，减少显微疏松和热裂倾向，改善铸造性能和焊接性能，一般无应力腐蚀倾向，其耐蚀性不低于其他镁合金。Nd 的综合性能最佳，能同时提高室温和高温强化效应；Ce 和混合稀土次之，有改善耐热性的作用，常温强化效果很弱；La 的效果更差，两方面都赶不上 Nd 和 Ce。Y 和 Nd 能细化晶粒，通过改变形变（滑移和孪生）机制，提高合金的韧性。加 Ce 对镁合金应力腐蚀性能无影响。RE 能提高镁铝合金 Mg-9Al 的抗应力腐蚀性能。

各种稀土元素在镁中的溶解度相差很大：Y 在镁中的极限溶解度最大，为 11.4%；Nd 居中，为 3.6%；La 和 Ce 最小，分别为 0.79% 和 0.52%。

8. 其他元素

Ag、Cu、Fe、Li、Ni 的存在对镁合金的腐蚀性能均产生不利影响，其中 Ag 和稀土同时加入会改善高温抗拉和蠕变性能，Cu 容易形成金属玻璃的合金系，改善铸造性能。

在实际应用中，这些合金元素往往几种同时存在于镁合金中，它们以单独影响或相互作用影响的形式，共同影响镁合金的性能，所以镁合金的组织及性能取决于各个元素影响的总和。

第二节　镁及镁合金的应用

金属镁的应用主要集中在镁合金生产、铝合金生产、炼钢脱硫、稀土合金、金属还原、腐蚀保护及其他领域。如很多钢厂都采用镁脱硫，使用镁粒的脱硫效果比碳化钙好。使用镁牺牲阳极进行阴极保护，是一种有效防止金属腐蚀的方法，镁牺牲阳极广泛用于石油管道、天然气、煤气管道和储罐、冶炼厂、加油站的腐蚀防护以及热水器、换热器、蒸发器、锅炉等设备。

目前镁合金已成为新型材料的发展方向之一。"十三五"规划指出镁合金材料重点发展方向为：航空航天用高强镁合金大尺寸复杂铸造件，高强耐热镁合金大规格挤压型材/锻件，3C产品用镁合金精密压铸件，大卷重、低成本、高成形性镁合金板带材，汽车轻量化结构件用镁合金精密压铸件等。同时，"十三五"规划预测镁金属年增速7.1%，高于十种有色金属平均增速4.1%。这是因为镁合金具有良好的轻量性、切削性、耐蚀性、减振性、尺寸稳定性和耐冲击性，远远优于其他材料。这些特性使得镁合金广泛应用于航空航天、汽车、电子通信、医疗、军事等领域。镁合金的主要用途如表8-2所示。

表8-2　镁合金的应用

镁合金应用类别	应用部件名称	常用镁合金牌号
航空航天	直升机变速箱、座舱架、吸气管、发动机架、刹车器、壁板、副翼蒙皮、舵面、飞机内框架结构件、方向舵等	MB15、AZ31B、AZ91B、ZK60A
汽车工业	仪表盘、内饰罩板、分电气膜片箱、格栅、发电机托架、座椅架、转向柱、后座、内门板、行李箱盖、地盘管、发动机轴、发动机架、车轮、前后悬臂、行李箱盖板等	AM50、AM60、AZ31、AZ31B
电子通信行业	笔记本电脑外壳、打印机板、硬盘中小件、手机壳、摄像机壳、相机架等	AZ31B
医疗行业	可降解植入材料，如心血管支架、骨固定材料、多孔骨修复材料、牙种植材料、口腔修复材料等	AZ31、AZ91及稀土镁合金等
军事装备	导弹舱段、弹夹、枪托、导弹尾翼等	AZ31B等
其他行业	渔具卷轴、滑雪橇、网球拍、电动车部件、自行车架、轮椅及残疾车架、拐棍、行李架、镁合金夹具、印刷机械等	AZ31B等

一、镁合金在航空航天方面的应用

因镁合金能够满足航空、航天等高科技领域对材料减重、吸噪、减振、防辐射的要求，明显改善飞行器的气体动力学性能和减轻结构重量，从20世纪开始，镁合金就在航空航天领域得到应用。航空航天领域中的许多部件都用镁合金制作。一般航空用镁合金主要是板材和挤压型材，少部分是铸件。目前镁合金在航空的应用领域包括各种民用、军用飞机的零部件、螺旋桨、齿轮箱、支架结构及火箭、导弹和卫星的一些零部件等。在制造飞机和陆地车辆的柜架、壁板、支架、轮毂，以及发动机的缸体、缸盖箱和活塞等零件时，经常使用镁合金。随着镁合金研究的深入及材料性能的提高，镁合金在航空、航天领域的应用范围也会不断扩大。

二、镁合金在汽车领域的应用

试验证明，若汽车整车重量降低 10%，燃油效率可提高 6%～8%；汽车重量降低 1%，油耗可降低 0.7%；汽车整备质量每减少 100kg，100km 油耗可降低 0.3～0.6L，废气排放相应减少。要使汽车轻量化，有两条途径：一是优化结构设计；二是选用轻量化的材料。铝合金、塑料（树脂基复合材料）、镁合金是目前认为较理想的三类材料。压铸镁合金在所有压铸合金中最轻，是极具竞争力的汽车轻量化材料。大量的镁合金零部件被生产出来，以代替塑料、铝合金，甚至钢制零件。用镁合金制造汽车零部件，可以显著减轻车重，降低油耗，减少尾气排放量，提高零部件的集成度，提高汽车设计的灵活性等。镁合金已被广泛用于汽车仪表板、座椅支架、变速箱壳体、方向操纵系统部件、发动机罩盖、车门、发动机缸体、框架等零部件上。有研究指出，2011 年我国单车使用镁合金重量为 3.37kg，2015 年达到 6.08kg，年复合增长率达 15.89%。随着技术的发展，镁合金在汽车领域的应用范围会更广泛。

三、镁合金在电子通信行业中的应用

电子信息行业由于数字化技术的发展，市场对电子及通信产品的高度集成化、轻薄化、微型化和符合环保等要求越来越高。在 3C 电子产品［计算机类（Computer）、消费类电子产品（Consumer Electronic Product）、通信类（Communication）］"轻、薄、短、小"化方向发展的推动下，镁合金的应用得到了持续增长。尽管工程塑料曾作为 3C 主要材料，但其强度终究无法与镁合金相比。镁合金具有优异的薄壁铸造性能，其压铸件的壁厚可达 0.6～1.0mm，并保持一定的强度、刚度和抗撞能力，这非常有利于满足产品超薄、超轻和微型化的要求，这是工程塑料无法比拟的。

目前用镁合金制作零部件的电子产品有照相机、摄影机、数码相机、笔记本电脑、手机、电视机、显示器、硬盘驱动器等。

1. 笔记本电脑

笔记本电脑使用镁合金作为机壳是基于镁合金的几大优点，如镁合金的防震性能提高了电脑部件的可靠运行，抗电磁波干扰和电磁屏蔽性能保证了电脑的信息安全，优良的热传导性大大地改善了电脑的散热问题。

2. 手机

镁合金用于手机，既利用了其防震、抗磨损及可屏蔽电磁波的特殊功能，又能满足轻、薄、短、小的要求。同时采用镁合金外壳的手机在电磁相容性方面有了巨大提高，在减少了通信过程中电磁波散失的同时也降低了电磁波对人体的伤害。

3. 数码相机

单反相机中的骨架常用镁合金来制作，一般中高端及专业数码单反相机都采用镁合金作骨架，使其坚固耐用，手感好。

四、镁合金在医疗领域中的应用

在医疗领域，镁首先被作为整形外科生物材料使用，因其很多的特点和属性，镁植入物成为非常具有吸引力的选择。早期，不锈钢、钛合金和钴铬合金等用于医用植入金属材料，其优势在于良好的耐腐蚀性，可在体内长期保持整体的结构稳定。然而，植入这些金属材料一段时间后，会让许多患者痛苦不已。因为这些材料无法与身体融合，有害金属离子溶出，会引发人体过敏，病愈后需通过二次手术将其取出。

因此，能够生物降解的医用金属材料就成为植入材料未来的研究与发展方向，而与人体骨骼密度最为接近的镁合金有着独特的优势（镁合金密度约为 $1.7g/cm^3$，人体骨骼密度约为 $1.75g/cm^3$）。镁合金容易加工成形，并且具有优良的综合力学性能以及独特的生物降解功能，而镁又是人体所必需的宏量金属元素之一，因此镁合金是医用金属材料的不二选择。镁合金的弹性模量约为 $45GPa$，也接近于人体骨骼（$10\sim40GPa$），能有效缓解甚至避免"应力遮挡效应"；镁合金在人体中释放出的镁离子还可促进骨细胞的增殖及分化，促进骨骼的生长和愈合。不仅如此，镁合金的加工性能远优于聚乳酸、磷酸钙等其他类型可降解植入材料，因此其在心血管支架方面也具有临床应用价值。

五、镁合金在军事领域中的应用

军事装备的轻量化是一项重要的战术技术指标，不仅是提高军事装备作战性能的主要方向，也是提高作战部队，尤其是轻型部队和快速反应部队战略和战役战术机动性的主要途径。因而世界上很多国家都重视军事装备轻量化的研究，其中采用轻金属材料是减轻军事装备重量的主要手段之一。而镁合金是最轻质的金属结构材料，具有密度小、比强度高、比刚度高、阻尼性好、电磁屏蔽特性优越等特点，所以镁合金是减轻军事装备质量，实现军事装备轻量化，提高武器装备各项战术性能的理想结构材料，被称为"军事装备的瘦身良药"。

镁合金在军事装备中的应用主要有两大方面：一方面是采用镁合金及镁基复合材料替代军事装备的中、低强度要求的铝合金零件和其他部分金属零件，降低军事装备的重量；另一方面是取代军事装备中的一些工程塑料零件，解决零件氧化、变形和变色等问题。工程塑料弹性模量小，比刚度远小于镁合金，而且存在难以回收和环境适应性差等问题。如军事枪械类的机匣、弹匣、枪托体、提把、扳机、瞄准装置等，装甲车辆上的轮毂、座椅骨架、机长镜、炮长镜、方向盘、变速箱箱体、发动机滤座、进出水管、空气分配器座、机油泵壳体、水泵壳体、机油热交换器、机油滤清器壳体、气门室罩、呼吸器等，火炮及弹药类的牵引装置、炮长镜、轮毂、供弹箱、引信体、风帽、药筒等。

六、镁合金在其他领域中的应用

除以上应用领域外，镁合金在其他领域如造船工业和海洋工程中也有较多的应用，如主要用于航海仪器、水中兵器、海水电池、潜水服、牺牲阳极、定时装置等。此外，镁合金在我们日常生活中也应用广泛，比如摩托车和自行车方面。自行车是镁合金新的应用领域，其中镁合金主要用作自行车车架，用镁合金制造的折叠式自行车车架质量仅 1.4kg。康复设施的代表性器械之一是轮椅，市售的轮椅所用的材料主要为钢管、铝管和钛管；选用 AZ31 镁合金制作轮椅架或除车轮外其余部件基本上都用镁合金制造，轮椅可减重 15％左右，既轻巧又灵活。

七、镁合金应用发展趋势

我国是镁资源大国，镁的储量约占全球总量的 70％，原镁产量也位于世界前列，2016 年全球原镁产量 101 万吨，中国占比 87％。此外，我国是全球主要的镁及其制品供应国，近五年供应全球的镁及其制品量维持在每年 40 万吨左右。这为我国发展镁合金材料的种类提供了良好的物质基础。但目前我国镁合金的应用与开发能力远远落后于欧美等发达国家，这对材料科研工作者提出了极大挑战。随着人们对环保、能源等因素的日益关注和数字化进程的推进，镁合金必将有着更加广阔的应用前景。但镁合金大规模应用还需要解决以下两个方面的问题：

（1）开发新型高性能镁合金　发展新型镁合金加工技术，降低镁合金加工成本；开发新型镁合金，提高镁合金的强度、耐高温抗蠕变性能等。

（2）提高镁合金的耐腐蚀性能　与铝合金相比，镁合金的耐腐蚀性能较差，因此开发镁合金化技术、紧固连接技术和涂层技术，用于改善镁合金的耐腐蚀性将是镁合金产业发展的重要方向。

第三节　镁及镁合金的腐蚀及表面强化技术

镁合金被誉为"21 世纪的绿色工程材料"。然而镁合金化学性质活泼，耐蚀性较差，限制了镁合金进一步的大规模应用，成为制约镁合金潜能发挥的瓶颈问题。加强镁合金耐蚀性的研究，积极探索增强镁合金耐蚀性的途径，对于推动镁合金作为结构件的应用并发挥其性能优势有重要的意义。

针对镁合金腐蚀的特点，国内外的研究者提出了提高镁合金耐腐蚀性的主要方法：①开发新的合金或提高镁合金的纯度；②采用快速凝固技术；③采用表面强化技术。前两种方法主要是提高整体部件的耐蚀性，而后一种方法是在整体提高的基础上，通过不同方法在表面形成一种很薄的功能层来提高镁合金的耐蚀性。本节主要阐述镁合金腐蚀特点及提高镁合金耐腐蚀性的表面强化技术。

一、镁及镁合金的腐蚀特点

纯镁的标准电极电位为 $-2.37V$，因此镁及镁合金的化学和电化学活性很高，在空气中镁合金很快形成一种疏松多孔的氧化膜，耐蚀性较差，在一般大气环境中、酸性及弱碱性溶液中都易腐蚀。在 pH 值大于 11 的碱性溶液中，由于生成稳定的钝化膜，对镁及镁合金基体金属具有一定的防护性能。然而如果强碱溶液中存在 Cl^-，就会使镁合金表面的氧化膜受到破坏，从而造成镁合金的腐蚀。

（一）镁合金腐蚀机理

镁及镁合金在水溶液中的腐蚀是一种物理与化学过程，以析氢为主，以点蚀和全面腐蚀形式迅速溶解。镁在溶液环境下的腐蚀通常是与 H_2O 反应的电化学过程，产生 $Mg(OH)_2$ 和 H_2O，其反应为：

$$Mg + 2H_2O \longrightarrow Mg(OH)_2 + H_2 \uparrow$$

其反应步骤可表示为：

$$Mg \longrightarrow Mg^{2+} + 2e \quad （阳极反应）$$

$$2H_2O + 2e \longrightarrow H_2 + 2OH^- \quad （阴极反应）$$

$$Mg^{2+} + 2OH^- \longrightarrow Mg(OH)_2 \quad （生成腐蚀产物）$$

此外，由于镁合金表面的电化学不均匀性，表面存在许多微小的、电位不等的区域，从而构成各种各样的腐蚀微观电池。电位低的部位发生阳极反应，而电位高的部位发生阴极反应。阳极过程和阴极过程在表面不同区域局部进行，加剧了镁合金在溶液中受腐蚀的可能。镁合金中引入的其他合金元素或合金中的杂质，导致镁合金出现第二相。在腐蚀介质中化学活性很高的基体 α-Mg 很容易与第二相或杂质形成腐蚀微电池，诱发电偶腐蚀。如 AZ91D 镁合金主要由基体 α 相和 β 相 Mg17Al12 组成，α 相电位较负，因此作为阳极被优先腐蚀。而 β 相的存在作为阴极相将会加速基体相金属的腐蚀。另外，镁合金晶界处由于晶体缺陷密度大，电位较晶粒内部低，从而构成晶粒-晶界腐蚀微电池，晶界作为腐蚀微电池的阳极优先发生腐蚀。表面处理方法的不同也会造成表面产生腐蚀微电池，冶金加工也可造成表面缺陷从而导致腐蚀过程中阴阳极区域的存在。

镁及镁合金在大多数有机酸、无机酸和中性介质中均不耐腐蚀，甚至在蒸馏水中，去除了表面膜的镁合金也会因为发生腐蚀而析氢。但是镁合金在铬酸中，由于其表面钝化而较为稳定。在含有 Cl^- 及 SO_4^{2-} 的溶液中腐蚀速度较大，而在含有 SiO_3^{2-}、CrO_4^{2-}、$Cr_2O_7^{2-}$、PO_4^{3-}、F^- 等离子的溶液中，由于可能形成保护性的表面膜而腐蚀速度较小。镁在碱中耐蚀性好，归因于钝化膜的存在，此钝化膜对基体具有良好的保护作用。Cl^-、SO_4^{2-}、NO_3^-、Br^- 和含有氯的氧化性的阴离子都会加速镁的腐蚀，原因是这些离子能够改变镁合金的钝化膜保护性能。

影响镁及镁合金耐蚀性的因素有冶金因素和环境因素，其中冶金因素包括化学组成、加工处理方式以及晶粒尺寸等，环境因素包括大气、土壤和水等环境中存在的各种腐蚀性介质。

镁在大气中腐蚀的阴极过程是氧的去极化，其耐蚀性主要取决于大气的湿度及污染程度。一般而言，潮湿的环境对镁合金的腐蚀只有当同时存在腐蚀性颗粒的附着时才发生作用。大气中的 CO_2 和污染物对镁的腐蚀有很重要的影响。CO_2 可以减缓镁及镁合金在大气中的腐蚀速度，这是因为相对于 $Mg(OH)_2$，$MgCO_3$ 具有更加稳定的热力学性质。

（二）镁合金腐蚀类型

镁合金的腐蚀形态包括全面腐蚀和局部腐蚀。通常而言，全面腐蚀将会造成局部腐蚀的产生，而局部腐蚀则更容易受到弱电解质和小阳极/阴极相对面积比的影响。局部腐蚀又分为电偶腐蚀、点蚀、丝状腐蚀、应力腐蚀开裂与腐蚀疲劳等。

1. 全面腐蚀

在溶液中，镁合金与水发生电化学反应造成镁合金的溶解，从而在镁合金表面形成一层 $Mg(OH)_2$ 膜，并且生成 H_2，所以快速腐蚀部位均是容易产生释放 H_2 的部位。

氢氧化镁膜具有六方晶体结构，在六方晶体结构中 Mg^{2+} 和 $2OH^-$ 交替排列，导致氢氧化镁膜基底层易于开裂。镁合金表面腐蚀产物的化学成分随镁合金接触环境的变化而变化。当镁合金置于空气中时，腐蚀产物膜中可以检测到 $MgCO_3 \cdot H_2O$、$MgCO_3 \cdot 5H_2O$、$MgSO_3 \cdot 6H_2O$ 和 $MgSO_4 \cdot 7H_2O$ 等腐蚀产物。

2. 局部腐蚀

（1）电偶腐蚀　镁合金的电极电势相比大多数金属较低，当镁及镁合金与其他金属接触时，就会构成腐蚀原电池而被加速腐蚀。即使是在镁合金内部，由于有其他金属的掺杂，或者镁合金基体与内部第二相之间也会构成微观上的电偶。阴极可以是与镁直接有外部接触的异种金属，也可以是镁合金内部的第二相或杂质相。对于氢过电位较低的金属如 Fe、Ni、Cu 等，作为杂质在镁合金内部与镁构成腐蚀微电池，导致其发生严重的电偶腐蚀。而那些具有较高析氢过电位的金属，如 Al、Zn、Cd 等，对镁合金产生的腐蚀程度较轻。影响电偶腐蚀的因素除了材料因素之外，还有阴极与阳极的面积比、环境因素、溶液电阻等。

（2）点蚀与丝状腐蚀　镁是一种自然钝化金属，当镁在非氧化性的介质中遇到 Cl⁻ 时，在它的自腐蚀电位处发生点蚀，点蚀随着 Cl⁻ 浓度的增大而加速。除氯离子外，其他阴离子基团如氮盐、过氯酸盐或硫酸盐等也可诱发点蚀。发生点蚀的部位一般为阴极相、杂质或非金属夹杂物等中间相粒子的周围。重金属污染物能加快镁合金的点蚀。丝状腐蚀是由经过金属表面运动的活性腐蚀电池引起的，丝状腐蚀萌生于腐蚀坑，头部是阳极，尾部是阴极。丝状腐蚀一般发生在保护性涂层和阳极氧化层的下面。没有涂层的纯镁不会发生丝状腐蚀，但是未经涂覆的合金也能发生丝状腐蚀，这可能是由该合金表面自然形成保护性的氧化物膜所致。这种丝状腐蚀被氧化物膜所覆盖，并由于析氢而导致保护性氧化物膜的破裂。

（3）应力腐蚀开裂与腐蚀疲劳　镁合金的应力腐蚀开裂是指镁合金在拉应力和腐蚀环境的共同作用下产生的破坏现象。镁合金的腐蚀疲劳则是指腐蚀和应力同时在镁合金上交替作用，结果使得镁合金的疲劳极限低于在疲劳单独作用时的结果。镁合金的疲劳腐蚀是镁合金零件局部因有应力集中而产生应力腐蚀问题导致的。

合金元素往往对镁合金腐蚀疲劳有大的影响。如在镁合金系列中，Mg-Al-Zn 系列合金容易发生应力腐蚀开裂。除此之外，腐蚀介质也对腐蚀疲劳有一定影响。如镁合金在硝酸溶液、氢氧化钠溶液、氢氟酸溶液、蒸馏水、二氧化硫和二氧化碳等湿空气等环境中产生应力腐蚀。

二、镁合金的表面强化技术

近些年来，针对镁合金腐蚀的特点，表面强化技术是目前镁合金防腐蚀最常用的技术。而用于镁合金防护表面强化技术大致有阳极氧化处理、化学转化处理、微弧氧化处理、表面渗层、电镀和化学镀处理、热喷涂、有机涂层、气相沉积、激光处理等，这些方法各有其优缺点。

（一）化学转化处理

化学转化处理是指将镁合金与某种特定溶液相接触，发生化学或者电化学反应，从而在镁合金表面形成一层附着力良好、稳定的化合物膜层，从而保护镁合金基体不受水和其他腐蚀介质的影响。目前用于镁合金的化学转化工艺主要有铬酸盐转化处理、磷酸盐-高锰酸盐转化处理、锡酸盐转化处理、稀土盐转化处理及有机酸转化处理等。

铬酸盐转化处理是目前最成熟的工艺，是以铬酸或重铬酸盐为主的水溶液化学处理。美国化学品 DOW 公司开发了一系列铬化处理，如著名的 DOW7 工艺，所形成的转化膜结构致密，具有很好的自修复能力，耐蚀性很好。然而因铬酸盐处理工艺中的六价铬有毒，污染环境，且废液处理成本高，现已逐步废除使用。

磷酸盐-高锰酸盐转化处理是采用含有磷酸盐或磷酸氢盐和高锰酸盐的处理液，在镁和镁合金表面生成金属的氧化物、氢氧化物、磷酸盐等的混合膜层，该膜层是镁和镁合金涂装底层的理想基底。

碱性锡酸盐转化处理可作为镁合金化学镀镍的前处理，取代传统的含 Cr、F 或 CN 等有害离子的工艺。化学转化膜多孔的结构在镀前的活化中表现出很好的吸附性，并能改善镀层的结合力与耐蚀性。

国内外近年来相继开展了无毒、无污染的金属表面稀土转化膜的研究工作，并取得了一定成果。有人研究了镁合金稀土转化膜，该转化膜具有内紧外松的双层结构。外层结构疏松多孔，环境中的水分子极易进入膜层而破坏其结构，随着外层结构的破坏，内层结构也随之被破坏。因此，经一段时间后，稀土转化膜的耐蚀性下降。

有机酸处理所获得的转化膜能同时具备腐蚀保护、光学和电子学等综合性能，在化学转化处理中占有很重要的地位。虽然有机化合物转化处理能提高镁合金的耐腐蚀性，但处理液中含有高分子化合物及少量重金属离子，废液处理较困难。

化学转化膜层的投资少，但在镁合金表面形成的转化膜较薄，质脆多孔，耐腐蚀性能和耐摩擦性能都不足以使其在恶劣条件下单独使用。因此，镁合金的化学转化处理很少单独使用，一般用作涂装底层处理和中间工序防护。

(二) 阳极氧化处理

阳极氧化处理是镁合金最常用的一种表面强化技术，其原理就是利用电解作用在金属表面形成保护性氧化膜，所得氧化膜是一种特殊的化学转化膜。与化学转化处理相比，阳极氧化处理可以大幅度提高镁合金的耐蚀性能，并具有良好的结合力、电绝缘性和耐热冲击等性能。因此阳极氧化膜也可以作为涂装底层，以增进涂层与合金基体的结合力，是镁合金常用的表面强化技术之一。

传统镁合金阳极氧化工艺如 HAE 和 DOW 工艺，所得到的氧化膜带有颜色，不利于后续表面着色，氧化膜的耐蚀性能较低；同时由于电解液中含有铬、氟和锰等元素，危害作业人员健康，污染环境，且废液处理困难。近年来研究开发了一系列的无公害化的环保型工艺，如硅酸盐-铝酸盐体系、硅酸盐-硼酸盐体系、硅酸盐-氟化物体系、铝酸盐-硼酸盐体系、磷酸盐-氟化物体系和有机羧酸盐体系等，所获得的氧化膜致密性和完整性较好，耐腐蚀等性能有了明显的提高。

然而镁合金的阳极氧化产生的膜结构疏松，孔隙率高，孔洞大而不规则，与基体结合不牢固，在复杂工件上难以得到均匀的氧化膜层。

（三）微弧氧化处理

微弧氧化又称为等离子体微弧氧化，该技术是在普通阳极氧化技术基础上发展起来的。微弧氧化是将 Al、Ti、Mg 等阀金属（valve metal）或合金置于特殊的电解液中，利用电化学方法使材料表面产生微小火花放电斑点，在热化学、等离子体化学和电化学的共同作用下，使这些材料表面原位生长陶瓷质氧化膜。所得的微弧氧化膜层比阳极氧化膜层的耐蚀性和耐磨性均有很大的提高，是一种具有较好应用前景的镁合金表面处理方法。但目前对微弧氧化机理认识不够成熟，氧化膜厚度有限，故有待进一步研究发展。

（四）化学镀和电镀处理

镁合金表面的金属涂层可以通过化学镀、电镀以及热喷涂等方法得到。电镀或化学镀是同时能够获得优越耐蚀性、电学、电磁学和装饰性能的表面处理方法。

化学镀是在金属的催化作用下，将溶液中的金属阳离子通过可控制的氧化还原反应还原为基态金属沉积于镀件表面形成保护层，反应中所需的电子由基体金属直接提供。化学镀最大的优点在于可以在形状复杂的样品，特别是在孔洞及深凹处获得厚度均匀的镀层。

在镁合金表面最常用的化学镀工艺主要是化学镀镍，如 Ni-P、Ni-B、Ni-W-P、Ni-Cu-P、Ni-Co-P 等镍基合金。化学镀镍层具有较高的硬度和耐磨性、优良的耐蚀性，镀层厚度均匀并有良好的外观，无须外加直流电流，设备简单。然而，化学镀镍层对镁合金而言是阴极性镀层，而镁合金基体是阳极，由于化学镀镍层一般都较薄，在镀层表面还存在许多的孔隙，能引发镁合金严重的电偶腐蚀，不致密的化学镀镍层的存在比无镀镍层的镁合金腐蚀更严重。因此，化学镀镍后的镁合金表面还需要做严格的封闭处理和涂装工序才能应用。目前镁合金化学镀镍仍然还是一个中间的防护工艺，不能作为直接应用于户外的防护镀层。

而电镀是利用电解作用，在含有某种金属离子的电解溶液中，以待镀工件作为阴极，需沉积的金属以板或棒等形式作为可溶性阳极，或选用铅或铅锑合金、不锈钢、石墨等不溶性阳极，通以一定直流电，待镀的金属便在阴极上沉积出来，从而获得一定厚度、与基体牢固结合的金属镀层的工艺方法。电镀是一种非常重要的镁合金表面处理方法，对镁及镁合金零件电镀适当金属后，可提高其装饰性、抗蚀性、可焊性、导电性、耐磨性等。目前主要有镁合金电镀镍、电镀锌、电镀 Cu/Ni 等工艺。如在镁合金表面进行浸锌处理后再进行电镀锌层处理，所得镀层表面结构均匀致密，无明显缺陷，镀层与基体结合良好。或者在镁合金电镀锌后再电镀铜，得到的铜镀层致密，镀层耐蚀性能较好。

（五）其他表面强化技术

前面所述的镁合金表面强化技术具有各自的优点，能够适应特定的使用条件，其中以化学氧化和阳极氧化应用最为广泛。但是，随着军工领域、交通领域等的发展，人们对材料的要求越来越高，一些传统的镁合金表面强化技术已经不能满足军事和工业生产的特殊要求，这就促进了各种新的表面强化技术的出现，如气相沉积、表面离子注入、激光处理、表面渗层、电泳喷涂、电沉积纳米复合镀等。

热喷涂是高效制备表面耐蚀、耐磨、隔热及特种性能涂层的重要工艺方法，包括火焰喷涂、电弧喷涂、等离子喷涂、爆炸喷涂等。近年来，随着装备技术和材料制备工艺的快速发展，喷涂技术取得了可喜的进步，如热喷涂铝层、热喷涂WC-Co层等，所得的涂层致密，有效地提高了材料表面的耐蚀和耐磨性能。但热喷涂技术目前仍存在一定的问题，如涂层结合力差，含有一定孔隙率，对腐蚀、氧化、绝缘性能有一定影响。

用于镁及镁合金表面防护的气相沉积方法主要有化学气相沉积（CVD）和物理气相沉积（PVD）。通过气相沉积，可以在镁、铝合金上得到具有良好耐磨性、耐蚀性的薄膜。但是，由于在涂层中存在孔隙，因此耐蚀性能较差。气相沉积直接从气相获得涂层，因此该方法对环境污染较小，但是其设备投资较大，膜层制备成本高。

离子注入是将高能离子在真空条件下加速注入固体表面的方法。此法几乎可以注入任何种类的离子，离子注入的深度与离子的能量、种类以及基体状态等因素有关。离子在固溶体中处于置换或间隙位置，形成亚稳相或沉淀相，从而提高合金的耐蚀性。离子注入在改变表面状态的同时保持了整体性质，创造了新的合金表面，并且减少了涂层的表面黏结问题。目前，该技术在镁方面的应用信息很少。

激光处理一般可分为激光表面重熔、激光表面合金化、激光熔覆、激光多层熔覆。激光表面重熔已被用于改善 Mg-Li、Mg-Zr 合金的耐蚀性能。有研究表明商业化纯镁、AZ91 和 WE54 合金用（Al＋Ni）和（Al＋Si）表面合金化后，其磨损抗力得到了提高。在 AZ91 和 WE54 上激光熔覆 AlSi30 层可以使其在磨损试验中的体积损失分别减小 38％和 57％。用激光处理镁合金可提高镁合金的表面性能，具有对基体热影响小、易于实现自动化、在使用高能量的激光时可以控制温度、在处理材料时不需要真空环境条件等优点。缺点是由于处理尺寸的变化，需要附加机械加工。

镁合金表面渗层处理也是对环境无害的绿色工艺，镁合金可以通过离子渗氮提高其表面的抗腐蚀能力。此法是通过把氮气解离，在真空下用高电压加速装置，把氮离子植入镁合金的表层。表面渗层处理法尤其是真空氮离子植入，可明显改善镁合金表面耐蚀和耐磨性，并可处理形状复杂的工件，是镁合金表面处理很有发展前途的技术工艺。

电沉积纳米复合镀是利用电化学原理，将悬浮在镀液中的不溶性纳米微粒与欲沉积的金属离子在阴极表面实现共沉积，并形成具有某些特殊功能的纳米复合镀层的电镀工艺。利用复合电沉积技术可以获得许多具有特殊功能的复合材料镀层，如耐磨镀层、耐高温镀层、耐疲劳耐蚀镀层、高温耐磨镀层、高温耐磨耐蚀镀层、特殊装饰性彩色镀层、电接触功能镀层等。多数情况下，可以在一般的电镀设备、镀液、阳极等基础上略加改进，主要增加使固体颗粒能够在镀液中充分悬浮的措施就能用于制备复合镀层。与其他方法相比，复合电镀的设备投资少，操作简单，易于控制，生产费用低，能源消耗少，原材料利用率比较高。

参考文献

[1] 宋光铃. 镁合金腐蚀与防护 [M]. 北京：化学工业出版社，2006.

[2] 崔春翔，等. 镁合金生物材料制备及表面处理 [M]. 北京：科学出版社，2013.

[3] 张运法. 我国镁合金应用领域开发前景分析 [J]. 中国新技术新产品，2010，10：106.

[4] 杨媛，李加强，宋宏宝，等. 镁合金的应用及其成形技术研究现状 [J]. 热加工工艺，2013，42（8）：24-27.

[5] 丁文江，付彭怀，彭立明，等. 先进镁合金材料及其在航空航天领域中的应用 [J]. 航天器环境工程，2011，28（2）：103-109.

[6] 张春香，陈培磊，陈海军，等. 镁合金在汽车工业中的应用及其研究进展 [J]. 铸造技术，2008，29（4）：531-535.

[7] 李轶，程培元，华林. 镁合金在汽车工业和3C产品中的应用 [J]. 江西有色金属，2007，21（2）：30-33.

[8] 康鸿跃，陈善华，马永平，等. 镁合金在军事装备中的应用 [J]. 金属世界，2007（1）：61-63.

[9] 张佳，宗阳，付彭怀，等. 镁合金在生物医用材料领域的应用及发展前景 [J]. 中国组织工程研究与临床康复，2009，13（29）：5747-5750.

[10] Tahmasebifar A, Kayhan S M, Evis Z, et al. Mechanical, electrochemical and biocompatibility evaluation of AZ91D magnesium alloy as a biomaterial [J]. Journal of alloy and compounds, 2016, 687: 906-919.

[11] 李宜达，梁敏洁，廖海洪，等. 高性能镁合金及其在汽车行业应用的研究进展 [J]. 热加工工艺，2013，42（10）：12-15.

[12] 佟国栋. 高性能镁合金的研究及其在汽车工业中的开发应用 [D]. 长春：吉林大学，2011.

[13] 丁文江，吴玉娟，彭立明，等. 高性能镁合金研究及应用的新进展 [J]. 中国材料进展，2010，29（8）：37-45.

[14] 罗智. 镁合金材料NVH特性及其汽车应用研究 [D]. 杭州：浙江大学，2014.

[15] 赵文洁. 镁合金的应用及展望 [J]. 山西冶金，2012，136（2）：1-2.

[16] Wang W D, Han J J, Yang X, et al. Novel biocompatible magnesium alloys design with nutrient alloying elements Si, Ca and Sr: Structure and properties characterization [J]. Materials Science and Engineering B, 2016, 214: 26-36.

[17] 张世艳. 镁合金表面复合镀层的制备及其耐腐蚀性能研究 [D]. 重庆：西南大学，2010.

[18] 徐开东. 镁合金高能表面强化研究 [D]. 武汉: 华中科技大学, 2010.

[19] 张新, 张奎. 镁合金腐蚀行为及机理研究进展 [J]. 腐蚀科学与防护技术, 2015, 27 (1): 78-84.

[20] 郭冠伟, 苏铁健, 谭成文, 等. 镁合金腐蚀与防护研究现状及进展 [J]. 新技术新工艺, 2007, 9: 69-71.

[21] 王维青, 潘复生, 左汝林. 镁合金腐蚀及防护研究新进展 [J]. 兵器材料科学与工程, 2006, 29 (2): 73-77.

第九章

镁及镁合金表面强化前处理

镁及镁合金基体表面状态和清洁程度是保证镁合金强化处理后膜层质量的先决条件。如果基体表面粗糙、锈蚀或有油污存在，将不会得到光亮、平滑、结合力良好和耐蚀性高的膜层。实践证明，当膜层出现鼓泡、脱落、花斑和耐蚀性差等现象时，大多是因前处理不当造成的。因此，要想得到高质量的膜层，必须加强前处理的管理，按工艺要求严格执行。同其他金属前处理工艺相似，镁及镁合金基体前处理工艺一般主要有以下几个方面。

（1）粗糙表面的整平　包括磨光、抛光（机械抛光、化学抛光和电化学抛光）、滚光和喷砂等。

（2）脱脂　包括有机溶剂脱脂、化学脱脂和电化学脱脂等。

（3）浸蚀　包括强浸蚀、电化学浸蚀和弱浸蚀。

镁合金表面强化前处理工艺流程一般为：

喷丸或机械磨光→脱脂→水洗→浸蚀→水洗→活化（浸锌、磷化等）→水洗→表面强化处理→后处理。

由于镁合金表面状态不相同，其强化处理技术不同，对膜层质量的要求也不一样，所以要根据镁合金基体的特性、表面状态及对膜层的质量要求，有针对性地选择适宜的镀前处理工艺。

第一节　粗糙表面的整平

在镁合金件成形过程中，工件表面或多或少附着有氧化膜、脱模剂、离型剂等杂质，这些杂质会在后续处理如微弧氧化、电镀等处理过程中脱落并进入电解液，影响电解液的寿命。此外，镁合金表面的自然氧化物疏松多孔和化学成分不均匀等特性也通常会导致后续表面处理结合力不佳。因而对镁合金表面进行适当的整平，如打磨、喷砂等预处理，则能很好地改善膜层的结合力和耐蚀性能等。对于镁合金的表面整平，目前应用较多的有喷砂、磨光等。

一、喷砂和喷丸

喷砂是用压缩空气将砂子喷射到工件上，利用高速砂粒的动能，除去部件表面的氧化皮、锈蚀或其他污物。喷砂可分为干喷砂和湿喷砂两种，两种应用方法相似。干喷砂用的磨料是石英砂、钢砂、氧化铝和碳化硅等，应用最广的是石英砂。加工时要根据部件材料、表面状态和加工的要求，选用不同粒度的磨料。而湿喷砂主要有水砂混合压出式和水砂分路混合压出式（也称为水喷砂）两种形式。所用磨料和干喷砂相同，可先将磨料和水混合成砂浆，磨料一般占20％～35％（体积分数），要不断搅拌以防沉淀，用压缩空气压入喷嘴喷向加工部件。一般干喷砂加工比较粗糙；湿喷砂加工较细，且污染小，常用于较精密的加工。

喷丸是用钢铁丸和玻璃丸代替喷砂的磨料，其过程与喷砂相似。喷丸能使部件产生压应力，而且没有含硅的粉尘污染。主要用于使部件产生压应力，以提高其疲劳强度和抗应力腐蚀的能力；也可代替一般冷、热成形工艺；并对扭曲的薄壁件进行校正。喷丸的硬度、大小和速度，要根据不同的要求来进行选择。

二、磨光和机械抛光

为了降低镁合金基体表面的粗糙度，常用的整平方法是磨光和机械抛光。

磨光的主要目的是使金属部件粗糙不平的表面得以平坦和光滑，还能除去金属部件的毛刺、氧化皮、锈蚀、砂眼、气泡和沟纹等。磨光是通过装在磨光机上的弹性磨轮来完成的。磨轮的工作面上用胶黏附磨料，磨料的细小颗粒像很多切削刀刃，当磨轮高速旋转时，被加工的部件轻轻地压向磨轮工作面，使金属部件表面的凸起处受到切削，使表面变得平坦、光滑。磨光效果主要取决于磨料的特性、磨轮的刚性和磨轮的旋转速度。

机械抛光是利用装在抛光机上的抛光轮来实现的，抛光机和磨光机相似，只是抛光时用抛光轮，并且转速更高些。抛光时，在抛光轮的工作面上周期性地涂抹抛光膏，同时，将加工部件的表面用力压向高速旋转的抛光轮工作面，借助抛光轮的纤维和抛光膏的作用，使表面获得镜面光泽。

机械抛光的目的是消除金属部件表面的微观不平，并使其具有镜面般的外观，也能提高部件的耐蚀性。它可用于金属部件镀前的表面处理，也可用在镀后的精加工。通常是在工件表面经过磨光以后，需要进一步降低表面粗糙度和提高光洁度，并使表面出现光泽所进行的精加工方法。抛光也可分为粗抛、中抛和细抛三种。粗抛是用硬轮对已经过磨光的表面，再进一步降低表面粗糙度的加工；中抛是采用较软的硬抛光轮，对经过粗抛的工件表面进一步加工，产生中等光亮的表面；精抛是抛光的最后一道工序。

为了清除镁合金压铸零件表面的飞边、油污，整平表面，生产中经常采用喷丸或者机械磨光等机械整平工艺。需要指出的是，由于镁合金的硬度不高，在机械磨光工序中稍不注意就会破坏镁合金压铸零件表面的致密层，使铸件表层的微细裂纹、气孔外露，造成涂装表面出现起泡、缩孔等缺陷（见图9-1）。因此在对镁合金进行表面整平时，一定要严格控制整平工艺，在提高镁合金基体平整度、降低粗糙度的同时，确保不降低其耐蚀性能。

图 9-1　过度磨光造成镁合金压铸零件表面针孔、夹杂暴露

此外，由于镁合金粉末燃点低，与氧的亲和力高，在喷丸、机械磨光过程中容易发生燃烧，甚至引起爆炸，因此操作时还应注意安全。

第二节　脱　　脂

镁及镁合金部件在加工及存放等过程中，不可避免地会黏附各种油污，如矿物油、植物油和动物油等。而这些油污的存在通常会影响后续表面处理的质量。因此在对镁合金件进行表面强化处理前通常需要进行脱脂处理。

常用的脱脂方法包括有机溶剂脱脂、化学脱脂和电化学脱脂。有机溶剂脱脂常使用丙酮或三氯乙烯等有机溶剂超声波去除镁合金表面的蜡和有机物等，其操作简单，除油速度快，一般不腐蚀镁合金，但除油不彻底，常用于油污较多时的初步除油。碱洗脱脂可除去镁合金表面的油脂、污物等，还可使镁合金表面的氧化膜 MgO 转化成 $Mg(OH)_2$，使之钝化。碱洗工艺与镁合金表面污染物的种类和污染程度密切相关，与镁合金的成分关系较小，油污较大时还需添加表面活性剂。电化学脱脂则是将工件放在除油液中电解以除去油污。

为了达到更好的脱脂效果，可以将有机溶剂脱脂、化学脱脂和电化学脱脂等方法联合使用。若在超声波场中脱脂，可进一步提高溶剂脱脂和化学脱脂的速度和效果，其特点是对基体腐蚀小，脱脂和净化效率高，对复杂及有细孔、盲孔的部件特别有效。

一、有机溶剂脱脂

常用的有机溶剂有汽油、煤油、苯、甲苯、丙酮、三氯乙烷、四氯化碳等。其中汽油、煤油、苯类、丙酮等属于有机烃类溶剂，对大多数金属没有腐蚀作用，但都是易燃液体，使用时要注意通风和防火，苯类还有毒性。三氯乙烷、四氯乙烷和四氯化碳等也属于有机烃类溶剂，但不易燃，可在高温下进行操作，但具有一定的毒性，需要在密闭的容器中进行操作，并注意通风。

有机溶剂脱脂的特点是对皂化油和非皂化油均能溶解，一般不会腐蚀金属部件，脱脂快，但不彻底，需用化学方法和电化学方法补充脱脂。有机溶剂易燃、有毒、成本较高，适用于形状复杂的小部件、有色金属件、油污严重的部件以及易被碱溶液腐蚀的部件。

三氯乙烯脱脂需使用专用设备，溶剂可以再生和循环使用，三氯乙烯不仅可以进行浸泡法脱脂，也可用蒸气法脱脂。在国外多用三槽式设备：第一槽加温浸泡，溶解大部分油脂；第二槽用比较干净的冷液除去第一槽浸泡后残留的油脂和污垢物；第三槽进行最后蒸气脱脂。也可在浸泡槽底部引入超声波，以加速脱脂效率。但要注意的是三氯乙烯在光、热、氧和水的作用下，特别是在铝、镁等金属的强烈催化下，容易分解出剧毒的光气和强腐蚀性的氯化氢，因此，在操作中应避免将水带入槽中，避免日光直射，而且要及时捞出掉入槽中的铝和镁等金属，并应有良好的通风设备。另外，还要注意经常更新溶剂。

二、化学脱脂和电化学脱脂

化学脱脂是利用热碱溶液对油脂进行皂化和乳化作用，以除去皂化性油脂；同时利用表面活性剂的乳化作用，以除去非皂化性油脂。该方法的主要特点是：操作比较容易，设备简单，价格便宜，成本低，但脱脂时间较长，适用于一般的金属部件脱脂。而电化学脱脂则是将欲脱脂的部件用挂具置于阴极或阳极上，并浸入脱脂溶液中，通以直流电，这种脱脂的方法称为电化学脱脂或电解脱脂。电化学脱脂溶液的组成和化学脱脂溶液差不多，脱脂液的浓度可以更低些，通常用镍板或镀镍铁板作为对电极，它只起导电作用。

电化学脱脂的特点是脱脂效率高，能除去部件表面的浮灰和浸蚀残渣等机械杂质，阴极脱脂易渗氢，深孔内油污去除较慢，并需有直流电源。该法适用于一般部件的脱脂或阳极去除浸蚀残渣。生产实践证明，电化学脱脂的速度和效果比化学脱脂要高数倍，而且油污去除的效率比较高，也比较干净。

镁及镁合金化学性质活泼，只有在 pH$>$12 的碱溶液中生成 $Mg(OH)_2$ 才趋于稳定，在其他水溶液中都不稳定。在纯净的自来水中浸泡也会发生腐蚀；在酸中，镁与 H^+ 发生激烈的氧化还原反应，析出大量氢气与热量，会引起零件的过蚀，甚至发生自燃、爆炸事故。因而，目前生产上镁合金化学脱脂一般使用碱性脱脂法。这种方法的实质是依靠皂化和乳化作用，前者可以除去植物油，后者可以除去矿物油。H. J. Luo 等对 Mg-Li 合金化学镀镍三种不同碱洗除油液进行了比较，三种除油液分别为：Na_2CO_3 70g/L，$Na_3PO_4 \cdot 12H_2O$ 20g/L，NaOH 25g/L；Na_2CO_3 20g/L，$Na_3PO_4 \cdot 12H_2O$ 20g/L；Na_2CO_3 70g/L，$Na_5P_3O_{10}$ 15g/L。通过观察 Mg-Li 合金表面水膜的变化进行判定，得出第二种碱洗效果较好。碱性脱脂溶液通常含有氢氧化钠、碳酸钠、磷酸三钠、焦磷酸钠、硅酸钠以及其他表面活性剂等（见表 9-1）。各组分的作用及影响因素说明如下。

表 9-1 镁合金碱性脱脂液组成及工艺

脱脂液组成及工艺条件	工艺 1	工艺 2	工艺 3	工艺 4	工艺 5	工艺 6	工艺 7
氢氧化钠(NaOH)/(g/L)	50~60	40	40	10~15			
碳酸钠(Na_2CO_3)/(g/L)		20	20	20~25	15		
磷酸三钠($Na_3PO_4 \cdot 12H_2O$)/(g/L)	30	30					
硅酸钠($NaSiO_3$)/(g/L)			20				0.1%
焦磷酸钠($Na_4P_2O_7$)/(g/L)					20		
磷酸氢二钠(Na_2HPO_4)/(g/L)					25		
三聚磷酸钠($Na_3P_3O_{10}$)/(g/L)							0.5%
OP 乳化剂/(mL/L)		3	3				
十二烷基硫酸钠/(g/L)				0.5			
聚氧乙烯醚 AO 系列							10%
HF-230 镁合金清洗剂						8%~10%	
溶剂(脂肪醇)							3.0%
铝缓蚀剂							0.6%
镁缓蚀剂							0.5%
金属螯合剂							0.25%
温度/℃	60~70	60~70	75~85	75	室温	室温	60~65
时间/min	8~10	8~10	8~10	2	10	1~5	约 1

注：工艺 6 是常州旭峰环保科技有限公司生产的 HF-镁合金清洗剂；工艺 7 为广州联诺化工科技有限公司研发的铝镁合金的超声波环保水基清洗剂。

（1）氢氧化钠 是一种强碱，具有很强的皂化能力，是保证皂化作用进行的主要组分。当溶液中氢氧化钠的含量低，pH 值小于 8.5 时，皂化反应几乎不能进行，而且在 pH 值小于 10.2 的情况下肥皂将发生水解，所以一般脱脂液的 pH 值不能低于 10。氢氧化钠含量过高时，肥皂的溶解度反而降低，而且会使金属表面发生氧化。对于镁合金等轻金属的 pH 值保持在 10~11 最适宜，不能用太浓的氢氧化钠溶液。溶液中氢氧化钠的含量一般不超过 100g/L。当皂化反应进行时，氢氧化钠不断被消耗掉，此时碳酸钠和磷酸三钠将发生水解产生氢氧化钠，以补充其消耗。

（2）碳酸钠和磷酸三钠 都具有一定的碱性，并有一定的缓冲作用，对镁合金还具有缓蚀作用。碳酸钠能吸收空气中的二氧化碳，部分转变为碳酸氢钠，对溶液的 pH 值有良好的缓冲作用。磷酸三钠的去脂和缓冲作用都比较好，并有一定的乳化能力和对硬水的软化作用。其本身水洗性好，还能帮助水玻璃被水洗掉。

（3）硅酸钠（又称水玻璃）　能起乳化作用的物质叫乳化剂。它在脱脂液中起促进乳化、加速去脂的作用。硅酸钠是一种较好的乳化剂，易溶于水，但不易洗去。水玻璃由氧化钠（Na_2O）和二氧化硅（SiO_2）按一定比例组成，通常 Na_2O：SiO_2＝1：（2～3）。硅酸钠对金属还有一定的缓蚀作用，但是由于它的洗去性不好，故含量不宜过高。近年来已大量应用有机表面活性剂作为碱性去脂的乳化剂。

（4）有机乳化剂　一般都是表面活性物质，它的去脂作用与其分子结构有关。常用的乳化剂有 OP-10、平平加 A-20、TX-10、O-20、HW、6501 和 6503 等。

乳化剂 OP-10（辛基酚聚氧乙烯醚）和 TX-10（仲辛烷基酚聚氧乙烯醚）都是良好的非离子型表面活性剂，在酸性或碱性中都有良好去脂效果，但不易从部件上洗去。用量不易过高，一般在 1～5g/L 范围内。

平平加系列的乳化剂有 A-20（高级醇聚氧乙烯醚）和 O-20（月桂醇环氧乙烷聚合物）两种，也是非离子型表面活性剂。对动植物油和矿物油均有良好的乳化作用，其分散、洗净能力强。

乳化剂 6501（十二烷基二乙醇酰胺）和 6503（十二烷基二乙醇酰胺磷酸酯）都是良好的乳化剂、发泡剂，也都是良好的非离子型表面活性剂，用于硬水，性能稳定，不会被钙、镁离子沉淀。其用量一般在 5～30mL/L 范围内。

三、超声波脱脂

超声波脱脂是利用超声波振荡使脱脂液产生大量的小气泡，这些小气泡在形成、生长和析出时产生强大的机械力，促使金属部件表面黏附的油脂、污垢迅速脱离，从而加速脱脂过程，缩短脱脂时间，并使得脱脂更彻底。

超声波使用的频率是大于 16kHz 的声波，由于超声波产生的机械能可使溶液内产生许多真空的空穴。这些空穴在产生和闭合时，能使溶液产生强烈的震荡，于是对金属部件表面油污产生强大的冲击作用，有助于油污脱离工件表面。

超声波脱脂的特点是对基体腐蚀小，脱脂和净化效率高，对复杂及有细孔、盲孔的镁合金件特别有效。适用于溶剂脱脂、化学脱脂、电化学脱脂和酸性脱脂等方法。使用超声波可降低脱脂液的温度和浓度，并能一步或分步达到脱脂的效果。对于比较复杂的小部件，可采用高频率和低振幅的声波；表面较大的部件则可使用频率较低（15～30kHz/s）的超声波。

目前市场上有各种类型的超声波装置可供用户选择。

四、乳化液脱脂

在煤油、汽油或其他有机溶剂中加入适量的表面活性剂和一定量的水，经过搅拌形成乳化液，这种乳化液的脱脂效果接近有机溶剂，有较强的脱脂能力，特别是对重油的去除有显著的作用，还具有不会燃烧和逸出气体少的优点。常用的乳化脱脂液工艺见表 9-2。

表 9-2　乳化液脱脂工艺

乳化液组成及工艺条件	工艺 1	工艺 2	工艺 3
煤油/(g/L)	89.0		60
粗汽油/(g/L)		82	
三乙醇胺[$N(C_2H_5O)_3$]/(g/L)	3.2	4.3	5
三氯乙烯(C_2HCl_3)/(g/L)			20
表面活性剂/(g/L)	10		15
水(H_2O)	余量	余量	余量
温度/℃	20～40	20～40	20～40

第三节　浸　蚀

将金属工件浸入酸、酸性盐和缓蚀剂等溶液中，以除去金属表面的氧化膜、氧化皮和锈蚀产物的过程称为浸蚀或酸洗。根据浸蚀方法的不同，可分为化学浸蚀和电化学浸蚀。依靠浸蚀液的化学作用将金属表面的锈和氧化物除去的方法，称为化学浸蚀；将被浸蚀工件浸入浸蚀液中，并通以直流电的浸蚀方法，则称为电化学浸蚀。

镁化学性质活泼，镁合金在各种环境介质中的耐腐蚀性能都比较差。为了提高镁合金材料的耐腐蚀性能，通常要对镁合金材料的表面进行强化处理，在其表面形成具有一定防腐蚀能力的覆盖层。镁合金常用的表面强化处理方法有化学转化处理、阳极氧化处理、电镀、化学镀、有机涂层等。在进行这些处理之前，必须对镁合金材料进行浸蚀（酸洗）除锈，以除去其表面的氧化物、腐蚀产物以及其他污染物，同时浸蚀还可以为后续表面处理提供更多的结合位点，增强镀层的结合力，提高其表面质量。

目前较为成熟的镁合金酸洗工艺多以铬酸和硝酸为主要成分，尽管效果良好，但铬酸处理后的溶液会造成环境污染，其使用受到越来越严格的限制。因而新型无铬浸蚀工艺受到人们的关注。现有的无铬酸洗液中，大多是用草酸进行酸洗，但采用此工艺处理后的镁合金表面有少量腐蚀孔，影响了后续镀层的质量。

近年来又有许多新型的无铬酸洗工艺，如主要成分为磷酸、硝酸和氢氟酸的酸性浸蚀液。邵忠财等发现使用硝酸加磷酸酸洗，以及含氟的磷酸二氢铵活化的前处理方法可以在 AZ91D 镁合金基底上获得均匀细致、耐蚀性能良好的化学镀镍层。秦铁男等采用磷酸、硝酸、氢氟酸的混合酸对 AZ31 变形镁合金进行酸洗，然后再使用氢氟酸活化的方法同样可以得到结合力良好的化学镀镍层。赵彦彪和杨培霞等认为可以使用磷酸对镁合金进行磷化处理后直接化学镀镍。可见，针对传统铬酸酸洗的替代酸洗工艺主要是磷酸，而活化则通常都含有氟离子。而刘海萍等人则开发了无铬无氟的酸洗工艺，以乙醇为溶剂，其主要成分为马日夫盐、冰醋酸、磷酸、硝酸等。采用该浸蚀工艺，在后续进行化学镀镍处理时，可明显提高镁合金基体的耐蚀性，同时改善镁合金与化学镀镍层的结合力。镁合金浸蚀液组成及工艺如表 9-3 所示。

表 9-3 镁合金浸蚀液组成及工艺

镀液组成及工艺条件	工艺 1	工艺 2	工艺 3	工艺 4	工艺 5	工艺 6	工艺 7	工艺 8
CrO_3/(g/L)	125	180	200～270					
HNO_3/(mL/L)	110	30～40				10～40	60	50
$Fe(NO_3)_3$/(g/L)		40						
KF/(g/L)		3.5						
H_3PO_4/(mL/L)				400	400		300	30
HF/(mL/L)			3	10～300			100	
NH_4HF_2/(mL/L)					5～150			
硫脲/(g/L)						0.5		
乙酸/(mL/L)								150
磷酸二氢锰/(g/L)								5
温度/℃	室温	室温	室温	25	25	50～60	25	25
时间	45s	2min	3min	1min	1min	10～50s	40s	3min

表 9-3 中各组成的作用为：

(1) 铬酐 CrO_3 是多种金属材料光亮酸洗及抛光溶液的主要成分，铬酐溶液具有很强的氧化能力和钝化能力，其主要作用是去除氧化膜、焊剂、腐蚀产物等。铬酐有较大的毒性，与皮肤接触，能灼伤皮肤，含铬废水必须进行严格处理，达标后才能排放。

(2) 硝酸 是一种强氧化性酸，起刻蚀的作用。因此一定要控制好酸洗液中硝酸的浓度。一般而言，酸洗液中 HNO_3 的体积浓度太高，会导致镁合金的溶解反应剧烈，酸洗后表面粗糙，镀层结合力差；体积浓度太低，则酸洗时间需加长，生产效率低。

(3) 磷酸 是中等强度的无机酸，主要用作去除锈蚀。研究表明镁合金的腐蚀速度随着磷酸的体积分数的增加呈先增加后降低的趋势。这可能是由于磷酸电离后形成的磷酸根对金属离子或金属键具有较强的配位能力。当磷酸的体积分数较低时，电离出的磷酸根的数量有限，此时镁合金的腐蚀占主导；而随着磷酸的体积分数的增加，大量的磷酸根与镁合金表面的金属离子或金属键形成的配位物吸附在基体表面阻碍了镁的溶解，因此腐蚀速度明显降低。

（4）F⁻ 氟离子可与镁合金基体表面的镁、氧化镁或氢氧化镁发生反应生成氟化镁薄膜。氟化镁的生成，一方面可以控制酸洗过程的反应速率，使基体的表面形貌和成分均一化；另一方面又可以防止酸洗后的新鲜基体在随后的清洗过程中被二次氧化。但应该注意的是氢氟酸有剧毒，且挥发性很强，使用时要严防氢氟酸和氟化氢气体与人体皮肤接触，通风要良好，注意安全，含氟废水应按要求进行严格处理。

（5）缓蚀剂 在浸蚀液中加入缓蚀剂，如硫脲等含硫或含氮的有机化合物等，可以减少基体金属的溶解，防止基体金属过度腐蚀。缓蚀剂起作用的原因通常认为是缓蚀剂能吸附在暴露金属的活性表面上，提高了析氢的过电势，从而减缓了金属的腐蚀。

参考文献

［1］ 屠振密，刘海萍，张锦秋.防护装饰性镀层［M］.第2版.北京:化学工业出版社，2014.

［2］ 查吉利，龙思远，宋东福，等.镁合金预处理对其表面有机涂层耐蚀性的影响［J］.材料保护，2010，43（7）：63-65.

［3］ 戴诗行，邵忠财，郭丽华.浸锌前处理对镁合金化学镀镍的影响［J］.电镀与环保，2018，38（03）：19-21.

［4］ 宋东福，戚文军，龙思远，等.预处理对压铸镁合金微弧氧化膜的影响［J］.表面技术，2012，14（3）:5-8.

［5］ Sudagar J, Lian J S, Sha W. Electroless Nickel, Alloy, Composite and Nano Coatings-A Critical Review［J］. Journal of Alloys and Compounds, 2013, 571（3）: 183-204.

［6］ 高阳，代明江，向兴华，等.表面处理对AZ91D镁合金性能的影响［J］.2011，40（2）：121-124.

［7］ 陈东初，吴建峰，叶树林.AZ91D镁合金表面处理过程中的前处理工艺研究［J］.轻合金加工技术，2010，38（9）:37-40.

［8］ 徐关庆，程森，赵晓宏.镁合金压铸零件涂装前处理新工艺［J］.电镀与涂饰，2013，32（10）：29-32.

［9］ 范鹏，曹立新，刘倩倩，等.镁合金化学镀镍前处理工艺研究进展［J］.材料保护，2013，46（7）：41-43.

［10］ 胡文彬，向阳辉，刘新宽，等.镁合金化学镀镍预处理过程表面状况的研究［J］.中国腐蚀与防护学报，2001，21（6）：340-343.

［11］ Lei X P, Yu G, Gao X L, et al. A Study of Chromium Free Pickling Process Before Electroless Ni-P Plating on Magnesium Alloys［J］. Surface and Coatings Technology, 2011, 205（16）: 4058 -4063.

［12］ Wang Z C, Jia F, Yu L, et al. Direct Electroless Nickel-Boron Plating on AZ91D Magnesium Alloy［J］. Surf Coat Technol, 2012, 206（17）: 3676-3671.

［13］ 周建辉，陈郁明，周玉成，等.铝镁合金用超声波环保水基清洗剂的研制［J］.电镀与涂饰，

2013, 32（6）：31-35.

[14] 卢神保，曾冬铭，张其林. AZ91D 镁合金电镀前酸洗工艺的研究［J］. 电镀与环保，2009, 29
（4）：10-13.

[15] 秦铁男，马立群，贺忠臣，等. AZ31 变形镁合金化学镀前无铬酸洗工艺研究［J］. 电镀与环保，
2011, 31（6）：19-22.

[16] 刘海萍，王艳青，毕四富，等. 镁合金直接化学镀镍的无铬无氟前处理研究［J］. 电镀与环保，
2010, 30（4）：14-16.

[17] 王步美，薛烽，孙扬善，等. AZ31 镁合金电镀前处理工艺研究［J］. 中国腐蚀与防护学报，
2009, 29（1）：24-27.

[18] Sudagar J, Lian J S, Chen X M, et al. High Corrosion Resistance of Electroless Ni-P with
Chromiumfree Conversion Pre-treatments on AZ91D Magnesium Alloy［J］. Transactions of
Nonferrous Metals Society of China, 2011, 21（4）：921-928.

[19] 陈扣杰，李建三，郭艳婷. 镁合金光亮酸洗工艺的研究［J］. 电镀与涂饰，2006, 25（4）：35-37.

[20] Luo H J, Liu Y H, Song B N, et al. Surfacial Modification of Magnesium-Lithium Alloy
［J］. Advanced Materials Research, 2014, 905：113-118.

[21] 温新，张文挺，邵忠财. 镁合金化学镀镍前处理工艺条件优化［J］. 电镀与环保，2018, 38
（05）：29-31.

[22] 管秀荣，朱宏达，史敬伟，等. 镁合金浸锌前处理对化学镀镍层的影响［J］. 表面技术，2018, 47
（04）：140-144.

[23] Ashassi H, Moosa E. Corrosion Resistance Enhancement of Electroless Ni-P Coating by Incor-
poration of Ultrasonically Dispersed Diamond Nanoparticles［J］. Corrosion Science, 2013, 77
（5）：185-193.

第十章

镁及镁合金化学转化处理及阳极氧化处理

镁合金自然氧化膜不致密，不能有效保护金属基体。此外，金属镁电负性很强，当与其他金属接触时，易发生电偶腐蚀，引起镁的加速溶解。这些都限制了镁合金的应用。因此，镁合金件出厂时都要经过表面处理以提高其抗腐蚀性能。通常最常用、操作简单的方法是化学处理（化学转化处理）或电化学处理（即阳极氧化）。

第一节 镁及镁合金化学转化处理

镁合金化学转化处理工艺流程通常由预脱脂、脱脂、水洗、酸洗、水洗、表面调整、化学转化、水洗、烘干等工序组成。相对于阳极氧化、离子注入、激光表面改性等处理方法，化学转化处理工艺具有设备小、占地少、操作简单、能耗低、成本低廉等优点。根据化学转化所用主要化学试剂的不同，镁合金化学转化可分为铬酸盐化学转化、磷酸盐化学转化、磷酸盐-高锰酸盐化学转化、稀土盐化学转化、植酸化学转化等。其中以铬酸盐为主要成分的处理工艺成熟、效果较好，是传统的镁合金化学转化处理工艺。但是由于含有六价铬，毒性大，对环境污染严重，废液处理成本高。现在多提倡使用无铬转化处理，如用高锰酸钾、磷酸盐、植酸等代替铬酸盐。

一、铬酸盐化学转化处理

传统的镁合金化学转化技术一般是将工件浸入含六价铬的铬酸或铬酸盐的溶液中，通过表层金属的自身转化生成一种由三价和六价铬的化合物组成的防蚀性转化膜层，从而使金属表面得以钝化。图 10-1 为 AZ91D 镁合金在铬酸盐溶液中处理前后的微观表面形貌。经过铬酸盐处理后，镁合金表面形成了一层具有网状裂纹的均匀膜层。这层膜层可以隔绝镁合金基体与腐蚀介质接触，保护基体金属不受水和其他腐蚀性介质的浸蚀。尽管化学转化膜有一定的防腐作用，但化学转化膜较薄，厚度为 $0.5\sim3\mu m$，且质脆多孔，耐磨性和耐蚀性不佳，只能减缓腐蚀速度，不适于镁合金的长效腐蚀防护。因此一般作为装饰及中间防护层，不作为长期防腐和耐磨保护层。

(a) 镁合金基体   (b) 铬酸盐转化膜

图 10-1 AZ91D 镁合金在铬酸盐溶液中处理前后的微观表面形貌

1. 铬酸盐化学转化形成过程及转化膜结构

在浸入铬酸盐溶液时，镁合金的微阴极会发生氧化而析氢，随着镁合金表面附近溶液 pH 值的升高，在金属表面沉积一薄层铬酸盐与金属胶状物的混合物，这种胶状物包括 Cr^{6+} 及 Cr^{3+} 的铬酸盐和基体金属。这层胶状物初时非常软，经过不高于80℃的热处理，可以提高膜的硬度与耐磨性。干燥后膜的厚度只有湿状时的1/4，并且膜形貌具有显微网状裂纹，或称为"干枯河床"形貌。当镁合金基体遭到腐蚀时，Cr^{6+} 就会被还原为含不溶性的 Cr^{3+} 化合物，起到一定的缓蚀作用，从而阻止腐蚀行为的进一步进行，即铬酸盐转化膜具有一定的自愈能力。此外，铬酸盐转化膜在未失去结晶水时，能保持吸湿性能，因此在湿气和空气中还能起到惰性屏障作用，减缓腐蚀。当其受到机械损坏或者是磨损时，铬酸盐转化膜就能够吸水膨胀，从而具有很强的自修复功能。但当环境温度高于80℃时，铬酸盐转化膜因温度过高而失去结晶水，从而导致转化膜破裂和自修复功能丧失，防腐性能降低。

同其他铬酸盐转化膜的形成过程相类似，目前一般认为镁合金的铬酸盐膜的形成过程大致分为三步：

① 表面镁原子被氧化并以 Mg^{2+} 的形式进入溶液，与此同时镁合金表面析出氢。

$$Mg + H_2SO_4 \longrightarrow MgSO_4 + H_2 \uparrow$$

② 氢的析出促使一部分 Cr^{6+} 还原为 Cr^{3+}，并且由于金属/溶液界面相区 pH 值的提高，Cr^{3+} 便以氢氧化铬胶体的形式沉淀。

$$3H_2 + 2Na_2Cr_2O_7 \longrightarrow 2Cr(OH)_3 + 2Na_2CrO_4$$

③ 氢氧化铬胶体自溶液中吸附一定数量的六价铬，构成具有某种组成的转化膜。

$$2Cr(OH)_3 + Na_2CrO_4 \longrightarrow Cr(OH)_3 \cdot Cr(OH)CrO_4 + 2NaOH$$

经铬酸盐化学转化处理后所形成的膜结构可分为内部致密层和外部多孔层。致密的 $Mg(OH)_2$ 和 $Cr(OH)_3$ 层覆盖基体镁合金，其上覆盖着一层多孔的 $Cr(OH)_3$ 层。这一多孔的 $Cr(OH)_3$ 层是由于致密层的 $Mg(OH)_2$ 选择溶解而产生的。增加致密层厚度能够提高铬酸盐转化膜层在 Cl^- 溶液中的耐腐蚀性能。铬酸盐转化膜能提高镁合金耐蚀性能的原因是转化膜层中含有 $Cr(OH)_3$。通过增加处理液中铬酸盐的浓度提高致密层中的 $Cr(OH)_3$ 含量能够提高转化膜的保护性能。增加处理液中 Zn^{2+} 浓度也能提高铬酸盐转化膜的性能。

2. 铬酸盐化学转化膜工艺

著名的 Cronak 铬酸盐处理方法于 1936 年出现，至今仍有许多铬酸盐处理方法在广泛应用。如著名的 DOW 化学公司的 DOW1、DOW7 等工艺，鲍尔-福格尔（Bauer-Vogel，BV）法，德国人埃克特（Eckert）改良（BV）的 MBV 法，黑林-纽齐格（Helling-Neunzig）改良的 MBV 法和 EW 法，等等。表 10-1 列出了主要的镁合金铬酸盐化学转化工艺。

表 10-1　镁合金铬酸盐化学转化工艺

溶液组成及工艺条件	工艺 1	工艺 2	工艺 3	工艺 4	工艺 5	工艺 6	工艺 7	工艺 8
重铬酸钠($Na_2Cr_2O_7$)/(g/L)	200	90		0.5%~ 2.5%	15.4		120	70
硝酸(HNO_3)	180mL/L						90g/L	10g/L
氯化铵(NH_4Cl)/(g/L)	16							
硫酸锰($MnSO_4$)/(g/L)		40						
硫酸镁($MgSO_4$)/(g/L)		40						
氟化钾(KF)/(g/L)		1~2						
重铬酸钾($K_2Cr_2O_7$)/(g/L)			10			0.1%~1%		
碳酸钾(K_2CO_3)/(g/L)			25					
碳酸氢钠($NaHCO_3$)/(g/L)			25					
碳酸钠(Na_2CO_3)/(g/L)				2%~5%	51.3	0.5~2.6		
硫酸铝[$Al_2(SO_4)_3$]/(g/L)							7.5	
氟化氢钠($NaHF_2$)/(g/L)						50	15	
磷酸三钠(Na_3PO_4)/(g/L)						50		70
硒酸(H_2SeO_4)/(g/L)						10		15
温度/℃	18~33	55~90	沸腾	90~100	90~95	65	20	80~90
时间/min	0.5~2	120~130	30	30	5~10	20	30	5

注：工艺 1 为 DOW 公司开发的 DOW1 技术；工艺 3 为 BV 法；工艺 4 为 MBV 法；工艺 5 为 EW 法；工艺 6 为 Alork 法。

二、磷酸盐化学转化处理

磷酸盐化学转化处理工艺属于环保型的无铬转化工艺。其处理过程是将镁及镁合金放入含有磷酸盐的溶液中进行化学处理，在镁基体表面形成一种难溶于水、附着力良好、多孔的磷酸盐膜的过程。王明等研究表明镁合金磷酸盐转化膜层中以 O、P、Mg、Mn 等元素为主，其微观表面形貌如图 10-2 所示。由图 10-2 可知，磷酸盐转化膜的外观形貌为"鳞片层叠密堆积"状。该转化膜表面无裂纹，这可有效起到保护镁合金基体材料的作用。

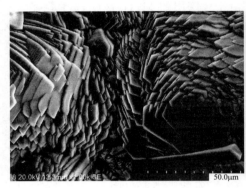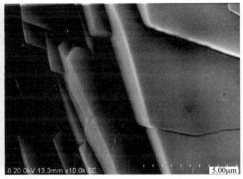

图 10-2 镁合金磷酸盐转化膜的微观表面形貌

1. 磷酸盐化学转化处理工艺

转化型磷酸盐处理液的基本组成是碱金属的磷酸盐或焦磷酸盐、六偏磷酸盐、多聚磷酸盐，这些盐不会水解，不会存在有游离的磷酸。通常认为磷化膜的形成是镁合金基体的可控腐蚀并在其表面上生成相应腐蚀产物的过程。当镁合金浸入磷酸盐处理液中，镁合金表面会发生局部电池的腐蚀过程，并进一步发生水解反应生成难溶性的磷酸盐。随着氢离子阴极放电，溶液酸度降低，造成局部pH 值升高，以致难溶磷酸盐结晶成核发生在腐蚀电池的微阴极区，形成磷酸盐的沉淀，最终在金属表面生成不溶性的磷酸氢盐和磷酸盐保护膜。镁合金的磷化机理主要是化学-电化学联合作用，其中电化学反应占主导地位。表 10-2 为镁合金磷酸盐化学转化工艺。

表 10-2 镁合金磷酸盐化学转化工艺

溶液组成及工艺条件	工艺1	工艺2	工艺3	工艺4	工艺5	工艺6	工艺7	工艺8
磷酸(H_3PO_4)/(g/L)	39	1~2		10~45		2.0~8.0	30~40	
氟化钠(NaF)	1.6g/L	3~6mL/L	3~5g/L	0.5~4.5g/L		0.5~4.0g/L		
氧化锌(ZnO)/(g/L)	9			1.0~4.5				
酒石酸($C_4H_6O_6$)/(g/L)	2.2							
硝酸钾(KNO_3)/(g/L)	3.0							
磷酸二氢钡[$Ba(H_2PO_4)_2$]/(g/L)		40~70				35~70		
磷酸二氢铵($NH_4H_2PO_4$)/(g/L)							25~45	
磷酸二氢钠(NaH_2PO_4)/(g/L)								40

续表

溶液组成及工艺条件	工艺 1	工艺 2	工艺 3	工艺 4	工艺 5	工艺 6	工艺 7	工艺 8
磷酸二氢钾(KH_2PO_4)/(g/L)					13.5			
磷酸氢二钾(K_2HPO_4)/(g/L)					27			
氟化氢钠($NaHF_2$)/(g/L)					3~5			
焦磷酸钠($Na_4P_2O_7$)/(g/L)			120					
硫酸锌($ZnSO_4$)/(g/L)			30					
碳酸钠(Na_2CO_3)/(g/L)			5					
酒石酸钠($C_4H_4Na_2O_6$)/(g/L)				0~20				
硝酸钠($NaNO_3$)/(g/L)				0.1~6.0				
硫酸锰($MnSO_4$)/(g/L)							60~80	20
pH 值	2.3	1.3~1.9		4	5~7		2~3	4
温度/℃	45	90~98	70	15~80	50~60	88~97	60~75	室温
时间/min	9	10~30	2~5	1~50	20~50	20	15~25	30

2. 磷酸盐化学转化处理各成分的作用及影响

（1）氟化物、磷酸二氢盐、焦磷酸盐　是无铬化学转化工艺中的成膜主盐。含量过低，成膜速度慢，膜层薄，易出现腐蚀点；含量过高，膜层厚而疏松。

（2）硝酸、乙酸和乙酸钠　起调节酸度的作用。含量过低，成膜速度慢，膜层薄；含量过高，成膜速度过快，膜层疏松多孔，甚至出现腐蚀点。

（3）氯化物和硫酸盐　主要起表面活化作用，促进膜的生成。氯化物过多，会引起基体表面产生腐蚀。

（4）温度　是成膜主要影响因素之一。温度高，反应速率快，容易生成疏松的氧化膜；温度低，反应速率慢，膜层薄。

（5）时间　化学处理时间长短要根据溶液的氧化能力、操作温度和镁合金的组成而定。当溶液的氧化能力强和镁合金中镁含量高时，氧化时间可以短一些；反之要长一些。

由表 10-2 可知，镁合金磷酸盐转化处理工艺较多，处理温度在常温到 90 多摄氏度范围内变化。根据处理时温度不同，可以将磷化处理分为常温、中温、高温三种。

（1）常温磷化　通常是在室温下进行，处理时间为 20~60min。溶液的游离酸度与总酸度的比值为 1∶（20~30）。优点是溶液不需要加热，节约能源，成本低，溶液稳定。缺点是膜层耐蚀性差，结合力差，处理时间长，生产效率低。

（2）中温磷化　通常是在 50~70℃下进行，处理时间为 10~15min。溶液的游离酸度与总酸度的比值为 1∶（10~15）。优点是膜层的耐蚀性接近高温磷化，溶液稳定，磷化速度快，生产效率高。缺点是溶液较复杂，调整较麻烦。

（3）高温磷化　通常是在 90~98℃下进行，溶液的游离酸度与总酸度的比值为 1∶（7~8），处理时间为 10~20min。优点是磷化速度快，膜层耐蚀性、耐热性、结合力和硬度较大。缺点是溶液工作温度高，加热时间长，能耗大，溶液蒸发量大，成分变化大，磷化膜易夹杂沉淀物，结晶粗细不均。

镁合金磷酸盐转化膜处理液的基本组成是各种金属磷酸盐或焦磷酸盐等，这些金属磷酸盐一般有锰盐、锌盐、钡盐、钙盐等。研究表明，用不同成分的磷化液制备得到的磷化膜性能差别较大。如锌系磷化膜是目前少数可以在镁合金表面获得的和钢铁磷化膜一样均匀细致、无裂纹的磷化膜。与锰系磷化膜相比，锌系磷化膜多为无裂纹、致密的片状颗粒膜层；而锰系磷酸转化膜都存在较多的微裂纹，裂缝也较宽，但膜层更为平整、均匀。

磷酸钡转化膜是一个新的研究领域，目前在磷酸钡转化膜方面的研究较少。一般认为此转化膜是双层结构，外层为磷酸钡，内层为镁、铝、锌、钡的非晶磷酸盐混合物，比单层膜耐蚀性更好，但外层膜的黏附力比内层低。总的来说，磷酸钡膜的耐蚀性更具优越性，有必要进一步开发能同时实现高耐蚀性和强黏附力的膜层。

镁合金钙系磷酸盐膜的研究起步相对晚一些。可在传统的锌系磷酸盐溶液中引入钙离子，制备出均匀、细密、附着力强的钙系磷酸盐膜。钙系磷化膜基于其良好的生物相容性，更多用作生物防护涂层。但由于镁合金独有的生物兼容性，制备出具有生物活性的镁合金磷化膜，尤其是钙系磷化膜可作为制备羟基磷酸钙的前处理工艺，为镁合金的应用开拓了新的领域。基于其良好的生物相容性和骨传导性，磷化处理已经成为植入材料新的表面改性方式。

镁合金磷酸盐化学转化处理以其操作简单、成本低廉、生产效率高而被广泛应用。所得的磷酸盐转化膜具有晶体结构，有良好的吸附性和耐蚀性，广泛用作镁合金涂漆前的底层，也可在装运和储存时起保护作用。但镁合金磷酸盐处理的最大缺点为溶液的消耗较快，不稳定，需及时校正磷化液的组成和酸度。所得磷化膜的耐蚀性不如铬酸盐转化膜，磷化结晶成核率也很低，磷化膜的显微组织较粗，很难获得分布均匀、表面无裂纹的磷化膜，因而限制了其应用。

三、磷酸盐-高锰酸盐化学转化处理

镁合金磷酸盐-高锰酸盐化学转化处理是在镁合金磷酸盐化学转化处理上发展起来的处理技术，其相对铬酸盐化学转化处理具有更好的"环境友好"的特性，且具有与铬酸盐转化膜相似的防腐蚀性能。该处理工艺中一般用磷酸盐与高锰酸盐（锰酸盐）组成混合液，如磷酸二氢铵、硝酸锰、高锰酸钾等，作为化学转化液的主要成分。转化液中的高锰酸钾作为强氧化剂，还原时形成溶解度低的低价锰氧化物进入膜层。当镁合金浸入高锰酸盐处理液中时，会生成一层金属氧化物膜，减缓了镁合金表面的局部电化学反应；表面活化过程中形成的活化产物可以在酸性溶液中溶解，并随着温度的升高，H_2 释放，活化产物逐渐减少直至消失，形成金属羟基氧化物和网状裂纹。随着阳极区 OH^- 浓度增大，pH 值升高，Mn 的产物 MnO_2、Mn_2O_3 和 $Mn(OH)_2$ 共同沉积于表面形成转化膜。

图 10-3 为 AZ91D 镁合金磷酸盐-高锰酸盐转化膜微观形貌及横截面。转化膜层与镁合金试样结合致密，转化膜层表面有许多微小孔洞。这些微孔洞只存在于转化膜层表面，并没有穿透转化膜层。经锰酸盐溶液处理的镁合金耐腐蚀性接近铬酸盐转化膜，因其不含有六价铬，所以更为环保。但需注意的是锰离子也属于重金属离子，对人及环境都有一定的危害，且溶液不稳定。

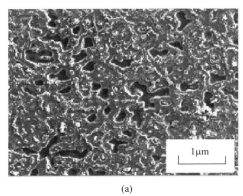
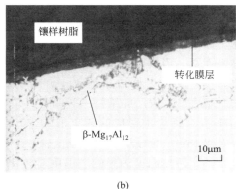

(a)　　　　　　　　　　　　(b)

图 10-3　AZ91D 镁合金磷酸盐-高锰酸盐转化膜微观形貌（a）及横截面（b）

1. 磷酸盐-高锰酸盐化学转化处理工艺

镁合金磷酸盐-高锰酸盐化学转化工艺如表 10-3 所示。

表 10-3　镁合金磷酸盐-高锰酸盐化学转化工艺

溶液组成及工艺条件	工艺 1	工艺 2	工艺 3	工艺 4	工艺 5	工艺 6	工艺 7	工艺 8
硫酸锰（$MnSO_4$）/(g/L)	60~80							
磷酸（H_3PO_4）/(g/L)	30~40					20		
磷酸二氢钠（NaH_2PO_4）/(g/L)								10
磷酸二氢铵（$NH_4H_2PO_4$）/(g/L)	25~45	10~15	100		80			
高锰酸钾（$KMnO_4$）/(g/L)		5~10	20	31.6	20	3.5	60	45
磷酸钠（Na_3PO_4）/(g/L)				0.5			100	
冰醋酸（CH_3COOH）/(g/L)				10				
乙酸钠（CH_3COONa）/(g/L)				4.1				20
硝酸（HNO_3）						调 pH 值		
硫酸锌（$ZnSO_4$）/(g/L)		3						
氟化钠（NaF）/(g/L)					0.3			
促进剂	适量							
pH 值	2~3	3	3.5	4	3.5	4.0		2.3~6
温度/℃	60~75	45	40	45	30	40	40~60	50
时间/min	15~25	6	1~20	1~10	15	2	20	2

2. 磷酸盐-高锰酸盐化学转化影响因素

镁合金磷酸盐-高锰酸盐转化膜的形成及膜层影响因素很多，除基体金属的成分外，转化液组分及其浓度、成膜工艺及前、后处理工艺等也对成膜效果有显著的影响。当成膜工艺调整不到位时，锰系磷酸盐的耐蚀性可能不及铬酸盐转化膜。而改进成膜工艺后，比如镁合金在高锰酸盐-磷酸盐体系中，添加剂的加入、温度的提高和适宜的 pH 值都能有效改善磷化膜的性能，得到的磷化膜在耐蚀性、硬度和厚度等方面都超过了传统的铬酸盐转化膜，并具有自愈合能力。

（1）添加剂的影响　在锰盐和磷酸盐组成的体系中，在有缓蚀剂如 HF、NaF 和 Na_2SiO_3 存在的条件下，镁合金表面所形成的膜在 5％NaCl 溶液中的耐蚀性可与铬系转化膜相比拟。

（2）转化液 pH 值的影响　转化液 pH 值是影响转化成膜过程及膜层性能的重要因素。当镁合金进入转化液后，溶液中的氢离子促使镁合金溶解，形成较多的晶核，使转化膜结晶细致。pH 值过低，所形成的转化膜较薄，甚至不能成膜。增大 pH 值，即维持一个高酸环境，则通常可以得到较厚的膜层，中等酸度（pH＝4）环境中形成的膜更加致密且具有最优的耐蚀性。pH 值过高，则通常会阻碍 Mg^{2+} 的释放，使膜层变薄、耐蚀性降低。

（3）转化温度的影响　温度对转化成膜反应有很大的影响。温度越低，生成的膜层结晶细致，成膜所需要的时间较长，膜层越薄。提高温度有利于形成较厚的膜，然而过高的温度则往往使得膜层结晶粗大。

（4）转化时间的影响　转化时间对转化膜层的耐蚀性能影响较小。多数情况下，随着转化时间的延长，膜层的耐蚀性能略有提高。

（5）后处理的影响　镁合金化学转化膜层较薄，且膜表面有许多微孔，其对基体金属的防护能力有限，而采用封孔处理可以显著提高转化膜的耐蚀性。封孔时，封孔溶液中的阴离子渗入孔隙中，并与镁合金基体发生反应，形成化学稳定性较高的沉淀物并堵塞孔隙。孔隙被封闭使得化学转化膜更完整致密，因此可以有效阻止腐蚀介质的渗入，从而增强镁合金表面化学转化膜对腐蚀性环境介质的隔离作用，有利于化学转化膜耐蚀性的提高。

四、稀土盐化学转化处理

镁合金稀土盐化学转化处理是近些年来发展起来的一种新型的镁合金环保处理工艺。2000 年，Rudd 等首次报道了镁合金稀土盐转化膜技术。该技术是以稀土盐溶液为转化液，通过调节稀土盐溶液的浓度、pH 值、转化温度和转化时间，于镁合金表面形成性能良好的稀土盐转化膜，从而提高镁合金的防腐性能。稀土盐转化处理具有无毒、无污染的特点。目前研究比较多的稀土转化液有单一的稀土盐体系和稀土盐与强氧化剂或成膜促进剂的混合体系。

1. 稀土盐化学转化形成过程

镁合金稀土盐化学转化处理采用的稀土盐溶液主要为硝酸铈 $[Ce(NO_3)_3]$、硫酸铈 $[Ce_2(SO_4)_3]$ 及硝酸镧 $[La(NO_3)_3]$，这些溶液因强酸弱碱盐的水解而呈现出弱酸性。当镁合金浸于稀土盐溶液中时，其表面的自然氧化膜因溶液呈弱酸性而快速溶解，使基体裸露于溶液中。由于镁与合金元素之间存在电位差，镁合金表面在稀土盐溶液中形成许多腐蚀微电池，发生电化学反应，过程如下：

$$Mg-2e \longrightarrow Mg^{2+}$$

$$2H_2O+2e \longrightarrow 2OH^-+H_2\uparrow$$

$$Mg^{2+}+2OH^- \longrightarrow Mg(OH)_2\downarrow$$

$$RE^{n+}+nOH^- \longrightarrow RE(OH)_n\downarrow$$

由此可知，镁合金稀土盐化学转化膜成膜过程可大致分为两部分：

（1）镁合金基体的溶解与氢氧化镁的形成　镁合金溶解后，形成的 Mg^{2+} 与转化液中的 OH^- 发生反应以 $Mg(OH)_2$ 沉积在基体表面。

（2）成膜反应　镁合金基体被 $Mg(OH)_2$ 部分覆盖后，Mg^{2+} 的溶出受到阻碍，此时溶液中的 OH^- 开始与稀土离子 RE^{n+} 反应，并沉积到 $Mg(OH)_2$ 膜层表面。试样干燥失水后使得镁和稀土的氢氧化物转变为相应的氧化物。即稀土盐转化膜的成分主要为 MgO、RE_xO_y。

2. 稀土盐化学转化膜处理工艺

根据主要成膜物质的种类，将稀土盐转化膜成膜工艺分为单一稀土盐转化膜工艺和复合稀土盐转化膜工艺。单一稀土盐转化膜工艺是指只有一种稀土阳离子参与成膜，这类处理溶液多为稀土的硝酸盐溶液，其中研究最多的为硝酸铈溶液。因为镁合金与单一稀土盐溶液反应不剧烈、吹干时脱水等原因，存在成膜时间较长、膜层表面裂纹多等问题，导致膜层耐腐蚀性不佳。因此，在稀土盐溶液中加入合适的添加剂，如过氧化氢、柠檬酸钠、十二烷基苯磺酸钠等，以促进转化反应进行、改善膜层性能。而复合稀土盐转化膜工艺是指稀土阳离子与其他阳离子或多种稀土阳离子共同参与成膜的工艺，即稀土盐溶液中再添加另外一种主盐，形成混合处理液，主要的膜层体系有铈-镧、钼-铈、铈-钒两元体系及铈-镧-高锰酸盐三元体系。表 10-4 为镁合金稀土盐化学转化工艺。

表 10-4　镁合金稀土盐化学转化工艺

溶液组成及工艺条件	工艺1	工艺2	工艺3	工艺4	工艺5	工艺6	工艺7	工艺8
硝酸镧[La(NO₃)₃]/(g/L)	10							
硝酸铈[Ce(NO₃)₃]/(g/L)		8.5	15				20	
富镧稀土/(g/L)				3				
过氧化氢(H₂O₂)/(mL/L)		4	2	20				
硫酸锆[Zr(SO₄)₂]/(g/L)								10
磷酸二氢铵(NH₄H₂PO₄)/(g/L)					80			
高锰酸钾(KMnO₄)/(g/L)					20	3.5	60	45
磷酸钠(Na₃PO₄)/(g/L)							100	
乙酸钠(CH₃COONa)/(g/L)								20
硝酸(HNO₃)						调pH值		
氟化钠(NaF)/(g/L)					0.3			
柠檬酸/(g/L)			3	2				

续表

溶液组成及工艺条件	工艺 1	工艺 2	工艺 3	工艺 4	工艺 5	工艺 6	工艺 7	工艺 8
pH 值	5		1～2	2～3	3.5	4.0		2.3～6
温度/℃	85	35	40	50	30	40	40～60	50
时间/min	30	30	30	1～10	15	2	20	2

3. 稀土盐化学转化膜处理工艺影响因素

目前镁合金稀土盐化学转化成膜主要采用化学浸泡法，即将镁合金试样置于含稀土离子的转化液中浸泡一段时间，从而在镁合金的表面形成稀土盐转化膜，这种方法简单易行，是目前比较成熟的成膜工艺。影响稀土盐化学转化膜成膜的因素较多，主要有稀土盐浓度、pH 值、温度及成膜时间等。

（1）稀土盐浓度的影响 常用的稀土盐多为铈盐、镧盐等，这些稀土盐是参与成膜的主要物质，因而其浓度大小对转化膜厚度及耐蚀性能影响很大。一般而言，稀土盐浓度较低时，成膜速度较慢，所形成的膜层结晶较细致，但膜层厚度较薄，耐蚀性能较差。随着稀土盐浓度增加，成膜速度增快，膜层变得致密，膜层厚度增加，耐蚀性变好。但是当稀土盐浓度过高时，膜层致密性反而下降，厚度虽然增加，但膜层易脱落，耐蚀性也降低。

（2）pH 值的影响 pH 值过低，导致镁合金溶解速度过快，处理后试样表面有腐蚀坑，不容易形成转化膜；增大 pH 值，膜厚增加，但 pH 值过高，成膜粗糙且不致密，不能形成完整的膜，膜层耐蚀性下降。

（3）温度的影响 温度过低，转化膜成膜不均匀，且膜较薄；温度过高，可能加快成膜速度，但是过高的温度并没有促进膜厚的继续增加，而可能促使转化膜裂纹增大，表面变得粗糙。研究中还发现温度对膜层耐蚀性的影响并不显著。所以为了生成较理想的稀土转化膜，温度应控制在一定范围内。

（4）成膜时间的影响 成膜时间较短时，转化膜均匀，表面较平整，膜层覆盖度较好，但膜层较薄；随着成膜时间增长，膜厚通常会有所增加，但是成膜时间延长，膜层质量明显降低，如膜层中出现越来越大的裂纹，转化膜表面疏松，容易脱落等。

4. 稀土盐化学转化膜的微观形貌及存在的问题

经过稀土盐化学转化处理后，镁合金表面形成宏观上较均匀的黄褐色稀土盐转化膜。此膜层的存在使镁合金基体的自腐蚀电位提高，有利于改善镁合金的耐蚀性能。虽然稀土盐转化膜在镁合金表面的制备工艺已经有了较多的研究，但仍有一定的问题亟待解决：

（1）膜层的致密性和均匀性较差 稀土盐转化膜优先在 pH 值较高的部位形成，膜层的均匀性受镁合金表面基体表面缺陷分布情况的影响较大。另外，稀土盐转化膜由氢氧化物脱水得到，表面均呈现龟裂现象（图 10-4）。这些宽的表面裂纹将有可能影响膜层的耐腐蚀性，使得稀土盐转化膜不能单独在严酷的环境下使用，只能用于短时间的防护。

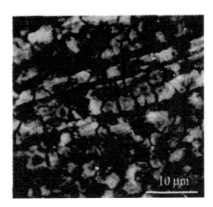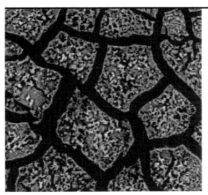

图 10-4 镁合金稀土盐化学转化处理试样的微观形貌

（2）膜层与基体的结合力较差 稀土盐转化膜为稀土氢氧化物或氧化物，镁基体不参与成膜，膜层和基体之间依靠分子间力和机械力结合，结合力较差，在使用过程中容易发生脱落，进而降低膜层的防护能力。

针对上述问题，仍需要对镁合金稀土盐转化工艺进行拓展研究。一方面可以从成膜工艺的前处理及后处理方面进行优化，以改善膜层性能；另一方面可以通过外场辅助的方法来提高膜层致密度，改善转化膜与基体的结合力。

五、锡酸盐化学转化处理

锡酸盐化学转化膜处理技术是以锡酸钠为主盐的无铬化学转化工艺。锡酸盐转化膜主要含有 O、Sn、Mg 等元素，主要成分为 $MgSnO_3$、$MgSn(OH)_6$ 等。转化膜微观表面形貌如图 10-5 所示。转化膜层比较平整，无龟裂状裂纹。转化膜的最外层是近球状微粒膜层，球状颗粒之间缝隙很小。

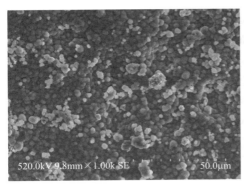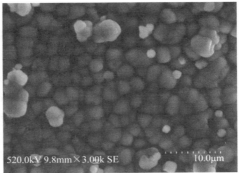

图 10-5 锡酸盐转化膜的微观表面形貌

锡酸盐转化适用于耐蚀性较差的镁合金，一般作为有机涂层基底，而且锡酸盐具有良好的导电性。锡酸盐转化膜除用作镁合金的防护膜外，也常用于镁合金化学镀镍的前处理。其不足之处在于膜层的柔韧性、抗摩擦性和耐蚀性较差，使材料得不到有效的防护。

1. 锡酸盐化学转化膜处理工艺

镁合金锡酸盐化学转化膜处理工艺如表 10-5 所示。

表 10-5 镁合金锡酸盐化学转化膜处理工艺

溶液组成及工艺条件	工艺 1	工艺 2	工艺 3	工艺 4	工艺 5	工艺 6
锡酸钠($Na_2SnO_3 \cdot 3H_2O$)/(g/L)	30	40	50	55		
锡酸钾($K_2SnO_3 \cdot 3H_2O$)/(g/L)					50	50
焦磷酸钠($Na_4P_2O_7$)/(g/L)	25	30			50	50
硼酸钠($Na_2B_4O_7 \cdot 10H_2O$)/(g/L)	10			40		
乙酸钠(CH_3COONa)/(g/L)	8	10		8	10	10
氢氧化钠($NaOH$)/(g/L)	6	10		8	10	10
十二烷基硫酸钠($C_{12}H_{25}SO_4Na$)/(g/L)	2					
温度/℃	70	70	80	60	82	
时间/min	50	30	60	30	3～5	15～20

2. 锡酸盐化学转化处理工艺影响因素

（1）锡酸盐的影响　镁合金锡酸盐转化体系中，锡元素的主要来源为锡酸钠或锡酸钾。锡酸盐浓度高低对膜层的耐蚀性和外观等有着很重要的影响，一般而言，增加锡酸盐的浓度有利于膜层的生长。锡酸盐浓度过低时，成膜速度较慢，所形成的膜层过薄，致密性不佳，膜层的耐蚀性较差；随着锡酸盐浓度增加，膜层致密性增加，但当锡酸盐浓度过高时，成膜速度过快，膜层致密性反而下降，孔隙较多，膜层耐蚀性能也降低。

（2）焦磷酸钠、乙酸钠、硼酸钠、氢氧化钠、十二烷基硫酸钠、硅酸钠等的影响　焦磷酸钠、乙酸钠、硼酸钠、氢氧化钠、十二烷基硫酸钠、硅酸钠等为辅助成膜组分，其浓度的高低往往对膜层的形成、膜层质量也有相应的影响。一般而言，此类物质浓度较低时不利于成膜过程，成膜速度较慢，形成的转化膜层较薄，且不均匀；但是浓度过高时，也会降低膜层质量，所形成的膜疏松不均匀，耐蚀性较差。因此需合理控制此类物质的用量范围。

（3）温度的影响　温度是化学反应能否进行和进行快慢至关重要的因素之一，对于镁合金锡酸盐转化膜而言，合适的温度是成膜的必要条件。温度过高或过低，都会对化学转化膜产生不利的影响，甚至不能生成转化膜。温度过低时，成膜反应难以进行，无法得到均匀致密的膜层，耐蚀性和外观等级均较差；温度过高时，成膜反应非常剧烈，成膜速度太快，易造成转化膜疏松脱落，膜层耐蚀性降低。

（4）时间的影响　转化时间是成膜的重要因素。对于镁合金锡酸盐转化膜而言，合理的转化时间是成膜的必要条件。转化时间的长短对膜层的性质有一定的影响：转化时间过低时，膜层的耐蚀性不如相对时间较高的膜层；随着转化时间延长，膜层覆盖率增加，且膜层晶粒变大，但成膜时间过长，会导致膜层表面颗粒过大，出现大的孔隙，膜层的耐蚀性明显下降。

六、钼酸盐化学转化处理

由于钼元素与铬元素同处于元素周期表中第六副族，钼酸盐的毒性低，可在较高温度下抑制腐蚀，所以可用钼酸盐代替铬酸盐。钼酸盐转化膜含有 O、Mo、Mg 三种元素，其膜层的主要成分为 $Mg_2Mo_3O_{11}$、MgO_2 等。镁合金钼酸盐化学转化膜微观表面形貌如图 10-6 所示。钼酸盐转化膜的外观形貌为具有微裂纹的"干枯河床状"，对镁合金基体具有一定的防护作用。

图 10-6　镁合金钼酸盐化学转化膜的微观表面形貌

钼酸盐转化膜无毒，绿色环保，耐蚀性能好，有利于提高后续喷涂油漆的黏附力。但目前对钼酸盐转化膜研究不够深入，技术不够成熟，而且钼酸盐成本较高。

1. 钼酸盐化学转化处理工艺

镁合金钼酸盐化学转化处理工艺如表 10-6 所示。

表 10-6　镁合金钼酸盐化学转化处理工艺

溶液组成及工艺条件	工艺 1	工艺 2	工艺 3	工艺 4	工艺 5	工艺 6
钼酸钠（Na_2MoO_4）/(g/L)	30	25	25	15	10	20
硝酸钙［$Ca(NO_3)_2$］/(g/L)	4					
乙酸锰［$Mn(CH_3COO)_2$］/(g/L)	5					
氯化铵（NH_4Cl）/(g/L)	2.5					
氟化钠（NaF）/(g/L)		4	4			4
硅酸钠（Na_2SiO_3）/(g/L)			2.5			
磷酸二氢钠（NaH_2PO_4）/(g/L)				10		
高锰酸钾（$KMnO_4$）/(g/L)					6	
搅拌速度/(r/min)			600			
搅拌时间/h			48			

溶液组成及工艺条件	工艺 1	工艺 2	工艺 3	工艺 4	工艺 5	工艺 6
pH 值	5	3.0	3.0	4.5	5	3～4
温度/℃	70	65	65	45	50	70～75
时间/min	15	12	12	5	40	5～20

2. 钼酸盐化学转化处理工艺影响因素

（1）钼酸盐的影响 钼酸钠是钼酸盐转化膜的主要成膜物质，是该体系中成膜的主盐。转化液中钼酸钠的含量是成膜的关键性因素。当钼酸钠质量浓度过小时，成膜速度过低，所形成的膜层不完整，导致膜层对基体的保护效果较差。随着钼酸钠用量增多，成膜速度变快，形成的钼酸盐转化膜较为均匀完整，且裂纹较少，较为致密，转化膜的耐蚀性能较好。然而当钼酸钠用量过多时，成膜速度过快，会使形成的转化膜厚度增长过快而不够致密，最终导致膜层的耐蚀性能下降。因此需要合理控制钼酸钠的用量范围。

（2）硝酸钙、乙酸锰、氟化钠等的影响 在钼酸盐转化体系中，硝酸钙、乙酸锰、氟化钠为辅助成膜剂，在成膜过程中起辅助成膜的作用。当这类物质含量过低时对膜层的促进较少，使得成膜的效果不理想，膜层的耐蚀性能不高。但是，此类物质如果加入量过大，会导致成膜速度过快，不利于形成致密的转化膜，进而使膜层的耐蚀性能有所下降。因此，必须根据所选转化膜体系，确定其合理的用量范围。

（3）氯化铵的影响 镁合金性质活泼，溶液的酸碱性对其成膜过程影响较大。转化液中加入氯化铵则是为了使转化液在处理试样的过程中能保持在适当的酸度范围。氯化铵的用量较低时，起缓冲作用，有利于获得外观良好、耐蚀性好的转化膜层。但是氯化铵用量过高时，反而造成膜层的耐蚀性和外观品质降低。这是因为氯化铵含量过高时，溶液中具有腐蚀性的氯离子的浓度也会相应增高，从而对转化膜层有较大的腐蚀、破坏作用，导致膜层表面孔隙及裂纹过多，耐蚀性和外观品质下降。因此如果选用氯化铵作缓冲剂，则必须严格控制氯化铵的用量。

（4）pH 值的影响 溶液的 pH 值对钼酸盐转化膜的质量影响较大。若溶液的 pH 值较高或者接近中性，镁合金基体与溶液反应较慢，钼酸盐和金属氧化物的成膜速度也较慢，所形成转化膜较薄，颜色较浅，膜层耐蚀性较差。若溶液的 pH 值过低，镁合金基体与溶液反应过于剧烈，基体腐蚀严重，析氢加剧，阻碍转化膜层生长，或者成膜后的膜层裂纹较大，使耐蚀性降低。因此，必须控制转化液的 pH 值在合理的范围内。

（5）温度的影响 温度是化学反应能否进行和速度快慢至关重要的因素之一，对于镁合金化学转化膜而言，合适的温度是成膜的必要条件。温度过低，成膜反应无法以一定的反应速率顺利进行；升高温度，成膜反应速率变快，形成的膜层的耐蚀性能和外观都明显得到改善；然而当温度过高时，将会导致膜层形成过快，膜的致密性降低。

（6）反应时间的影响　反应时间直接影响着转化膜的质量。反应时间过短，无法形成均匀致密的膜层，且膜层的厚度较薄，无法有效防护镁合金基体；反应时间过长，形成的转化膜过厚，膜层的内应力不均，导致膜层发生应力开裂，并且长时间的浸泡会使转化液中的腐蚀性离子长时间与转化膜接触而渗透到膜层中，对膜层有一定的破坏作用，甚至腐蚀基体。因此必须根据转化液的组成及其他相应工艺条件确定合适的转化时间。

七、植酸化学转化处理

植酸化学转化是有机酸转化中最常用的一种转化方法。植酸是从粮食作物中提取的有机磷酸化合物（化学名称为环己六醇六磷酸酯），室温下为无色或淡黄色液体，分子式为 $C_6H_{18}O_{24}P_6$。分子结构中含有能与金属配合的 24 个氧原子、12 个羟基、6 个磷酸基。这种独特的结构赋予了植酸很好的成膜性。植酸天然无毒，在金属表面与金属发生配位反应时，易形成一层致密的保护膜，可有效阻止腐蚀介质的渗入，从而对金属起到防护作用。用于镁合金的表面处理，不但环保，而且防护效果较好。此外有研究表明，植酸转化膜中含有的羟基、磷酸基和酯基等活性基团可与有机涂料中的极性基团形成氢键或发生化学反应，故其与有机涂层的粘接性更好，因此植酸转化膜还可用作镁合金涂层的底层。

镁合金植酸转化膜层的微观表面形貌如图 10-7 所示。植酸转化膜表面与传统的铬酸盐转化膜形貌相似，均类似于"龟裂的土地"，即网状微裂纹均匀分布；但与铬酸盐转化膜相比，植酸转化膜的裂纹间隙更宽，这种微裂纹的表面形貌有利于提高后续涂层的结合力。有研究表明，镁合金植酸转化膜层主要由 Mg、O、P、Mn、C、Al、Zn 等元素组成，其中 Mg、Al、Zn 来自镁合金基体，而 P 及部分 C、O 来自与镁合金反应的植酸。

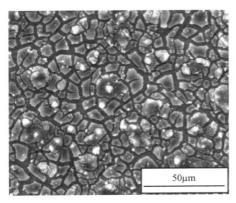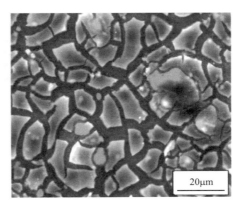

图 10-7　镁合金植酸转化膜层的微观表面形貌

植酸法获得的转化膜比铬酸盐转化膜均匀、致密、耐蚀性好，并且无毒环保，价格低廉，可代替铬酸盐处理。但会遇到与铬酸盐转化相类似的问题，当处理溶液中含有高分子化合物及有机重金属离子时，废液的处理较为困难。

1. 植酸化学转化处理工艺

镁合金植酸化学转化处理工艺如表 10-7 所示。

表 10-7 镁合金植酸化学转化处理工艺

溶液组成及工艺条件	工艺 1	工艺 2	工艺 3	工艺 4	工艺 5	工艺 6
植酸	4g/L	10mL/L	20mL/L	5g/L	0.5g/L	3.0%
硝酸钙/(g/L)			2			
偏钒酸铵/(g/L)			1			
酒石酸钠/(g/L)			2			
氟化钠/(g/L)						1～3
硼酸/(g/L)						20～40
pH 值	2	2.5	4	2	5	3
温度/℃	40	50	25	40	25～35	
时间/min	40	20	10	60	20	

注：工艺 1、工艺 4 为 AZ31B 镁合金处理；工艺 2 为 MB8 镁合金；工艺 3 为镁合金压铸件 AZ91D。

2. 植酸化学转化工艺影响因素

（1）植酸浓度的影响　镁合金植酸转化膜的形成过程可以看作是受控的金属腐蚀过程，其表面形貌薄厚不均是镁合金表面两相电化学性能相异在转化膜表面的反映。转化溶液中植酸浓度的变化影响了植酸螯合物的形成和转化膜的化学成分，从而影响了转化膜的表面形貌和耐蚀性能。镁合金植酸转化膜表面存在一定的裂纹，当植酸浓度较低时，转化膜层较薄，裂纹较浅；随着植酸浓度增大，转化膜层增厚，然而膜层中的裂纹随着植酸浓度增加而变大（图 10-8），通常而言过大的裂纹会使膜层耐蚀性下降。因此植酸的浓度应该控制在合理的范围内。

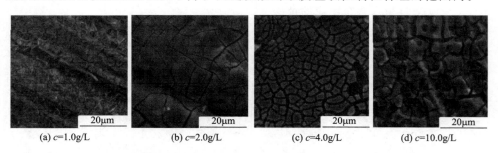

(a) c=1.0g/L　　(b) c=2.0g/L　　(c) c=4.0g/L　　(d) c=10.0g/L

图 10-8　镁合金在不同植酸浓度条件下转化膜的微观形貌

（2）添加剂的影响　在镁合金植酸转化液中可加入硝酸钙、偏钒酸铵、酒石酸钠、氟化钠等物质作添加剂。研究表明，在相同的条件下，加入此类添加剂后，所形成的转化膜膜层厚度比纯植酸转化膜厚，表面的裂纹尺寸小，耐蚀性能也略优于纯植酸转化膜。

（3）pH 值的影响 植酸溶液的 pH 值对转化膜的性能影响较大。当 pH 值较低时，初期在镁合金表面可快速形成植酸转化膜，但释放出的大量氢气阻碍了转化膜的进一步形成，致使转化膜不能完全覆盖于试样表面，耐蚀性较差。当 pH 值较高时，生成镁离子的电化学反应不容易被启动，所以镁合金表面可以和植酸根离子螯合的镁离子较少，膜的生长速度缓慢，所形成的转化膜较薄，不能对镁合金提供有效的防腐防护。因此，可以通过调整植酸的 pH 值控制转化膜的形成速度，从而获得具有较佳防腐性能的植酸转化膜。

（4）温度的影响 转化温度对转化膜的表面及防腐性能等有较大的影响，存在一最佳的温度范围，在此范围内，镁合金转化膜致密性好，耐蚀性也最好。温度过低时，植酸与镁离子的反应比较缓慢，成膜速度较慢，形成的植酸转化膜表面不均匀、凹凸不平，且有些地方还有较宽的裂纹，耐蚀性较差；温度过高时，转化反应速率很快，反应过程中释放出大量的氢气，使得形成的转化膜裂纹较宽、较深，耐蚀性也较差。

（5）时间的影响 成膜时间较短时，转化膜层较薄不完整，不能有效覆盖镁合金基体表面，耐蚀性较差。当时间逐渐延长时，膜层厚度也随之增加，但是膜层表面出现大块分布，裂纹增大，转化膜与基体的结合力较差，表面有脱落现象，故成膜时间不宜过长。

第二节 镁及镁合金阳极氧化处理

一、概述

阳极氧化是利用电解作用使金属表面形成氧化膜的过程，从而可以在镁及镁合金表面形成有效的保护层，显著提高镁及镁合金的耐腐蚀性能。阳极氧化是目前镁及镁合金常用的表面防护处理技术之一，与化学转化膜相比，阳极氧化膜较厚，且膜厚易于控制，可获得厚度为 $10 \sim 40 \mu m$ 的膜层；阳极氧化膜的电绝缘性能好，具有一定的强度和硬度，耐磨性和耐蚀性好。由于阳极氧化膜具有多孔结构，通常很少作表面层，一般可以在阳极氧化后进行后续处理，如涂漆、染色、封孔或钝化处理，比传统转化膜更经久耐用，因而广泛应用于工业生产中。镁阳极氧化技术的研究报道最早见于 1951 年以前，然而 1951 年以后 HAE 和 DOW17 工艺的相继出现才使阳极氧化技术在镁防护处理中的实际应用成为可能。此后，经过半个多世纪的探索，阳极氧化技术获得了一定发展。

镁合金阳极氧化需要在合适的电解液中进行，因此电解液的组成是影响阳极氧化膜性能的重要因素，它直接决定了膜层的组成成分和结构，是提高氧化膜层耐蚀性能的一个主要途径。电解液作为阳极氧化技术的介质，其组分和浓度直接影响合金的氧化行为和氧化膜的性能。电解液组成不同，弧光放电的电位、强度和时间就可能不同，形成的氧化膜表面形貌、颜色、厚度、组成和耐腐蚀性能也可能随之不同，所以电解液组分的选择非常重要。为了得到一种实用的电解液，需要注意以下几项：

① 电解液组分不会腐蚀镁合金基体。

② 电解液要足够稳定，尤其是对光和热的稳定性要好；各成分之间不会发生化学反应，挥发性要小。

③ 组分的浓度要适宜。一般来说，组分的浓度越高，可使用的时间越长，越便于管理，但过高的浓度会造成氧化的终止电压下降和成本增加。

④ 电解液要尽量无毒无害、环境友好。

二、镁合金传统阳极氧化工艺

传统的镁合金阳极氧化工艺可分为酸性的 DOW 系列工艺、碱性的 HAE 工艺及 Caustic 工艺等。但这些传统工艺的电解液含有铬酸盐、氟化物或磷酸盐等有害物质，随着全球环境污染的日益严重和人们环保意识的增强，其使用越来越受到限制。

1. 传统镁合金阳极氧化工艺

传统镁合金阳极氧化工艺如表 10-8 所示。

表 10-8 传统镁合金阳极氧化工艺

溶液组成及工艺条件	工艺 1	工艺 2	工艺 3	工艺 4	工艺 5	工艺 6
氟化氢铵(NH_4HF_2)/(g/L)	240～360					
重铬酸钠($Na_2Cr_2O_7 \cdot 2H_2O$)/(g/L)	100		20			
磷酸(H_3PO_4)/(g/L)	90					
偏硼酸钠($NaBO_2 \cdot 2H_2O$)/(g/L)		234				
硅酸钠($Na_2SiO_3 \cdot 2H_2O$)/(g/L)		66				
苯酚(C_6H_5OH)/(g/L)		7.5				
氢氧化钠(NaOH)/(g/L)		2.5			240	
硫酸铵[$(NH_4)_2SO_4$]/(g/L)			30			
氢氧化铵(NH_4OH)/(g/L)			2.2			
氢氧化钾(KOH)/(g/L)				135～165		140～180
氢氧化铝[$Al(OH)_3$]/(g/L)				34		40～60
氟化钠(NaF)/(g/L)				34		
磷酸钠(Na_3PO_4)/(g/L)				34		40～60
高锰酸钾($KMnO_4$)/(g/L)				20		
乙二醇醚($C_4H_{10}O_3$)/(mL/L)					83	
草酸钠($Na_2C_2O_4$)/(g/L)					2.5	
氟化钾/(g/L)						80～120
锰酸铝钾/(g/L)						20～50

续表

溶液组成及工艺条件	工艺 1	工艺 2	工艺 3	工艺 4	工艺 5	工艺 6
电源	交流	交/直流	—	交流	交流	交流
电压/V	70～90	120		70～90	6～24	60～100
电流密度/(mA/cm^2)	5～50	10～16		2～20		
温度/℃	71～92	20～30	49～60	15～30	73～80	
时间/min	5～25		10～30	8～60	20	
膜层厚度/μm	6～30			5～40		20～50
膜层颜色	绿色	深褐色	黑色	褐色	混合(浅白色至淡褐色)	深棕色

注：工艺 1 为 DOW17；工艺 2 为 DOW14；工艺 3 为 DOW9；工艺 4 为 HAE 工艺；工艺 5 为 Caustic 工艺；工艺 6 为含氟碱性电解工艺。

2. 工艺特点及操作注意事项

（1）DOW 阳极氧化法　DOW 系列阳极氧化法是 20 世纪 50 年代美国 DOW 公司开发的酸性氧化工艺，如 DOW17、DOW9 等，溶液中含有铬酸盐，基本适用于各种镁及其合金。该工艺是酸性溶液中应用最为广泛的一种阳极氧化方法。缺点是在酸性溶液中，镁合金基体消耗较多，溶液中含有有毒、致癌物质 Cr^{6+}，对环境和人类健康造成危害。

（2）HAE 阳极氧化法　HAE 阳极氧化法采用碱性溶液，溶液中含有大量的氢氧化钾，具有清洗作用，可以省去前处理中的酸洗工序，适用于各种镁合金的处理。由于使用温度较低，需要冷却装置，但溶液的维护及管理比较容易。用该工艺所得膜层硬度很高，耐热性、耐蚀性及结合力均良好。

镁是化学活性很强的金属，故阳极氧化一经开始必须保证迅速成膜，才能使镁基体不受溶液的浸蚀。溶液中的氟化钾和氢氧化铝的作用，就是促使镁合金在阳极氧化初始阶段能够迅速成膜。在阳极氧化开始阶段，必须迅速提高电压维持规定的电流密度，才能获得正常的膜层。若电压不能提升，或提升后电流大幅度增大而降不下来，表示镁合金表面并没有成膜，而是发生局部电化学溶解。这一现象的出现表明溶液中上述组分的含量不足，应加以补充。高锰酸钾主要对膜层结构和硬度有影响，使膜层致密，提高显微硬度。若膜层硬度下降，应考虑补加高锰酸钾。溶液中其含量增加时，氧化过程的终止电压可以降低。

为了提高氧化膜的防护性能及与涂层的结合力，氧化处理后可在 NH_4HF_2 100g/L 和 $Na_2Cr_2O_7 \cdot 2H_2O$ 20g/L 的溶液中，室温下进行 1～2min 的封闭处理。

（3）Caustic 阳极氧化法　Caustic 阳极氧化法采用碱性溶液，具有清洗作用，适用于各种镁合金的处理。在该溶液中含有稀土，镁合金成膜速度快，故可采用低电流密度进行处理。所得膜电绝缘性及耐蚀性良好，硬度高，可不经涂装处理使用。在恶劣环境中使用时，表面可再进行一次涂装处理。

氧化开始前，将工件在处理液中静置 3～5min 以净化工件表面，然后进行电解处理。电解结束时，先切断电源，约 2min 后将工件从溶液中取出以增加膜的稳定性。工件取出后，在 NaF 50g/L 和 $Na_2Cr_2O_7 \cdot 2H_2O$ 50g/L 溶液（20～32℃）中，进行 5min 左右的中和处理。

（4）碱性氧化法 所得膜外观均匀，较粗糙，多孔，耐磨性较好。采取绝缘措施后，可氧化组合件。锰酸铝钾制取过程中，配料里的 $Al(OH)_3$ 为可溶性（或干凝胶）$Al(OH)_3$。溶液配制时，注意不要将自制的锰酸铝钾直接溶解在水中，而是要溶解在提前配好的 5% KOH 溶液中（不可以用 NaOH 代替），得到的绿色溶液中每 100g 含 MnO_2 24～26g。将计算量的锰酸铝钾碱性溶液和 KOH 加入槽中溶解。将 $Al(OH)_3$ 溶解于 KOH 溶液中〔不能过稀，KOH 质量约为 $Al(OH)_3$ 的 2 倍〕，加热至 65～90℃直至全部溶解后加入槽中。加入 KF 和 Na_3PO_4，稀释至总体积，搅拌至全部溶解后，过滤溶液。

三、镁合金环保阳极氧化工艺

镁合金环保阳极氧化工艺是指氧化液不含铬酸盐、氟化物及磷酸盐这些对环境、人体有害的物质。目前镁合金阳极氧化大都是在碱性体系下进行的，氧化电解液主要由成膜剂和添加剂等成分组成。成膜剂往往是镁合金的钝化剂，环保型的氧化电解液的成膜剂主要由氢氧化物、硅酸盐、铝酸盐、硼酸盐、碳酸盐等物质中的一种或几种组成，它们能够和 Mg^{2+} 形成稳定的沉淀物，是阳极氧化膜的主要组分。此外，电解液中还通常加入各种添加剂，可以起到辅助成膜剂、缓蚀剂、稳定剂、促进剂、性能改善剂等的作用。

（一）镁合金环保阳极氧化工艺

镁合金阳极氧化电解液目前主要采用碱性的铝酸盐体系或硅酸盐体系或其复合盐体系，具体的氧化工艺如表 10-9 所示。

表 10-9 镁合金环保阳极氧化工艺

溶液组成及工艺条件	工艺 1	工艺 2	工艺 3	工艺 4	工艺 5	工艺 6
硅酸钠(Na_2SiO_3)/(g/L)	60	20	100	70		30
氢氧化钾(KOH)/(g/L)	50			60		
硼酸钠($Na_2B_4O_7 \cdot 10H_2O$)/(g/L)	40	100		60		
氢氧化钠(NaOH)/(g/L)		50	45		100	30
碳酸钠(Na_2CO_3)/(g/L)		30		30	2	
氢氧化铝/(g/L)					20	
EDTA/(g/L)			68			
纳米氧化铝(Al_2O_3)/(g/L)			10			
植酸/(mL/L)	5		11			
添加剂Ⅰ/(g/L)					30	

续表

溶液组成及工艺条件	工艺 1	工艺 2	工艺 3	工艺 4	工艺 5	工艺 6
添加剂 II /(g/L)					10	
铝酸钠（NaAlO₂）/(g/L)						30
添加剂 A/(g/L)						10
添加剂 B/(g/L)						8
温度/℃	<40	室温	20	25	40	
电源	恒流	脉冲	恒流	恒流	恒压	恒压
电流密度/(mA/cm²)	20		10	15		
电压/V		60			10	100
占空比/%		10				
脉冲频率/Hz		300				
时间/min	20	15	20	10	<120	3
搅拌		搅拌		搅拌		搅拌

注：工艺 1 为 AZ31 镁合金阳极氧化；工艺 2 为稀土盐镁合金阳极氧化；工艺 3 为 AZ31 镁合金复合阳极氧化；工艺 4 为 AZ31B 镁合金阳极氧化；工艺 6 为 AZ91D 镁合金阳极氧化。

（二）溶液组成和工艺参数的影响

1. 溶液组成的影响

（1）主成膜剂　根据体系不同，经常使用的有硅酸钠、铝酸钠或它们的组合。主成膜剂能使镁合金在电解液中迅速发生钝化反应，生成一层绝缘膜，增加电极/溶液界面的电阻，使初期电压能够迅速上升，防止镁合金基体的过度阳极溶解。

（2）成膜促进剂　有助于放电，提高溶液的电导率，主要有氢氧化钠、氢氧化钾和铝酸钠等。例如，镁及其合金只有在碱性溶液中才能稳定存在。镁合金阳极氧化电解液中常加入碱金属氢氧化物。

（3）稳定剂　可以抑制试样表面尖端放电，提高电解液稳定性，同时还能提高膜的耐蚀性，主要有甘油、乙二胺四乙酸二钠、硼酸钠等。

（4）性能改善剂　减少膜层的孔洞和裂纹，相应地提高氧化层的致密性、耐蚀性能，如钨酸钠、稀土、各类有机添加剂如乙二胺四乙酸和表面活性剂等。

（5）色彩调整剂　含有 Cu^{2+}、Ni^{2+}、Cr^{3+} 等的添加剂能够调整镁合金氧化膜的色彩。例如：在铝酸盐电解液中加入重铬酸钾，生成的氧化膜呈绿色；在硅酸盐电解液中加入不同浓度的高锰酸钾，可得到淡黄色、深黄色或咖啡色陶瓷膜；在硅酸盐电解液中加入偏钒酸钠，可获得棕黑色或深绿色氧化膜。

（6）纳米微粒　在氧化液中加入改性颗粒，可使膜层中增加新相成分，对膜层起到修饰、封孔的目的，提高氧化膜层的综合性能。例如：加入 Al_2O_3 微粒后陶瓷膜孔洞减少，且疏松层变得紧实，耐蚀性有很大提高，但膜层的耐磨性效果不佳；石墨是优良的固体润滑剂，纳米石墨通过机械形式分散于氧化层中，可使氧化层具有减摩作用，耐磨性增强，使 ZM5 合金的室温磨损机理由磨粒磨损和氧化磨损转变为疲劳磨损；含 ZrO_2 的膜层耐热冲击可达到 500℃，减小电流密度可进一步提高其耐热冲击性。

2. 工艺参数的影响

（1）pH 值　电解液的 pH 值对镁合金阳极氧化成膜过程及膜层质量有明显影响。pH≤10 时不能形成完整的氧化膜；pH＝10～12 时，氧化膜完整但是表面比较粗糙；pH＝12～13 时，氧化膜细致光滑，耐蚀性能较好。

（2）温度　在不同的电解液体系中进行阳极氧化的温度各不相同。温度过低，氧化作用相对较弱，不容易得到有良好遮盖力的氧化膜，而且还易使氧化膜变脆。温度过高，则会加剧电解液对氧化膜微孔的溶解，使得膜厚与硬度下降，因此，针对不同的电解液应选择合适的电解液温度。

（3）氧化时间　随着氧化时间的延长，氧化膜厚度显著增大，但增加速度有所降低。也有试验发现，随着氧化时间的延长，氧化膜粗糙度增加。

（4）电参数

① 电流密度　随着电流密度的增大，氧化电压增长速度呈上升趋势，氧化更容易发生，氧化膜厚度明显增加。但是当电流密度过大时，成膜效率下降，氧化膜外观质量降低。

② 槽电压　对氧化层形貌有较大影响。随着电压的增加，氧化层微孔及裂纹的尺寸越来越小，且膜层越来越厚，但是当电压过大时，膜层变得疏松且不再增厚。

③ 频率　阳极氧化时采用脉冲电源可有效改善氧化膜的质量。脉冲电源的频率是衡量电源质量的一个重要指标，也是影响镁合金阳极氧化膜质量和性能的因素之一。在一定范围内，随着电源频率的增加，氧化膜的厚度增加，膜层的表面粗糙度减小，微孔孔径减小，孔数逐渐增加，而且微孔的形状逐渐呈规则均匀分布，氧化膜的致密度增加，耐蚀性能提高。当阳极氧化工作电压大于击穿电压后，样品表面会产生火花放电，使阳极表面局部温度升高。频率越高，每次击穿时产生的能量越小，喷发出的熔融物的量就越小；另外，频率越高，一个脉冲的时间越短，每次氧化持续的时间就越短，这样电解液就有越多的时间冷却镁合金试样。这两方面的作用结果都使得氧化膜的孔径减小，使氧化膜的耐蚀性得到提高。然而，频率越高，在恒流模式下电压也就越高，对电源的要求就越高，有时会使电源无法运行。

④ 占空比　占空比是指有效电平在一个周期内所占的时间比率。占空比越大，电路开通时间就越长，氧化的时间就越长。当占空比增大时，会使单个脉冲的放电量增大，火花放电时，会使氧化膜局部发生强烈放电，从而引起氧化膜表面烧损，导致其耐蚀性下降。同时，单脉冲放电能量增加，热析出增大，放电区

的温度会快速升高，在放电区氧化膜的熔融量增大，熔融物在电解液的冷淬下快速凝固时会形成较大的气孔，氧化膜的表面粗糙度和孔隙率也增大，氧化膜变得相对比较疏松，致密度下降，导致其耐蚀性下降。

（三）工艺流程

阳极氧化一般是以镁合金试样为阳极，以不锈钢片为阴极，采用恒流或恒压或脉冲模式进行氧化。阳极氧化过程中，通过水浴加冰的方式控制氧化温度低于30℃。为保证操作过程中电解液组分均匀，使用磁力搅拌器不断搅拌溶液。阳极氧化工艺流程较简单，如下所示：

碱性除油→水洗→酸浸→活化→阳极氧化→水洗→封孔→水洗→烘干。

四、阳极氧化膜的形成过程及组成

1. 阳极氧化膜的形成过程

镁及其合金阳极氧化的成膜机理较为复杂。镁合金的阳极氧化主要发生在碱性电解质溶液中，电流密度大，电压高，而且伴随着火花放电现象的发生。火花放电发生时，由于阳极氧化局部温度高达 1000℃，产生的可促进化学、电化学反应的激发态物质很多，涉及很多物理过程（如熔融、沉积）和化学过程（如电化学、热化学、等离子化学等）。同时由于基体镁的溶解以及溶液中的电解质可能进入膜层，镁及其合金的阳极氧化过程非常复杂。

由于镁及其合金化学活性很高，在空气中极易氧化，在对镁合金进行表面处理时，即生成了一层由氢氧化镁、氧化镁或碳酸镁、亚硫酸镁等组成的薄膜。所以，镁合金的阳极氧化过程实际上是一个阳极氧化膜取代自氧化薄膜的过程。一般的阳极氧化在阳极上有两个基本过程，即析出氧和生成膜。

阳极反应：

$$2OH^- \longrightarrow H_2O+O+2e$$
$$O+Mg \longrightarrow MgO$$
$$O+Mg+H_2O \longrightarrow Mg(OH)_2$$
$$Mg \longrightarrow Mg^{2+}+2e$$
$$2OH^-+Mg^{2+} \longrightarrow Mg(OH)_2$$

阴极反应：

$$2H^++2e \longrightarrow H_2 \uparrow$$

图 10-9 是镁合金阳极氧化的电压-时间及氧化膜厚度-时间变化曲线。由图 10-9 可知，在镁合金阳极氧化过程中，氧化电压、氧化膜厚度随时间的变化而呈现不同阶段的变化。阳极氧化过程中槽电压和膜厚的变化大致可分为 4 个阶段：

（1）开始阳极氧化至电火花出现之前的阶段 该阶段中槽电压随时间增加按线性规律迅速升高，膜的厚度也线性增加。

（2）电火花萌生至多个小火花在镁合金表面快速游动的阶段 该阶段中槽电压随时间的延长而缓慢增加，膜厚的增加也较缓慢。

（3）出现中等电火花的阶段 槽电压和膜厚迅速升高。

（4）出现大的电火花直至结束的阶段 槽电压出现波动，并随时间延长而增大，但基本维持在一定范围内，膜厚增加速度减小。

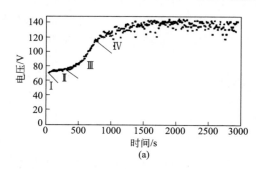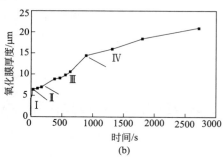

图 10-9 镁合金阳极氧化的电压-时间变化曲线（a）及氧化膜厚度-时间变化曲线（b）

2. 氧化膜组成与微观结构

镁合金的阳极氧化膜层与铝合金类似，也是由基底上生长的致密层和与溶液直接接触的多孔的疏松层组成。氧化膜的组成主要是氧化镁。此外，根据氧化液组成的不同，氧化膜的组成也有所不同，如：铝酸盐电解液中氧化，氧化膜中含有 Al_2O_3 和 $MgAl_2O_4$（$MgO \cdot Al_2O_3$）等；而硅酸盐电解液中氧化，氧化膜组成中就会含有 Mg_2SiO_4 等物质。

镁合金阳极氧化膜的微观形貌会受电解质种类与浓度、基体、时间、温度、电流密度等条件影响。总的来看，镁合金阳极氧化膜微观形貌均具有熔融状、多孔状、微裂纹的特征。

① 熔融状形貌是由于强烈火花放电使镁合金表面瞬间温度达 1000℃ 以上，阳极氧化产物被周围的低温溶液"淬冷"而形成的。在熔融状产物周边常附着有"球状颗粒"氧化物，可能是由于在镁合金熔融过程中颗粒氧化物被气泡带出从微孔中喷射而形成。

② 多孔状形貌是由于强烈的火花放电、高电压、大量气泡析出、氧化膜非均匀生长而形成。有的镁合金氧化膜孔隙率甚至高达 40%。微孔既是阳极氧化放电通道，也是熔融状氧化物不断排出于氧化膜表面的通道。多数微孔呈圆形或椭圆形，是火花放电的结果，会随阳极氧化而不断扩大；有的微孔呈不规则的隙缝，是火花放电产物堆积的结果，会随着阳极氧化而不断减小。

③ 微裂纹形貌是由于阳极氧化膜受到热应力和拉应力而形成。一是熔融状氧化物受低温电解液快速凝固过程所产生的过大热应力影响，造成氧化膜微裂；二是镁合金阳极氧化膜大多含有 MgO，MgO 的金属与氧化物体积之比（P/B）

约为 0.79，小于 1，这导致膜层受到拉应力，镁合金表面不能形成完整的氧化膜，从而形成网状微裂纹。当阳极氧化时氧化膜离子电流取决于阳离子时，应力产生除了取决于金属与氧化物体积之比，还与膜层增长速度、温度变化量有关。

五、阳极氧化膜的封孔

(一) 封孔的目的和工艺

经阳极氧化处理后，镁合金基体表面生成了结合力强、电绝缘性好、耐蚀性好的阳极氧化膜。镁合金阳极氧化膜的结构如图 10-10 所示。从图 10-10 可知，镁合金阳极氧化膜表面存在许多微孔，分为紧密层和疏松层两层结构：紧密层在陶瓷层内部，与基体结合紧密；而疏松层存在孔隙。氧化膜的多孔结构虽为进一步涂覆有机涂层构成了优良基底，但也为膜层下基体腐蚀的发生埋下了隐患。在腐蚀环境中腐蚀液可以穿过微孔渗入基体造成其腐蚀，导致涂层使用寿命大大降低。因此，为提高氧化样品的耐蚀、防污染和电绝缘性能，同时使制品外观持久不变，一般需要对镁合金阳极氧化膜进行封孔处理。

由于镁合金阳极氧化膜封孔技术不如铝合金那么成熟，因此一般是借鉴铝合金氧化膜封孔技术。而铝合金氧化膜封孔方法按照原理来分主要有水合反应、无机物填充和有机物填充三大类，因而镁合金的封孔方法基本上也可以分为这几大类。表 10-10 为常用的镁合金阳极氧化封孔工艺。

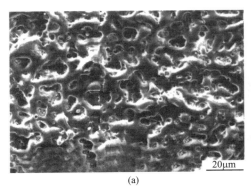
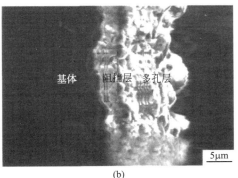

图 10-10 镁合金阳极氧化膜表面形貌 (a) 及截面形貌 (b)

表 10-10 常用的镁合金阳极氧化封孔工艺

溶液组成及工艺条件	沸水封孔	铬酸盐封孔	硅酸盐封孔	溶胶-凝胶封孔	有机物封孔
水(H_2O)	纯水				
氟化氢铵(NH_4HF_2)/(g/L)		81			
重铬酸钠($Na_2Cr_2O_7$)/(g/L)		20			
硅酸钠(Na_2SiO_3)(体积分数)			10%		

续表

溶液组成及工艺条件	沸水封孔	铬酸盐封孔	硅酸盐封孔	溶胶凝胶封孔	有机物封孔
二氧化硅溶胶(体积份)					
正硅酸乙酯				4	
无水乙醇				3	
水				1.28	
盐酸(HCl)				适量	
石蜡					固体石蜡溶解
温度/℃	90～100	室温	85～100	室温	120
时间/min	10	1	2	20s	15
特点	操作简单,有较好的封闭作用;未能完全填充孔洞,温度较高	简单易行、耐蚀性较好;Cr^{6+}有毒	工艺简单;绿色环保	溶胶纯度高,转化温度低;处理工艺复杂	操作简单,无污染;封孔效果好,耐蚀性高

(二) 封孔的原理和影响因素

1. 沸水封孔

镁合金的沸水封孔处理工艺是参照铝合金的相关工艺,而铝合金的沸水处理工艺通常是在接近沸腾的纯水中,通过氧化铝的水合反应,将非晶态氧化铝转化成为勃姆体的水合氧化铝。由于水合氧化铝比原阳极氧化膜的分子体积大了30%,体积膨胀使得阳极氧化膜的微孔填充封孔,阳极氧化膜的抗污染性和耐腐蚀性随之提高。王周成等采用该方法对 AZ91D 镁合金氧化膜进行封孔,证明水合封孔能有效地对孔洞起到填充作用,降低了氧化膜的孔隙率,提高了镁合金的耐蚀性。水合封孔原理可能是利用表面的金属元素同沸水反应形成金属的氢氧化物或氧化物沉淀,沉积在孔洞中从而将孔洞填充起来。水合封孔虽简单有效、使用方便,但封孔温度高、能耗大。而且水合封孔不能使氧化膜中直径较大的孔洞完全填充,因而其效果不是很理想。另外,对于铝合金氧化膜,封孔效果很大程度上取决于维持高水质和控制 pH 值。由于与铝氧化膜性质不同,镁合金氧化膜封孔时沸水有何影响以及水合封孔机理都有待进一步研究。

2. 铬酸盐封孔

铬酸盐封孔技术简单易行、耐蚀性较好,在铝合金氧化膜上使用较早。这种方法也用于镁合金氧化膜的封孔上,如著名的 HAE 工艺就采用它封孔。但由于含有有毒的六价铬,因此现在很少采用。

3. 硅酸盐封孔

硅酸盐封孔也叫水玻璃封孔,是一种用得较多的封孔工艺。封孔原理是氧化膜如 $Mg(OH)_2$ 与 Na_2SiO_3 反应生成 $MgSiO_3$ 沉淀,另外空气中的 CO_2 会与试样上残留的水玻璃发生反应,生成 SiO_2 从而封住孔隙。反应式为:

$$Mg(OH)_2 + Na_2SiO_3 \Longrightarrow 2NaOH + MgSiO_3 \downarrow$$
$$Na_2SiO_3 + CO_2 \Longrightarrow SiO_2 + Na_2CO_3$$

硅酸盐封孔最大的优点是工艺及所用试剂简单，且硅酸盐对人类和环境无危害，符合绿色环保要求。

4. 溶胶-凝胶封孔

溶胶-凝胶封孔是一种物理封孔法，该方法先采用溶胶-凝胶方法制得溶胶，然后采用浸渍-提拉法对镁合金氧化涂层进行封孔处理，最后在烘箱中加热制得封孔涂层。溶胶可浸入氧化膜的微孔，并填满孔洞，形成有效封孔，并且溶胶层作为阻挡层来提高镁合金氧化试样的耐蚀性。已报道用于镁合金氧化膜上封孔的溶胶有 Al_2O_3 和 SiO_2。溶胶-凝胶封孔处理不仅可使镁合金氧化试样的耐蚀性提高，而且还可显著提高镁合金氧化试样在 400℃ 下的抗氧化性能，对镁合金基体有很好的保护作用。溶胶-凝胶方法的优点是溶胶纯度高，晶相转化温度低，微观结构较易控制；缺点是处理工艺多，而且由于氧化膜孔径尺寸有限，较大颗粒的溶胶不易进入膜孔。

5. 有机物封孔

有机物封孔法也是镁合金阳极氧化膜常用的一种封孔方法。该方法是采用涂料刷涂、喷涂、浸渍或电泳法涂装等方法在镁合金表面涂覆有机物，不仅可以改善镁合金的耐蚀性能、抑制镁合金的电偶腐蚀，还可以达到美观的效果。可选择涂覆的有机物种类较多，分为石蜡系列、热可塑性树脂系列（如乙烯树脂）、热硬化性树脂系列（如环氧树脂）、氟树脂系列（如聚四氟乙烯树脂）、有机高分子系列（如硅树脂）等。有机物涂层封孔是物理封孔方法，因此在选择有机封孔剂时，一方面要选择与氧化膜浸润程度大的试剂，这样它们能深入地渗透到氧化膜孔洞里面；另一方面考虑到表面现象的作用，涂层的表面张力应该比较小，这样有利于涂层在氧化膜表面的铺展和涂层通过毛细作用进入氧化膜的孔洞内部。故在选择有机涂覆层时应尽量选择表面活性强的涂层。

有机物封孔适应性广，工艺简单，成本低廉，对基体可以起到较好的保护作用，在镁合金表面处理方法中有很好的商业应用前景。但是由于有机物封孔是利用物理吸附作用使有机物流动填充到孔洞中将其封闭起来，涂层与基体的结合不太紧密，这是制约其发展的一个重要因素。开发新型涂层材料和涂覆工艺是提高有机涂层使用性能的良好途径。

参考文献

[1] 屠振密，刘海萍，张锦秋. 防护装饰性镀层［M］. 第2版. 北京：化学工业出版社，2014.

[2] 高焕方. 镁合金环保型化学转化膜制备及其性能研究［D］. 重庆：重庆大学，2011.

［3］ 白丽群，钱建刚，舒康颖，等. 镁合金铈化学转化工艺及性能研究［J］. 材料导报，2009，23（2）：71-74.

［4］ 赵明. 镁合金表面无铬化学转化处理新技术研究［D］. 武汉：华中科技大学，2006.

［5］ 陈阳. 镁合金化学转化膜的制备及其性能研究［D］. 沈阳：沈阳理工大学，2014.

［6］ 周游，姚颖悟，吴坚扎西，等. 镁合金化学转化膜的研究进展［J］. 电镀与精饰，2013，35（5）：15-18.

［7］ Mato S, Alcala G, Skeldon P, et al. High-resistivity magnesium-rich layers and current instability in anodizing a Mg/Ta alloy［J］. Corrosion Science, 2003, 45（8）: 1779-1792.

［8］ 刘丹. 镁合金表面防护处理技术的研究现状与前景展望［J］. 电镀与精饰，2017，39（12）：25-28.

［9］ 王明，邵忠财，张庆芳，等. AZ91 镁合金化学转化膜的制备及耐蚀性能的研究［J］. 电镀与精饰，2014，36（1）：36-40.

［10］ 赵强，周婉秋，武士威，等. 镁合金无铬化学转化膜的研究进展［J］. 电镀与精饰，2010，32（8）：30-33.

［11］ 陈君，兰祥娜，程绍琼. 镁合金表面磷酸盐转化膜的研究进展［J］. 西华大学学报，2016，35（2）：6-11.

［12］ 胡伟，徐淑强，李青. AZ91D 镁合金锌系磷化膜成膜机理和生长过程的研究［J］. 功能材料，2010，41（2）：260-263.

［13］ 赵强，周婉秋，武士威. AM60 镁合金锰系磷酸盐转化膜的耐蚀性研究［J］. 电镀与环保，2011，31（3）：27-30.

［14］ 周蕾玲，马立群，丁毅. AZ31 镁合金表面磷酸盐-高锰酸盐化学转化膜性能的试验研究［J］. 轻合金加工技术，2009，37（5）：37-40.

［15］ 农登，宋东福，戚文军，等. AZ91D 镁合金磷酸盐-高锰酸盐体系化学转化工艺［J］. 电镀与涂饰，2012，31（5）：41-44.

［16］ 尚庆波. 镁合金稀土转化膜结构与耐腐蚀性能研究［D］. 哈尔滨：哈尔滨工业大学，2010.

［17］ 冯崇敬. AZ91D 镁合金稀土转化膜成膜工艺及膜层性能的研究［D］. 成都：西华大学，2010.

［18］ 王宁宁. AZ63 镁合金表面稀土转化膜的研究［D］. 重庆：重庆大学，2013.

［19］ 白丽群，钱建刚，舒康颖，等. 镁合金稀土镧化学转化工艺研究［J］，腐蚀与防护，2009，30（7）：466-469.

［20］ 匡娟，李壮壮，巴志新，等. 镁合金表面稀土转化膜工艺研究进展［J］. 铸造技术，2016，37（4）：679-683.

［21］ 李玲莉，杨雨云，赵刚，等. 镁合金表面钇盐化学转化膜的制备与表征［J］. 哈尔滨工程大学学报，2012，33（12）：1553-1558.

［22］ 王明. 镁合金化学转化膜制备及性能研究［D］. 沈阳：沈阳理工大学，2014.

［23］ 王章忠，戴玉明，巴志新，等. 镁合金锡酸盐化学转化表面处理工艺研究［J］. 金属热处理，2008，33（8）：89-92.

［24］ 吴丹，杨湘杰，金华兰，等. 以锡酸钠为主盐的 AZ91D 镁合金化学转化处理工艺［J］. 腐蚀与防护，2008，29（2）：62-65.

［25］ 霍宏伟，李华为，陈庆阳，等. AZ91D 镁合金锡酸盐转化膜形成机理和腐蚀行为研究［J］. 表面技术，2007，36（5）：1-3.

［26］ 周游. 镁合金化学转化膜的制备与性能研究［D］. 天津：河北工业大学，2013.

［27］ 吴海江，许剑光，郭世柏，等. 镁合金表面钼酸盐转化膜的制备及其耐蚀性研究［J］. 材料保护，2010，43（10）：14-165.

［28］ 朱青，朱明，余勇，等. AZ91D 镁合金 Mo-Mn 无铬转化膜的制备与耐蚀性［J］. 表面技术，

2015, 44（8）: 9-14.

[29] 郭志丹, 夏兰廷, 杨娜. AZ31 镁合金表面钼酸盐（Na₂MoO₄）转化膜的研究 [J]. 铸造设备与工艺, 2010（1）: 23-26.

[30] Zhang Y, Yan C W, Wang F H, et al. Study on the environmentally friendly anodizing of AZ91D magnesium [J]. Surface and Coatings Technology, 2002, 161（1）: 36-43.

[31] Liang J, Srinivasan P B, Blawert C, et al. Comparison of electrochemical corrosion behaviour of MgO and ZrO₂ coatings on AM50 magnesium alloy formed by plasma electrolytic oxidation [J]. Corrosion Science, 2009, 51（10）: 2483-2492.

[32] 周游, 姚颖悟, 吴锋, 等. AZ31 镁合金钼酸盐转化膜制备及性能研究 [J]. 电镀与精饰, 2013, 35（7）: 38-40.

[33] 朱婧, 雍止一, 邱晨, 等. 镁合金钼酸盐/磷酸盐复合转化膜的制备 [J]. 电镀与环保, 2008, 28（1）: 23-26.

[34] 程玮璐, 王桂香. 镁合金表面有机物转化膜的研究进展 [J]. 电镀与环保, 2009, 29（4）: 5-9.

[35] 张小琴, 赵晴, 王帅星, 等. MB8 镁合金植酸转化膜的制备及性能 [J]. 表面技术, 2011, 40（20）: 79-82.

[36] Srinivasan P B, Liang J, Blawert C, et al. A preliminary study of calcium containing plasma electrolytic oxidation coating on AM50 magnesium alloy [J]. Journal of materials science, 2010, 45（5）: 1406-1410.

[37] 赵雅情, 戚文军, 宋东福, 等. 添加剂及 pH 对压铸镁合金 AZ91D 植酸转化膜的影响 [J]. 铸造技术, 2012, 33（5）: 565-568.

[38] 宋东福, 赵雅情, 戚文军, 等. 压铸镁合金植酸转化处理中添加剂的研究 [J]. 材料导报 B: 研究篇, 2013, 27（10）: 99-102.

[39] 杨秦欢, 陈周, 熊中平. 十二烷基苯磺酸钠增强 AZ91D 镁合金阳极氧化膜耐蚀性研究 [J]. 电镀与精饰, 2017, 39（12）: 5-9.

[40] 杨旭, 李兰兰, 贺建, 等. 镁合金的微观结构对其上制备植酸转化膜的影响 [J]. 表面技术, 2012, 41（4）: 27-30.

[41] 陈言坤, 鲁彦玲, 杜仕国, 等. 植酸浓度对 AZ91D 镁合金表面植酸转化膜的影响 [J]. 功能材料, 2011, 增刊（42）: 423-426.

[42] 高焕方, 龙飞, 谭怀琴, 等. 转化时间对 AZ31B 镁合金植酸转化膜的影响 [J]. 腐蚀与防护, 2014, 35（11）: 1108-1112.

[43] 高焕方, 张胜涛, 李军, 等. 温度对 AZ31B 镁合金植酸转化膜性能的影响 [J]. 材料保护, 2011, 44（9）: 35-37.

[44] 陈言坤, 杜仕国, 鲁彦玲, 等. pH 值对 AZ91D 镁合金表面植酸转化膜的影响 [J]. 表面技术, 2010, 39（5）: 80-83.

[45] Lu S T, Qin W, Wu X H, et al. Effect of Fe³⁺ ions on the thermal and optical properties of the ceramic coating grown in-situ on AZ31 Mg alloy [J]. Materials Chemistry and Physics, 2012, 135（1）: 58-62.

[46] Zhang S F, Hu G H, Zhang R F, et al. Effects of electric parameters on properties of anodic coatings formed on magnesium alloys [J]. Materials Chemistry and Physics, 2008, 107（2）: 356-363.

[47] 惠华英. AZ31 镁合金环保型阳极氧化工艺的研究 [D]. 长沙: 湖南大学, 2006.

[48] 沟引宁. 镁合金表面 Al₂O₃ 纳米粒子增强阳极氧化膜成膜机制及性能研究 [D]. 重庆: 重庆大学, 2015.

[49] 邓姝皓, 易丹青, 毛俊华, 等. 镁及镁合金环保型阳极氧化工艺研究 [J]. 电镀与涂饰, 2005, 24 (1): 15-19.

[50] 郭兴华, 安茂忠, 杨培霞, 等. 镁合金环保型阳极氧化电解液组成优化及膜层性能的评价 [J]. 航空材料, 2009, 29 (5): 44-50.

[51] 章珏. 稀土镁合金环保型阳极氧化工艺的研究 [D]. 赣州: 赣南师范学院, 2014.

[52] 马晓春, 倪玉萍, 李涛. 镁合金环保型阳极氧化膜的耐蚀性能研究 [J]. 浙江工业大学学报, 2011, 39 (2): 206-208.

[53] 刘渝萍, 李婷婷, 李晶, 等. 镁合金阳极氧化膜的生长动力学过程 [J]. 稀有金属材料与工程, 2014, 43 (4): 1013-1018.

[54] 钱建刚, 李荻, 王学力, 等. 镁合金阳极氧化膜的结构、成分及其耐蚀性 [J]. 高等学校化学学报, 2005, 26 (7): 1338-1341.

[55] 张荣发, 王方圆, 胡长员, 等. 镁合金阳极氧化膜封孔处理的研究进展 [J]. 材料工程, 2007 (11): 82-86.

[56] 蔡启舟, 王栋, 骆海贺, 等. 镁合金微弧氧化膜的 SiO_2 溶胶封孔处理研究 [J]. 特种铸造及有色合金, 2006, 26 (10): 612-614.

[57] 贾方舟, 孙国进, 张联英, 等. 石蜡封孔的稀土镁合金微弧氧化膜的耐蚀性 [J]. 材料保护, 2014, 47 (10): 9-11.

[58] 王周成, 唐毅, 许杰. AZ91D 镁合金微弧阳极氧化及表面处理研究 [J]. 厦门大学学报 (自然科学版), 2006, 45 (增刊): 292-295.

[59] Hiroki H, Fumitaka K, Khurram S, et al. Growth of barrier-type anodic films on magnesium in ethylene glycol electrolytes containing fluoride and water [J]. Electrochimica Acta, 2015, 179: 402-410.

[60] Santamaria A M, Quarto F D, Marcus P, et al. The influence of surface treatment on the anodizing of magnesium in alkaline solution [J]. Electrochimica Acta, 2011, 56 (28): 10533-10542.

[61] 张小玲, 姬森, 孟杰, 等. 环保型镁合金阳极氧化电解液优化 [J]. 辽宁化工, 2018, 47 (08): 767-770.

[62] 穆伟. 汽车用 5052 铝-镁合金阳极氧化及封闭工艺的研究 [J]. 电镀与环保, 2017, 37 (04): 53-55.

第十一章

镁及镁合金微弧氧化处理

第一节 镁及镁合金微弧氧化技术

镁合金微弧氧化是一种新型的镁合金表面处理技术，其原理是通过脉冲电参数和电解液的配比调整，在阳极表面产生微区弧光放电现象，进而在金属表面原位生长出一层厚达几百微米的陶瓷膜层。此方法的电解液无污染，所生成的膜层与基体结合力强，硬度高，具有优异的耐磨、耐腐蚀性能，目前已成为实用性强、应用面广的镁合金表面防护新方法。

一、微弧氧化技术发展历史

微弧氧化（MAO）又称等离子微弧氧化、微等离子体氧化、等离子体增强电化学表面陶瓷化、等离子体电解氧化、微弧放电氧化、阳极火花沉积、火花放电阳极氧化、火花阳极氧化。20世纪30年代，国外发现微弧放电现象。20世纪50年代，美国的一些兵工厂开始研究阳极火花技术，直到70年代以后才注意到这种现象在金属表面氧化处理中所具有的价值。同时，美国的两所大学用直流或单向脉冲电源研究铝、钛等金属表面火花放电沉积薄膜。1969年，苏联对铝及铝合金材料施加电压，当其高于火花区电压时，获得了性能很好的氧化物陶瓷膜。这种在微电弧条件下通过氧化获得涂层的过程，称为微弧氧化。到80年代，利用火花放电在纯铝材表面获得了含 $\alpha\text{-}Al_2O_3$ 的硬质膜层。

我国从20世纪90年代中期才开始关注微弧氧化技术，对铝合金和镁合金微弧氧化陶瓷层的制备过程、能量交换、膜的形貌结构及应用都进行了有益的探索。目前国内已有北京师范大学低能核物理研究所、哈尔滨工业大学、西安理工大学、北京有色金属研究院等50多家单位从事该技术的研发工作。

二、氧化膜的生长机理及膜层性能

1. 氧化膜的生长机理

微弧氧化是在镁合金表面原位生长陶瓷膜的一种新型表面改性技术，它是在阳极氧化的基础上发展起来的，但二者在机理、工艺及陶瓷膜层的性能上都有许多不同之处。主要区别在于：微弧氧化采用较高的工作电压，将工作区域由普通阳极氧化的法拉第区域引入高压放电区域，这是对现有阳极氧化理论的突破。在微弧氧化过程中，化学氧化、电化学氧化、等离子氧化同时存在，因此陶瓷层形成机理相当复杂。

用钢板等作阴极，镁、铝、钛等轻金属作阳极，在电解液环境中通电，溶液中的水发生电解析出氧原子，氧原子与阳极表面反应，生成一层非晶态绝缘膜。绝缘膜使试样表面电阻增大，电极电压逐渐升高，同时阳极材料表面发生一系列物理、化学以及电化学反应并产生气体，为等离子体创造了条件。随着电压升高，阳极表面出现细小的游动电弧火花，电压达到击穿电压后，膜层最薄处被击穿。在等离子体环境下，形成瞬间高温高压微区，氧化膜熔化形成熔融物，熔融物在电解液的冷却作用下迅速凝固下来形成陶瓷膜层。陶瓷膜层的形成会使其他地方变得相对较薄，然后在最薄的地方再次被击穿，再长出新的陶瓷膜。整个成膜过程就是"成膜→击穿→熔化→烧结→再成膜……"多次循环，直到在基体表面形成均匀的陶瓷膜层。电压继续增高到 300V，此时膜层较厚，膜层击穿变得困难，反应产生的热量只能通过少数通道排出，试样表面放电位置变得稀疏，均匀氧化变成了局部氧化，细小弧光火花变成大的红色弧斑。大弧斑的剧烈放电在膜表面形成坑洼。

2. 氧化膜的性能特点

图 11-1 为镁合金微弧氧化膜层的微观表面形貌及横截面。从图 11-1（a）可以看出，微弧氧化膜层表面并不均匀，分布有许多小孔。图 11-1（b）为氧化膜层的横截面，可以看出微弧氧化膜层分为致密层和疏松层：内层结构致密均匀，为晶态氧化物和非晶态的微晶混合膜层；外层是较薄的疏松层。

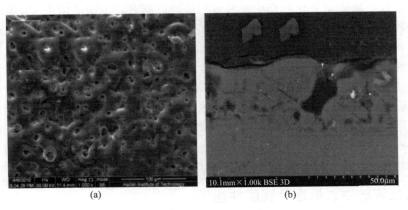

（a）   （b）

图 11-1　镁合金微弧氧化膜层的微观表面形貌（a）及横截面（b）

微弧氧化膜的主要特点为：

① 基体原位生长陶瓷膜，与基体结合牢固，结合强度达到 300MPa；

② 厚度易于控制，膜最大厚度达 $400\mu m$ 左右；

③ 硬度高，表面硬度达 $1200\sim2000HV$，可与硬质合金相媲美；

④ 耐磨性、耐蚀性、耐热性、绝缘性能好，可承受 3000℃ 的瞬时高温，耐磨性接近硬质合金，绝缘电阻大于 $100M\Omega$。

三、微弧氧化电源形式

微弧氧化所用电源按波形有直流电源、脉冲电源、交流电源、交流和直流的叠加电源、不对称交流电源以及脉冲交流电源等。

1. 直流电源

直流电源应用始于 1932 年，Gnterschulze 和 Betz 发现当金属浸在液体中时，由于高压电场的作用会产生火花放电，火花不仅对氧化膜有破坏作用，而且有生成作用。此项技术最初采用直流电源，应用于镁合金的防腐。1970 年左右美国伊利诺伊大学开始使用直流电源对 Al、Mg、Ti 等金属进行阳极火花沉积。在国际主要研究单位中，现在仍旧采用直流电源的单位有俄罗斯科学院远东化学研究所、美国北达科他州应用技术公司和美国伊利诺伊大学等。

2. 交流电源

交流电源包括对称交流和不对称交流。俄罗斯科学院无机化学研究院、钢铁学院、油气研究所和我国的北京师范大学等单位采用交流电源模式。20 世纪 70 年代中后期俄罗斯科学家开始使用交流电源模式，其电压高于火花放电阳极氧化，取名为微弧氧化。采用不对称交流电源时的陶瓷膜性能比采用直流脉冲所得到的陶瓷膜性能好得多。

3. 脉冲电源

脉冲电源包括单向脉冲和双向不对称脉冲。德国科学家在 20 世纪 70 年代采用单向脉冲电源，使局部阳极面积大幅度减小，制得的膜层厚度均匀、粗糙度小，成本低廉，性能比直流电源有较大改善。双向不对称脉冲电源目前在国内运用较多。通过调整正、负脉冲比和脉冲宽度，使微弧氧化膜层达到最佳性能，从而获得较高质量的膜层，同时有效节约能源。

双极性脉冲电源的加工性能优于其他类型的电源，微弧氧化过程中阴阳极电流、电压大小及氧化时间长短对陶瓷膜特性的影响极大，因而在陶瓷膜的形成过程中，需要根据处理材料的种类和氧化时间调节施加在试样上的阴阳极电压的大小。目前，已开发出对微弧氧化过程中阴阳极电流、电压大小实时采集，自动控制电压升/降的微弧氧化电源、大电流高电压双向不对称脉冲输出电源和大功率双向脉冲电源。从工艺开发需求和电源开发趋势看，双极性不对称脉冲电源是现阶段电源发展的主流。

在加工实施过程中，恒流和恒压加工所产生的效果有差异：恒流加工便于计算和控制能耗,但微弧氧化的后期容易破坏膜层;恒压加工虽能方便控制陶瓷膜层的厚度,但存在微弧氧化后期击穿不够的问题。所以,目前正逐渐结合两种加工功能,使加工既能进行恒流氧化,又能进行恒压氧化。因此,多功能化是微弧氧化电源发展的一个重要方向。

四、电解液体系及添加剂

大多数镁合金硬度较低,耐磨性能和耐腐蚀性差,限制了其应用,因此通常需要对镁合金进行相应的表面改性处理。微弧氧化处理是提高镁合金硬度、耐蚀性和耐磨性能的有效手段,其微弧氧化膜的形成和膜层的组织及性能受电参数、电解液的组成和浓度等多种因素的影响,其中电解液的组成在很大程度上决定了氧化膜的组成和性能。镁合金微弧氧化液的主要作用有:

① 导电作用,作为电流传导的介质;

② 以含氧盐的形式提供所需要的氧;

③ 电解质的组分通过电化学反应进入膜层,改善陶瓷膜膜层性能等。

目前镁合金微弧氧化处理所用的电解液大致分为酸性和碱性两类。酸性电解液通常对环境有污染,且易对产品造成腐蚀,已很少使用。而弱碱性电解液成了近年来的主要研究对象,按照主成膜元素的不同主要分为硅酸盐体系、磷酸盐体系、铝酸盐体系及复合电解液体系,通过加入适量添加剂可以优化其使用性能。

(一) 电解液体系

1. 硅酸盐体系

目前碱性硅酸盐体系的研究及应用较广,其基准电解液为 $NaOH + Na_2SiO_3$,可在较宽的电解液温度及氧化电流范围内,促进镁合金表面钝化,形成性能较佳的含硅氧化膜。在此体系中镁合金微弧氧化得到的膜层中均含有 MgO、$MgAl_2O_4$、$MgSiO_3$ 及少量的非晶相,膜层主要组成元素为 Mg、Si、Al 和 O。硅酸盐体系得到的氧化膜由 3 层组成:最外层是疏松层;中间层是致密层(为大量的硬质高温结晶相),对提高耐蚀性起主要作用;内层是过渡层与基体相互咬合。

硅酸盐体系对环境的污染小,并且微弧氧化膜层对 SiO_3^{2-} 的吸附能力最强,与磷酸盐体系相比,硅酸盐体系成膜速度较快,硬度、耐磨性能优异,但是能耗相对较大,耐蚀性能稍差。

2. 磷酸盐体系

磷酸盐体系一般是含有聚磷酸盐、磷酸等的碱性体系。在水中有溶解氧的情况下,磷酸根可与 Mg^{2+} 形成难溶性的配合物,吸附沉积于金属表面,形成致密的保护膜,抑制腐蚀电极的阴极反应,增加阴极极化,从而减缓镁合金的腐蚀破坏,有利于微弧氧化膜的生长。

在磷酸盐体系中制备的陶瓷层表面多孔，截面组织均匀致密，没有明显的分层结构，膜层与基体的过渡部分呈犬牙交错状态，结合良好。主要组成元素有 O、Mg、P 等。P 可能以 $Mg_3(PO_4)_2$ 相存在，也有人认为以 $Mg_2P_2O_7$ 相存在，膜层中均含有少量 MgO 相，耐腐蚀性能较好。虽然 P 元素的化学计量比较大，能够促进微弧氧化膜的增长，提高致密性，增强与基体的结合力，提高耐蚀性能，但磷酸盐对人体和环境有不同程度的危害，这使其实际应用受到了限制。

3. 铝酸盐体系

铝酸盐电解液体系一般是含有铝酸钠的碱性体系，可以降低电解液的腐蚀作用，促进陶瓷涂层的生长，特别适用于化学性质活泼的镁合金微弧氧化膜的制备。研究表明，在此体系中所得陶瓷膜层主要由 MgO 相和 $MgAl_2O_4$ 相组成，其中 $MgAl_2O_4$ 相坚硬耐磨，而 MgO 相较为致密，与基体结合牢固，并且不同的工艺条件会导致这两相的含量发生变化，当 MgO 和 $MgAl_2O_4$ 的含量比在 0.6～1.0 时，膜层的耐蚀性明显提高。

铝酸盐体系对环境无污染、无毒无害，微弧氧化所形成的膜层是两层结构（外层的疏松多孔层和内层的致密层），呈白色，表面极光滑，有良好的外观。相对于硅酸盐体系，铝酸盐体系所得膜层的耐磨性更好，膜层与基体的结合力也相对更好。但在成膜速度、耐蚀性方面，铝酸盐体系稍差于硅酸盐体系。

4. 复合电解液体系

近年来，在磷酸盐、铝酸盐和硅酸盐等电解液的基础上，充分利用各体系的优点，已开发出一系列复合电解液，如硅酸盐-铝酸盐、硅酸盐-磷酸盐、铝酸盐-磷酸盐及铝酸盐-钼酸盐等体系。碱性复合电解液能够充分利用各种组分的优点并克服其不足，形成各组分之间的有效互补，是微弧氧化电解液的发展方向。

（二）添加剂

为了进一步改善膜层质量，促进膜层生长，通常需要向微弧氧化电解液中加入各种添加剂。目前研究的添加剂大多为可溶性盐或有机物，如果以添加剂在电解液中的存在状态对其进行分类，可分为阳离子型、阴离子型以及非离子型等。而按添加剂所起作用的不同大致可分为以下 4 类：

① 抑制试样表面尖端放电，提高电解液稳定性。主要有 KF、甘油、$C_3H_8O_3$、Na_2EDTA 等。

② 有助于放电，提高溶液的电导率。主要有 NaOH、KOH、NaF 和 $NaAlO_2$ 等；但添加剂的含量过高会抑制放电或引起严重的边缘放电。

③ 减少膜层的孔洞和裂纹，相应地提高陶瓷层的致密性、耐蚀性能。如 Na_2WO_4、氢氧化钾、EDTA、蒙脱石、稀土盐、有机酸盐、二氧化硅、硅酸铝等。

④ 调整陶瓷层色彩的成分，如 Cu^{2+} 呈蓝色，Ni^{2+} 呈紫绿色，Cr^{3+} 呈绿色。一般只要着色离子进入膜层，膜层的颜色就由该离子或其化合物的颜色决定，如

在铝酸盐电解液中加 $K_2Cr_2O_7$ 就能生成绿色的陶瓷膜,其颜色是由 $MgCr_2O_4$ 决定的,并且加入量适中时,微弧氧化膜层的整体性能与基体相比都有很大的提高。

值得注意的是,由于微弧氧化过程复杂,不同的电解液添加剂的作用可能不同,因此需要对添加剂的影响做更为深入的研究,才能得到理想的与电解液相匹配的添加剂。此外,即使是同一种电解液,添加剂的加入量不同对微弧氧化陶瓷层的性能也有很大影响,如 $C_3H_8O_3$ 能够抑制试样表面尖端放电,但加入过量,反而使陶瓷层的厚度及耐蚀性均出现下降趋势。因此必须注意添加剂的用量范围。

五、存在的问题及未来发展

微弧氧化技术在国内起步晚,而镁合金微弧氧化要走向大批量的工业化生产,还需要解决如下问题:

① 开发环保型复合电解液并合理使用添加剂提高镁合金微弧氧化膜的性能。由于镁合金的成分不同,微弧氧化工艺也不同。开发适用于多品种镁合金微弧氧化的短流程、低成本、高效率、环保型工艺,已成为镁合金微弧氧化技术一项重要的研究内容。

② 研制高效节能大功率电源,使其能够在较低电流密度下完成微弧氧化过程,减小能量损耗。在微弧氧化过程中电压比较高,电流效率低,电解液温度升高快,单位面积耗能比较大,不满足国家的产业政策,这制约了该技术的大规模工业应用。

③ 微弧氧化机理的研究。目前研究多集中在对氧化膜中氧化物及化学元素含量的分析及膜特性的研究,而对电参数对氧化膜组织结构及生长规律的研究和电解液作用机理的研究不足,缺乏对具体电解液中各离子从氧化过程开始到结束涉及的化学和电化学反应细节的研究。

第二节 镁及镁合金的微弧氧化工艺及后处理

一、镁合金微弧氧化工艺

影响微弧氧化成膜效果的因素主要有电解液组分及其浓度、电流密度、溶液温度、处理时间及溶液 pH 值等。其中电解液组分是直接参与成膜的因素,因而对陶瓷膜性能的影响最大。目前,镁合金微弧氧化的电解液体系主要以弱碱性居多,有硅酸盐体系、磷酸盐体系、铝酸盐体系。此外,近年来还出现了硅酸盐-铝酸盐、硅酸盐-磷酸盐、磷酸盐-铝酸盐、硅酸盐-石墨、Al_2O_3 或 ZrO_2 微粒等复合电解液，以及无氟电解液等。镁合金微弧氧化工艺见表11-1。

表 11-1 镁合金微弧氧化工艺

溶液组成及工艺条件	工艺 1	工艺 2	工艺 3	工艺 4	工艺 5	工艺 6	工艺 7
硅酸钠(Na_2SiO_3)/(g/L)	5	20		15	15		20
铝酸钠($NaAlO_2$)/(g/L)			9		12		
钨酸钠($Na_2WO_4 \cdot 2H_2O$)/(g/L)				2			
磷酸钠($Na_3PO_4 \cdot 12H_2O$)/(g/L)						50	
氟化钠(NaF)/(g/L)	2～3		3			30	5
氟化钾(KF)/(g/L)		15					
甘油($C_3H_8O_3$)	8～12mL/L	10g/L	10mL/L	8mL/L	5mL/L		
氢氧化钾(KOH)/(g/L)	1～2					2	
氢氧化钠(NaOH)/(g/L)				3	2		
硼酸钠($Na_2B_4O_7 \cdot 10H_2O$)/(g/L)					3～5		
过氧化氢(H_2O_2)/(g/L)		10					
碳酸钠(Na_2CO_3)/(g/L)						10	
六聚磷酸钠$[(NaPO_3)_6]$/(g/L)						30	
纳米石墨/(g/L)							10
OP-10/(g/L)							0.5
羧甲基纤维素钠/(g/L)							0.5
温度/℃	<40	<30	<40	20～60	<40	30～50	
电源	恒流	恒流	恒流	脉冲	脉冲	脉冲	脉冲
电流密度/(A/dm²)	2	2	2	2～3	阴极 1.2 阳极 12	0.4	2.6
电压/V						<200	
占空比/%				60	±30		10
脉冲频率/Hz				400	700	500	1000
时间/min	15	5	10～30	15	15	15	40
搅拌				搅拌			强搅拌

二、溶液组成和工艺参数的影响

1. 溶液组成的影响

（1）主成膜剂 镁合金微弧氧化液中的硅酸钠、铝酸钠、磷酸钠等被称为主成膜剂，能使镁合金在电解液中迅速发生钝化反应，生成一层绝缘膜，增加电极/溶液界面的电阻，使初期电压能够迅速上升，防止镁合金基体的过度阳极溶解。

一般地，增加主成膜剂的浓度，氧化膜更容易被击穿，反应速率提高，氧化膜厚度增大，但变化幅度不大。有的主成膜剂如铝酸钠浓度过高时，对氧化膜的溶解作用会使溶膜速度大于成膜速度，反而使氧化膜的厚度有所下降，并且容易发生严重的尖端放电现象，所以要控制主成膜剂的浓度在一定范围内。

（2）稳定剂 为了抑制试样表面尖端放电，提高电解液的稳定性等，往往需要向电解液中加入甘油、氟化钾、乙二胺四乙酸二钠、硼酸钠等稳定剂。其中甘油的黏度较高，具有高的比热容，有利于吸收微弧氧化过程中产生的大量热，使生成的氧化膜较均匀细致，但同时甘油的电导率也较低，大量存在时会影响溶液的电导率，降低成膜效率，导致膜层较薄。

（3）成膜促进剂　有助于放电，提高溶液的电导率，主要有氟化钠、氢氧化钾、氢氧化钠和铝酸钠等。例如，加入少量的氟化钠时，在低电流密度下极易产生火花放电现象，有利于成膜。与 OH^- 相比，F^- 的存在有利于形成较厚的内阻挡层，从而提高膜层的耐蚀性。但氟化钠等此类添加剂的含量较高时又会抑制放电或产生尖端放电，所以含量也不宜过高，应严格控制加入量。

2. 工艺参数的影响

（1）温度　电解液温度是微弧氧化的一个重要工艺参数，电解液温度的升高或降低都会影响镁合金微弧氧化陶瓷膜的性能。随着电解液温度的升高，镁合金试样的起弧电压出现先降低、后升高的趋势，形成的膜层表面孔洞数量减少、尺寸增大。微弧氧化膜层的厚度在开始阶段随电解液温度的升高而增大，达到一定数值后，膜层厚度反而随电解液温度的升高而降低。一般电解液温度应控制在30～40℃。镁合金微弧氧化过程中为了维持电解液温度，通常需要外加冷却装置。

（2）氧化时间　随着氧化时间的延长，氧化膜厚度显著增大，但增加速度有所降低。氧化时间过长，电解质消耗过多，同时反应进入微弧或弧光放电阶段使氧化膜局部被反复击穿，电流效率下降，导致成膜效率下降，氧化膜厚度增加缓慢。也有试验发现，随着氧化时间的延长，氧化膜粗糙度增加。

（3）电参数

① 电流密度　随着电流密度的增大，微弧氧化电压增长速度呈上升趋势，所需起火时间迅速缩短，微弧氧化越容易发生，氧化膜厚度明显增加。但是当电流密度过大时，阴、阳极都有大量气泡析出，导致成膜效率下降，且大火花增多，火花均匀性下降，氧化膜外观质量明显降低。

② 电压　对陶瓷层形貌有较大影响。随着电压的增加，陶瓷层微孔及裂纹的尺寸越来越小，且膜层越来越厚，但是当电压过大时，膜层变得疏松且不再增厚。

③ 脉冲频率与占空比　脉冲频率和占空比对微弧氧化膜层的质量有较大的影响。如增大脉冲频率，膜层表面孔隙率总体呈下降趋势；而增加占空比，则促进了镁合金与溶液的反应，膜层表面陶瓷颗粒以及膜层中的孔隙都增大，使得膜层表面粗糙。

三、镁合金微弧氧化着色工艺

镁合金微弧氧化着色工艺是通过在微弧氧化电解液中添加着色盐，直接把镁合金基体金属氧化烧结成着色氧化物陶瓷膜。即被处理的镁合金制品作阳极，使被处理样品表面在脉冲电场的作用下，产生微弧放电，在基体上生成一层与基体以冶金形式相结合的包含氧化镁和着色盐化合物的陶瓷层。通过改变着色盐的种类、浓度或着色时间的长短来调整着色氧化膜陶瓷层的表面颜色。可以作为着色盐的金属离子有 Cu^{2+}、Fe^{3+}、Co^{2+}、Ni^{2+}、Cr^{3+} 及稀土离子等。微弧氧化着色膜不仅具有很高的硬度、很好的耐磨性和可加工性，而且还具有颜色均匀、色彩多样性等特点，满足了镁合金表面防护性和装饰性的要求。

（一）镁合金微弧氧化着色工艺

镁合金微弧氧化着色工艺如表 11-2 所示。

表 11-2　镁合金微弧氧化着色工艺

溶液组成及工艺条件	工艺 1	工艺 2	工艺 3	工艺 4
硅酸钠(Na_2SiO_3)/(g/L)	14	26		8
三乙醇胺[($HOCH_2CH_2)_3N$]/(mL/L)			300	
亚磷酸二氢钠($Na_2H_2PO_3$)/(g/L)			8	
硫酸钴($CoSO_4$)/(g/L)			1	
铝酸钠($NaAlO_2$)/(g/L)				4
氟化钾(KF)/(g/L)	10			4
重铬酸钾($K_2Cr_2O_7$)/(g/L)	2.5			
柠檬酸钠($Na_3C_6H_5O_7 \cdot 2H_2O$)/(g/L)	1.3			
EDTA/(g/L)	0.8			
钒酸铵(NH_4VO_3)/(g/L)				0.4～2.4
氢氧化钠(NaOH)/(g/L)		2	5	4
着色剂/(g/L)		2		
温度/℃	＜30	25～45		
电源	脉冲	恒流＋脉冲	恒流＋脉冲	恒压＋脉冲
电流密度/(A/dm²)		2		
电压/V				450
占空比/%		20	20	
脉冲频率/Hz		600	600	
时间/min	10～30	10	10～20	10
膜层外观	浅绿色	绿色	黑色	棕黑色

（二）影响因素

镁合金微弧氧化着色技术是在镁合金微弧氧化过程中，化学氧化、电化学氧化和等离子体氧化同时存在，使有色金属离子与基体离子相结合，形成彩色氧化膜层。反应过程复杂，涉及众多因素，主要包括如下几个方面：

（1）电解液主盐的组成和电解液 pH 值　氧化膜层的成分、物相及其表面颜色直接由电解液的成分所决定；在微弧氧化着色反应过程中，电解液中的某些离子参与氧化膜层的形成，并进入氧化膜陶瓷层内，使氧化膜陶瓷层呈现某些颜色。可以通过加入乙酸来调整电解液的 pH 值。

（2）电解液的着色盐　微弧氧化着色溶液中的金属盐在电解液里是直接参与电化学反应和化学反应的，因此生成的金属盐化合物的颜色与氧化膜呈现的颜色是一致的。在选择微弧氧化着色盐时，必须从化学反应后得到的氧化物能否呈现颜色的角度来考虑。

（3）电源模式　氧化膜的生长速度除了与电解液里的成分和浓度有关外，还可能与电参数有关，工作时的电流密度、输出的工作电压等都影响着色氧化膜陶瓷层的质量和生长速度，从而影响其色彩。

（4）反应时间　由于微弧氧化是一种高能耗的技术，因此从经济效益的角度来考虑，微弧氧化着色反应的时间应尽可能短。当然反应时间也会影响氧化膜的厚度。

（5）络合剂和添加剂　在进行微弧氧化反应时，通常都加入少量的络合剂和添加剂，尽管它们的含量很低，但是其在整个反应过程中会起着非常重要的作用，直接影响到氧化膜的外观。

因此在研究镁合金微弧氧化着色工艺时，要结合具体影响因素进行综合考虑，从而确定镁合金微弧氧化着色技术的最优工艺。

四、镁及镁合金微弧氧化封孔处理

镁合金微弧氧化能有效地提高镁合金的耐蚀性，但由于微弧氧化陶瓷层为多孔结构，腐蚀介质能通过孔隙浸入镁合金基体，所以微弧氧化后通常需要进行封孔等后处理。

由于微弧氧化是通过高电压在工件表面形成弧光放电而得以进行，所以所获得的氧化膜中分布着大量的放电通道，从而导致膜层呈现疏松多孔的微观结构特征，并且氧化膜厚度越大，放电通道也就越大，膜层致密性就越差，放电通道的这种双面性对镁合金微弧氧化膜的影响尤为显著。因为，镁合金微弧氧化处理的主要目的就是解决其不耐腐蚀的难题。一方面，膜层厚度越大，外界腐蚀物越过膜层与镁基体相遇的能力越差，防腐蚀能力就越强；另一方面，膜层厚度的增大又导致放电通道的增大，从而降低了膜层的防腐蚀能力。为了解决这一矛盾，最大限度地提高膜层的防腐蚀能力，在工程应用之前往往都需要对膜层进行封孔处理。氧化膜的相组成和微观结构不同，封孔介质与工艺也不同。封孔介质与工艺主要有沸水封孔，石蜡封孔，有机封孔，无机 SiO_2、Al_2O_3 和 Na_2SiO_3 封孔等。其中沸水封孔和石蜡封孔具有工艺简单、成本低廉的特点。

1. 沸水封孔

沸水封孔是对经过微弧氧化处理后的镁合金件在沸水中（去离子水）进行封孔，其实质是 $Mg(OH)_2$（氧化膜中的 MgO 与水的反应产物）进入氧化膜放电通道的过程。图 11-2 是沸水封孔 20min 后的镁合金微弧氧化膜表面形貌。从图 11-2 中可以看出，经过沸水封孔后，氧化膜的表面变得更加均匀，放电孔洞周围的堆积物有被抹平的趋势，原有的微小孔洞及裂纹逐渐消失，但较大的孔洞却无明显的减小趋势。

由于放电孔洞周围的堆积物与沸水的接触面积较大，它们与沸水的反应也最

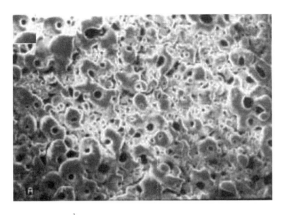

图 11-2　沸水封孔 20min 后的镁合金微弧氧化膜表面形貌

为剧烈，因此，经沸水封孔后，试样表面变得比较平滑。MgO 和 H_2O 反应产物部分进入氧化膜中的放电通道并沉积在里面，部分溶解或散落在水中。进入放电通道中的反应产物在试样被风干的过程中析出并残留在其中，达到封孔的目的。对于内层的氧化膜，因为仅有少量沸水通过曲折的放电通道进去其中，因此其和水的反应也较少，基本达不到封孔的目的。此外，$Mg(OH)_2$ 形成的过程也是 MgO 消耗的过程，即膜层受损（或溶解）的过程。因此，当生成的 $Mg(OH)_2$ 对孔洞的填充作用大于膜层溶解的过程时，随封孔时间的延长，陶瓷膜的耐腐蚀性呈现出增高趋势，当这一过程达到平衡时，经过沸水封孔的陶瓷膜表现出最好的耐腐蚀能力。但是当这一平衡向着有利于陶瓷膜溶解的方向进行时，陶瓷膜的耐腐蚀能力就开始降低。陶瓷膜的耐腐蚀能力随封孔时间呈现出先增大后减小的趋势。因此，沸水封孔的关键是根据氧化膜微观结构的不同，合理制定封孔时间，一般沸水封孔时间为 10～30min。

2. 石蜡封孔

石蜡封孔是用去离子水配制 15％的石蜡乳液对经镁合金微弧氧化后的试样进行封孔，石蜡封孔后的镁合金微弧氧化膜表面形貌如图 11-3 所示。从图 11-3 可以看出，经过石蜡封孔后，氧化膜表面的微小放电孔洞基本消失，大的放电孔洞也得到较大程度的封堵，氧化膜的表面变得更加凹凸不平。在 15％石蜡水溶液封孔的过程，虽然同样存在 $MgO + H_2O = Mg(OH)_2$ 这一反应，但是随着石蜡进入陶瓷膜的孔洞和裂纹中，这一反应的效果就变得越来越弱。因为石蜡进入并吸附在陶瓷膜的表面后，就把陶瓷膜和水隔绝开了，从而阻止了 MgO 和水的进一步反应。因此，15％石蜡溶液封孔的主要过程就是溶液进入"海绵"状氧化膜的过程。被石蜡水溶液浸润后的氧化膜在被风干过程中，随着水分子被排干，石蜡就残留在放电通道中，达到封孔的目的。在氧化膜吸附石蜡并阻止 MgO 和水进一步反应的同时，它也阻止了更多的石蜡吸附在陶瓷表面，因为陶瓷吸附石蜡后，其表面变得更光滑，这种光滑的表面不利于石蜡的进一步吸附。因此，在石蜡封孔的过程中，陶瓷膜的耐腐蚀能力随封孔时间的延长而增强，但增长的趋势却逐渐降低。此外，氧化膜的表面由于石蜡的吸附与析出也变得更加凹凸不平。

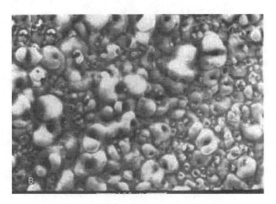

图 11-3 石蜡封孔后的镁合金微弧氧化膜表面形貌

不同于沸水封孔，石蜡封孔的本质是石蜡水溶液进入氧化膜的过程，只有足够多的石蜡进入氧化膜并充分润湿氧化膜后才能达到良好的封孔效果。因此，石蜡封孔的关键是根据氧化膜微观结构的不同，合理配制一定浓度的石蜡水溶液。

3. SiO$_2$ 溶胶封孔

SiO$_2$ 溶胶封孔法是先以正硅酸乙酯为原料、乙醇为溶剂、盐酸为催化剂制备 SiO$_2$ 溶胶封孔剂，然后采用浸渍-提拉（dipping-coating）法对镁合金微弧氧化涂层进行封孔处理。即先将正硅酸乙酯、无水乙醇和蒸馏水按体积比 4：3：1.28 混合，加入适量的催化剂（盐酸），搅拌 2h，最终得到无色透明的 SiO$_2$ 溶胶。然后将微弧氧化处理后的镁合金试样浸入 SiO$_2$ 溶胶中 20s，然后以一定速度均匀地提起，让底部溶胶落尽，5～10min 后涂层表面即形成一层半凝固的透明凝胶膜，在室温下自然干燥 24h，再放入箱式电阻炉中缓慢加热至 300℃并保温 10min，制得封孔涂层。经封孔处理后，SiO$_2$ 溶胶可浸入微弧氧化膜的微孔，并填满孔洞，形成有效封孔。其不仅可显著提高试样的耐蚀性，还可提高微弧氧化镁合金试样在 410℃下的抗氧化性能，由此可知，SiO$_2$ 封孔涂层对镁合金基体有良好的保护作用。

4. 有机封孔

将经微弧氧化处理后的镁合金样品涂覆有机膜进行封孔，以解决氧化膜的封孔问题和有机涂层与基体的结合问题，增强镁合金的耐腐蚀性能。王天石等采用 3 种方法将微弧氧化后的样品进行有机物封孔处理，并对封孔后的膜层性能进行了研究。

（1）环氧树脂封孔 将微弧氧化镁合金样品在由环氧树脂、适量固化剂、无水丙酮混合充分的液体中浸泡 3h，取出，室温下自然固化 24h。

（2）热塑性丙烯酸气雾漆封孔　将热塑性丙烯酸气雾漆以标准工艺喷涂于微弧氧化镁合金样品表面，室温下自然干燥 1h。

（3）保易施醇酸类磁漆封孔　将磁漆刷于微弧氧化镁合金样品表面，室温下自然干燥 24h。

镁合金微弧氧化膜层有机物封孔前后的横截面形貌如图 11-4 所示（图中 Ⅰ 为氧化膜，Ⅱ 为基体，Ⅲ 为有机涂层）。图 11-4（a）为封孔前的微弧氧化膜横截面形貌，可见氧化膜层分为表层疏松层和内层致密层，疏松层上有较多孔洞，是气体逸出的通道，但这些孔洞一般并不贯穿整个膜层，而是终止于与基体结合紧密的致密层。

经过环氧树脂溶液浸泡封孔处理后 ［图 11-4（b）］，微弧氧化膜表面形成一层很薄的比较均匀的环氧树脂膜层，但膜层表面也能观察到厚度不均匀的部分。经热塑性丙烯酸气雾漆喷涂处理后 ［图 11-4（c）］，镁合金微弧氧化样品表面十分均匀，无明显的缺陷，外表美观。经保易施醇酸类磁漆刷涂处理后 ［图 11-4（d）］，镁合金微弧氧化样品表面十分均匀，有瓷器般的反光，外表十分美观。

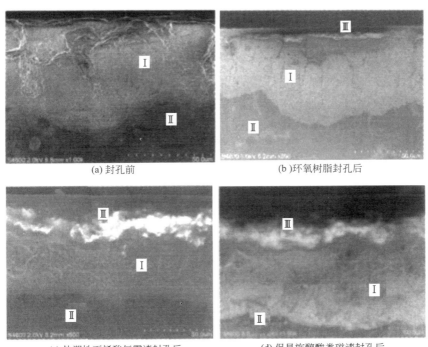

(a) 封孔前　　　　　　　　　　　(b) 环氧树脂封孔后

(c) 热塑性丙烯酸气雾漆封孔后　　　(d) 保易施醇酸类磁漆封孔后

图 11-4　镁合金微弧氧化膜层有机物封孔前后的横截面形貌

总体来说，经有机封孔处理后，所形成的有机涂层与微弧氧化膜层结合力良好；经封孔处理后镁合金样品表面的耐腐蚀性能有了很大的提高。其中热塑性丙烯酸气雾漆封孔对镁合金耐腐蚀性能提高的帮助最大，这主要是因为气雾漆膜层比较厚，且是以雾滴形式沉积，表面活性比较强，结合更紧密。

参考文献

[1] 陈刚，郑顺奇，王斌锋. 镁合金表面微弧氧化耐蚀膜层研究与应用进展 [J]. 兵器材料科学与工程，2018，41（05）：115-118.

[2] 潘明强，迟关心，韦东波，等. 我国铝/镁合金微弧氧化技术的研究及应用现状 [J]. 材料保护，2010（4）：10-14.

[3] 杨眉，雷正，王平，等. 镁合金微弧氧化技术研究进展 [J]. 热加工工艺，2011（20）：111-115.

[4] Rehman Z U，Shin S H，Hussain I，et al. Structure and corrosion properties of the two step PEO coatings formed on AZ91D mg alloy in K_2ZrF_6-based electrolyte solution [J]. Surface and Coatings Technology，2016，307（5）：484-490.

[5] Rapheal G，Kumar S，Scharnagl N，et al. Effect of current density on the micro-structures and corrosion properties of plasma electrolytic oxidation（PEO）coatings on AM50 mg alloy produced in an electrolyte containing clay additives [J]. Surface and Coatings Technology，2016，289（10）：150-164.

[6] 李贵江，李亮，许长庆. 镁合金微弧氧化陶瓷膜层研究进展 [J]. 热加工工艺，2008（18）：94-97.

[7] 蒋百灵，张先锋，朱静. 铝、镁合金微弧氧化技术研究现状和产业化前景 [J]. 金属热处理，2004（1）：23-29.

[8] 赵晓鑫，马颖，孙钢. 镁合金微弧氧化研究进展 [J]. 铸造技术，2013（1）：45-47.

[9] 宋雨来，王文琴，刘耀辉. 镁合金微弧氧化电解液体系及其添加剂的研究现状与展望 [J]. 材料保护，2010（11）：29-31.

[10] 贾秋荣，崔红卫，张甜甜，等. 镁合金微弧氧化技术的研究概况 [J]. 材料保护，2018，51（08）：108-113.

[11] 常立民，田利丰，刘伟. 添加剂在镁合金微弧氧化中的研究进展 [J]. 腐蚀与防护，2013（8）：718-722.

[12] 刘超锋，谷书华，王力臻. 镁合金微弧氧化专利进展 [J]. 材料保护，2008（2）：53-56.

[13] 薛瑞飞，舒刚. 硅酸盐体系中 AZ91D 镁合金微弧氧化工艺的研究 [J]. 轻合金加工技术，2009，37（8）：35-37.

[14] 张学文，马保吉. 硅酸盐体系电解液中添加剂对稀土镁合金微弧氧化陶瓷膜性能的影响 [J]. 材料热处理技术，2008，37（2）：82-84.

[15] Chen W W，Wang Z X，Sun L，et al. Research of growth mechanism of ceramic coatings fabricated by micro-arc oxidation on magnesium alloys at high current mode [J]. Journal of Magnesium and Alloys，2015，3（5）：253-257.

[16] 王晓波. 低能耗镁合金微弧氧化电解液设计及添加剂作用机制研究 [D]. 哈尔滨：哈尔滨工业大学，2012.

[17] 屠振密，刘海萍，张锦秋. 防护装饰性镀层 [M]. 第 2 版. 北京:化学工业出版社，2014.

AHHHH

[18] 屠振密，胡会利，刘海萍. 绿色环保电镀技术［M］. 北京:化学工业出版社，2013.

[19] 陈显明. 电解液体系对镁合金微弧氧化膜的影响［J］. 材料研究与应用，2010（3）: 183-187.

[20] Srinivasan P B, Liang J, Balajeee R G, et al. Effect of pulse frequency on the micro-structures, phase composition and corrosion performance of a phosphate based plasma electrolytic oxidation coated AM50 magnesium alloy［J］. Applied Surface Science, 2010, 256（12）: 3928-3935.

[21] 郭锋，刘瑞霞，李鹏飞，等. 电解液中的稀土对AZ91D镁合金微弧氧化陶瓷层的影响［J］. 材料热处理学报，2011（02）: 134-138.

[22] 姚美意，周邦新，王均安. 电压对镁合金微弧氧化膜组织及耐蚀性的影响［J］. 材料保护，2005（6）: 7-10.

[23] 马颖，詹华，马跃洲，等. 电参数对AZ91D镁合金微弧氧化膜层微观结构及耐蚀性的影响［J］. 中国有色金属学报，2010（08）: 1467-1473.

[24] Vatan N H, Ebrahimi-kahrizsangi R, Kasiri-asgarani M. Structural tribological and electrochemical behavior of SiC nanocomposite oxide coatings fabricated by plasma electrolytic oxidation（PEO）on AZ31 magnesium alloy［J］. Journal of Alloys and Compounds, 2016, 68（3）: 241-255.

[25] 芦笙，吴良文，徐荣远，等. 正脉冲占空比对ZK60镁合金微弧氧化陶瓷膜的影响［J］. 材料保护，2010（9）: 39-41.

[26] 马跃洲，马凤杰，陈明，等. 电解液温度对镁合金微弧氧化成膜过程的影响［J］. 兰州理工大学学报，2008（3）: 25-28.

[27] 刘忠德，付华，孙茂坚，等. 负向电压对镁合金微弧氧化膜层的影响［J］. 轻金属，2009（4）: 45-48.

[28] 杨丽，胡荣，邵忠财. 镁合金表面着色技术［J］. 电镀与精饰，2010（5）: 33-37.

[29] 王胜，阎峰云. 镁合金微弧氧化制备浅绿色陶瓷膜［J］. 有色金属工程，2014（3）: 36-38.

[30] Salami B, Afshar A, Mazaheri A. The effect of sodium silicate concentration on micro-structures and corrosion properties of MAO-coated magnesium alloy AZ31 in simulated body fluid［J］. Journal of Magnesium and Alloys, 2014, 2（1）: 72-77.

[31] Zhang R F, Zhang S F, Xiang J H, et al. Influence of sodium silicate concentration on properties of micro-arc oxidation coatings formed on AZ91HP magnesium alloys［J］. Surface and Coatings Technology, 2012, 206（24）: 5072-5079.

[32] 郝建民，田新宇，陈宏，等. 镁合金微弧氧化绿色陶瓷膜的形成工艺研究［J］. 热加工工艺，2011（8）: 127-130.

[33] 郝建民，田新宇，陈宏，等. 镁合金微弧氧化黑色膜的制备工艺和结构［J］. 材料热处理学报，2011（7）: 164-168.

[34] 金杰，吴继文，李欢，等. 镁合金微弧氧化棕黑色膜的制备及性能研究［J］. 浙江工业大学学报，2015（2）: 133-136.

[35] Pan Y K, Wang D G, Chen C Z. Effect of negative voltage on the microstructure, degradability and in vitro bioactivity of microarc oxidized coatings on ZK60 magnesium alloy［J］. Materials Letters, 2014, 119（1）: 127-130.

[36] 宾远红，刘英，李卫，等. 镁合金微弧氧化膜溶胶-凝胶封孔工艺［J］. 材料保护，2012（3）: 75-77.

[37] 蔡启舟，王栋，骆海贺，等. 镁合金微弧氧化膜的SiO_2溶胶封孔处理研究［J］. 特种铸造及有色合金，2006（10）: 612-614.

[38] 王天石，何劼，夏乐洋，等. 镁合金微弧氧化膜有机封孔耐腐蚀性能的研究 [J]. 表面技术，2006（6）：8-10.

[39] 翟彦博，陈红兵，梅镇. 封孔方式对 AZ31B 镁合金微弧氧化膜耐腐蚀性的影响 [J]. 西南大学学报（自然科学版），2014（4）：173-179.

[40] 贾方舟，孙国进，张联英，等. 石蜡封孔的稀土镁合金微弧氧化膜的耐蚀性 [J]. 材料保护，2014（10）：9-11.

[41] Veys-Renaux D, Rocca E, Martin J, et al. Initial Stages of AZ91 Mg Alloy Micro-arc Anodizing: Growth Mechanisms and Effect on the Corrosion Resistance [J]. Electrochimica Acta, 2014, 124（4）：36-45.

[42] 周吉学，陈燕飞，宋晓村，等. 一种 AZ80 铸造镁合金用高效微弧氧化工艺 [J]. 腐蚀与防护，2018（11）：860-866.

[43] 李文杰，马安博. AZ91D 铸造镁合金微弧氧化技术应用研究 [J]. 轻合金加工技术，2018, 46（10）：48-53.

第十二章

镁及镁合金化学镀、电镀处理

在镁合金上形成金属镀层，不仅可以提高镁合金的耐蚀性与耐磨性，还可以根据镁合金材料不同的使用需求对金属镀层进行调节，使镁合金可以应用在具有导电性、导热性、钎焊性、耐磨性等场合。常用的方法为化学镀或电镀，经过镀覆处理，可以使镁合金更好地应用于汽车、航空航天、电子、通信、计算机、机械制造等领域。一般地，镁合金化学镀多为化学镀 Ni-P 二元合金，镁合金电镀则有电镀 Ni、Cu、Zn 等技术以及 Cu/Ni/Cr、Ni/Au 空间应用的贵金属电镀。

第一节　镁及镁合金镀前处理工艺

镁及镁合金电极电位很低，电化学活性较高，直接进行电镀或化学镀时，金属镁会与镀液中的阳离子发生置换反应，形成疏松的置换层，所得的镀层疏松、结合力差；并且会影响镀液的稳定性，缩短镀液的使用寿命。相比于以其他金属为基底，镁合金表面电镀和化学镀工艺要复杂和困难得多。由于镁与大多数酸反应剧烈，在酸性介质中溶解迅速，因此，镁合金电镀或化学镀处理时应尽量采用中性或碱性镀液，这样不仅可以减少对镁合金基体的浸蚀，也可以延长镀液的使用寿命。对于镁合金要想得到理想的镀层，最重要的就是采用适当的前处理过程，来形成一层保护层，使基体与外界隔离开来。目前对于镁及其合金电镀及化学镀的研究大多集中在前处理方法上，主要包括酸洗及活化、化学转化等方法。

一、酸洗及活化

（一）酸洗

酸洗是镁合金镀前处理过程中的重要步骤，用来去除基体表面的氧化皮、嵌入表面的污垢，具有一定的抛光效果，通常会在基体表面形成膜层。酸洗可以在基体上产生一些微蚀的孔洞，使基体表面粗糙化，镀层与基体产生"互锁"作用，为镁合金化学镀镍提供更多的结合位点，增强镀层的结合力。传统的美国

DOW 工艺中用 CrO_3 酸洗，因为 CrO_3 不仅刻蚀能力比较强，可以增大基体表面的粗糙度，而且可以生成钝化膜，阻止基体的过度腐蚀。常见镁合金的酸洗液及工艺见表 12-1。

表 12-1　常见镁合金的酸洗液及工艺

基材	酸洗工艺	主要应用	除去厚度/μm	洗液配方	质量浓度/(g/L)	操作温度/℃	处理时间/min
铸造和锻造合金	铬酸	除氧化膜、焊剂、腐蚀产物	无	CrO_3	180	21~100	1~15
	硝酸铁	光亮表面，提高裸露金属的耐蚀性，铸件最终表面处理	8	CrO_3 $Fe(NO_3)_3 \cdot 9H_2O$ NaF	180 400 3.5	16~38	0.25~3
	氢氟酸	化学处理、活化表面	3	50% HF	230	21~32	0.5~5
锻造合金	乙酸-硝酸盐	除氧化皮，改善裸露金属的耐蚀性	13~25	CH_3COOH $NaNO_3$	192 50	21~27	0.5~1
	羟基乙酸-硝酸盐	除表面氧化物，改善耐蚀性	12~25	70% $CH_2OHCOOH$ 70% HNO_3 $NaNO_3$	230 40 40	16~49	0.5~1
	铬酸-硝酸盐	除氧化皮、烧粘在表面的炭，焊接预清洗	13	CrO_3 $NaNO_3$	180 0.4	21~32	3
	铬酸-硫酸	点焊预清洗	8	CrO_3 96% H_2SO_4	77 20	21~32	3
铸件	硝酸-硫酸	砂型铸件表面清洗	50	70% HNO_3 96% H_2SO_4	77 20	21~32	0.17~0.25
	磷酸	除去铸件的表面偏析，改善裸露金属的表面耐蚀性	13	85% H_3PO_4	886	21~27	0.17~0.25
	硫酸	砂型铸件表面清洗	50	96% H_2SO_4	30	21~32	0.17~0.25

　　镁合金酸洗较为成熟的工艺是以 CrO_3 和 HNO_3 为主要成分的酸洗液。硝酸是强氧化性酸，起刻蚀作用；铬酐具有较强的钝化能力，可减弱硝酸的刻蚀。常用的工艺为：$120 \sim 125g/L$ $CrO_3 + 110mL/L$ HNO_3（70%，体积分数），室温，时间 $40 \sim 60s$。根据镁合金中合金成分及其含量的不同，可对该工艺中的参数进行调整，还可在酸洗液中加入少量可抑制镁合金腐蚀的氟化物 KF、NaF等。C. Xu 等研究了 Mg-7.5Li-2Zn-1Y 合金在不同酸洗工艺下，镍磷镀层的微观结构及性能的变化。两种酸洗工艺的组成分别为 CrO_3 180g/L、KF 1g/L 和 CrO_3 125g/L、HNO_3（68%）110mL/L。结果表明，经过不同酸洗工艺得到的镍磷镀层具有不同磷含量并且镍磷镀层密度也会有些变化。使用 CrO_3 和 HNO_3 组成的酸洗液能得到更好的镀层性能，镍磷镀层的瘤状结构也较为均匀细致，具

有优异的结合力,耐蚀性与基体相比也有大幅度提升。

  虽然含铬酐的酸洗液具有良好的刻蚀效果,但六价铬毒性高,易诱发癌症,且污水处理成本高。近年来进行的无铬酸洗工艺的研究主要包括:主成分为磷酸的酸性酸洗液,以及主成分为焦磷酸盐的碱性刻蚀液。H. Zhang 等采用 $40\sim$ $60mL/L$ H_3PO_4+10mL/L HNO_3 的混酸对 Mg-10Li-1Zn 镁合金酸洗,经活化、化学镀镍后获得性能良好的镀层。为了减缓磷酸对镁合金的腐蚀,可以在磷酸酸洗液中加入氟化钾和钼酸盐。沟引宁等将磷酸浓度降低至 $20\sim40mL/L$,也获得了较好的镀层。碱性刻蚀液主要是利用 $[P_2O_7]^{4-}$ 与 Mg^{2+} 的络合作用均匀刻蚀镁合金基体中的 α 相和 β 相,为获得良好的化学镀镍层创造条件。霍宏伟等在碱性刻蚀液中加入了碳酸钠,使得该刻蚀液不但可以对镁基体进行均匀刻蚀,还可通过皂化反应除去试样表面的油污。

  刘亮等对比了五种不同的酸洗工艺:CrO_3 90g/L、$NaNO_3$ 30g/L;$C_2H_2O_4 \cdot 5H_2O$ 10g/L;CH_3COOH 180g/L、$NaNO_3$ 50g/L;H_2SO_4 20mL/L、H_3PO_4 50mL/L;$C_2H_2O_4 \cdot 5H_2O$ 5g/L、NH_4HF_2 12.5g/L。通过电化学及微观形貌测试,认为 H_2SO_4 20mL/L、H_3PO_4 50mL/L 可以代替含铬酸洗液。郭晓光等同样对比了三种不同的酸洗工艺,组成分别为 H_3PO_4、HNO_3、H_3PO_4+ HNO_3,并且添加 1g/L NaF 作为缓蚀剂。H_3PO_4 的浸蚀能力弱,但其可以在 Mg-Li 表面形成磷化膜;HNO_3 作为强氧化性酸,可以对金属进行较强的抛光;HNO_3 和 H_3PO_4 的混合液可以有效地去除 Mg-Li 合金表面的氧化皮,同时形成磷化膜,减少基体腐蚀。

(二) 活化

  镁合金的化学活性高,经酸洗处理后的镁合金基体在较短的时间里,仍然会有一部分反应生成氧化膜,所以需要进行活化。镁合金活化的目的在于进一步去除试样表面的氧化物和从酸洗液中带来的含铬化合物,并使镁合金表面产生一层氟化镁保护膜,阻止镁合金基体受处理液的进一步腐蚀。氟化物膜是多孔的非致密膜,实际上是 MgO 与 MgF_2 的混合体,膜中的 MgO 充当了反应的活性点,使镍开始初始沉积,随后以初始沉积的镍离子为中心展开镀层的生长,直至最后覆盖整个基体。氢氟酸和氟化氢铵是镁合金活化液常用的溶液组成,镁合金活化所需氢氟酸的用量一般为 HF(70%)220mL/L。采用浓度较高的氢氟酸活化工艺,不仅可以去除酸洗后沉积在基体表面的含铬化合物,而且还可以在基体表面形成一层氟化镁膜。氟化镁膜能够保护镁基体免受镀液的强烈腐蚀,同时也能阻止基体在化学镀镍过程中过多地溶解和置换沉积,提高镁基体与镍磷合金的结合力。采用磷酸-氟化氢铵活化虽然较安全,但由于氟化膜的形成不致密,得到的镀层与镁合金基体的结合力较差。氢氟酸活化工艺,其施镀操作平台宽,易于操作,但氢氟酸配制操作不方便,在加热使用时,氢氟酸易挥发,污染环境。磷酸-氟化氢铵的活化工艺,尽管环保性能较好,但会导致正常施镀工艺范围减小,不易得到结合力良好的镀层。镁合金活化液的组成及操作工艺见表 12-2。

表 12-2　镁合金活化液的组成及操作工艺

活化工艺	洗液配方	质量浓度/(g/L)	操作温度/℃	处理时间/min
氢氟酸活化	40% HF	385	25	10
磷酸-氟化氢铵活化 1	85% H_3PO_4 NH_4HF_2	150~200 80~100	16~28	0.25~2
磷酸-氟化氢铵活化 2	85% H_3PO_4 NH_4HF_2	50~60 100~120	室温	10
焦磷酸盐活化	$K_4P_2O_7$ $Na_2C_2O_3$ NaF	50~150 30~40 4~8	60~90	5~20

（三）酸洗成膜过程探讨

哈尔滨工业大学（威海）对镁合金化学镀镍进行了较多研究，以 ZM1 镁合金为基体，对酸洗成膜中各影响因素进行了讨论，并对酸洗成膜机理进行了初步探讨。酸洗成膜液配方及酸洗成膜工艺条件如表 12-3 所示，所获得酸洗膜层呈灰色，化学镀后镀层结合力良好。

表 12-3　酸洗成膜液配方及酸洗成膜工艺条件

成分	含量/(g/L)	工艺条件
水	30	
植酸	50	
磷酸盐	5	$t=2~3min$ 室温
磷酸	50	
硝酸	20	
乙醇	余量	

1. 酸洗成膜过程中电位-时间曲线变化特征

测定不同温度下酸洗成膜过程中电极电位随时间的变化，所得电位-时间曲线如图 12-1 所示。镁合金浸入酸洗成膜液后，在初始阶段，电极电位正移很快，为快速形成膜层的阶段；之后电极电位的正移变慢，为逐渐形成完整酸洗膜层的阶段；随后电极电位趋于稳定，则为酸洗膜层溶解与形成达到平衡的阶段。由图 12-1 还可知，10℃时，酸洗膜层形成的速度较慢，电极电位在 60s 左右才达到较高点，而随着酸洗成膜温度的增加，电极电位达到最高点的时间逐渐缩短。在酸洗成膜温度为 10~30℃时，电位最后均稳定在一定电位，且该电位随着温度的增加而增加，说明在该温度范围内，随着温度的增加，酸洗膜层的耐蚀性增加；而 40℃时酸洗时间延长电位逐渐降低，则表明随着酸洗时间的延长，酸洗形成的膜层溶解加快。

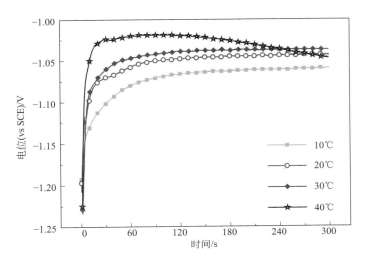

图 12-1　镁合金在不同酸洗温度下的电位-时间曲线

2. 酸洗成膜前后膜层形貌及成分分析

　　为了探寻酸洗成膜处理对镁合金表面状态的影响，对镁合金酸洗前后的表面进行了扫描电镜测试，并对其表面成分进行了分析。图 12-2 为镁合金经过机械打磨、碱洗除油和酸洗成膜处理后表面的 SEM 图。

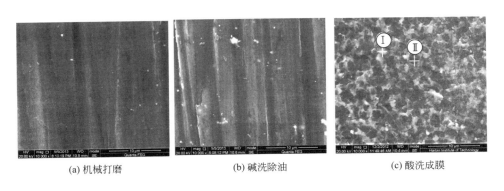

(a) 机械打磨　　　　　　　(b) 碱洗除油　　　　　　　(c) 酸洗成膜

图 12-2　镁合金经过处理后表面的 SEM 图

　　由图 12-2 可以看出，机械打磨后镁基体表面存在明显的打磨划痕。镁合金试样经过碱洗除油处理后，打磨的划痕依旧存在，说明碱洗液对镁合金几乎没有刻蚀作用。镁合金经过酸洗成膜处理后，经打磨处理留下的划痕已经不存在，膜层呈现出明显的不均匀性，出现了白色的凸出区域和灰色的凹陷区域。对镁合金基体、碱洗除油后，以及酸洗成膜后不同区域的成分采用扫描电子显微镜能谱仪进行分析，测试结果如表 12-4 所示。

表 12-4　镁合金基体、碱洗和酸洗成膜后试样表面的 EDS 分析结果

元素	基体(质量分数)/%	碱洗后(质量分数)/%	酸洗膜Ⅰ(质量分数)/%	酸洗膜Ⅱ(质量分数)/%
O	1.29	4.78	10.81	2.74
Mg	93.96	89.93	60.86	89.56
P	0.25	0.42	3.79	1.46
Me	0.22	0.33	0.45	0.29
Zn	4.29	4.10	24.10	5.67

由表 12-4 可知，镁合金碱洗除油后试样表面的 O 含量比机械打磨后的镁合金试样表面略有提高，说明镁合金在碱洗时不但可以除去镁合金表面的油污，同时表面也形成了一层氢氧化镁膜。经酸洗成膜处理后，镁合金表面表现出明显的不均匀性，图 12-2(c) 中Ⅰ处 O 含量较碱洗后试样中的 O 含量有所提高，同时增加的还有 P 以及 Zn 的含量，Mg 含量大幅减少，表明Ⅰ处为 $MgZn_2$ 相；图 12-2(c) 中Ⅱ处 O 含量较碱洗后试样中的 O 含量有所降低，Mg、Zn 含量与碱洗后相当，表明此处为基体相。由此可知，酸洗成膜液对镁合金的刻蚀为选择性刻蚀，基体相刻蚀较严重，表现为灰色凹坑，第二相 $MgZn_2$ 刻蚀较少，表现为白色的凸出部分，P 含量不同程度地增加，说明在镁合金表面形成了一层磷酸盐膜层。

综合电位-时间曲线、表面形貌和成分分析，可以推断 ZM1 镁合金酸洗成膜过程如下：

当试样浸入酸洗成膜液后，在试样表面的氧化镁层和碱洗后形成的氢氧化镁层会在酸洗成膜液中酸的作用下快速溶解，化学反应见式(12-1) 和式(12-2)。

$$Mg(OH)_2 + 2H^+ \longrightarrow Mg^{2+} + 2H_2O \qquad (12-1)$$

$$MgO + 2H^+ \longrightarrow Mg^{2+} + H_2O \qquad (12-2)$$

氧化镁层和氢氧化镁层溶解后裸露出镁基体，由于镁合金中存在基体相 Mg 和第二相 $MgZn_2$，而且第二相的电极电位比镁基体相的高，因而酸洗成膜液优先溶解电位较低的镁基体相 Mg，其反应式如式(12-3) 所示。

$$Mg - 2e \longrightarrow Mg^{2+} \qquad (12-3)$$

此时，在电位较高的阴极区 $MgZn_2$（第二相）可能的反应见式(12-4) 和式(12-5)，由于镁基体相（Mg）电位较负，因而基体相的溶解速度大于第二相（$MgZn_2$），酸洗后的形貌：基体相处为凹坑，第二相处为凸起。

$$2H^+ + 2e \longrightarrow H_2 \uparrow \qquad (12-4)$$

$$MgZn_2 - 6e \longrightarrow Mg^{2+} + 2Zn^{2+} \qquad (12-5)$$

析氢过程使得阴极区域 pH 值升高，反应式(12-6) 向右进行，产生的磷酸根与溶解下来的 Mg^{2+}、Zn^{2+} 以及溶液中的 Me^{x+} 反应，在镁合金表面形成不溶性的磷酸盐，从而使得镁合金表面的电偶腐蚀减弱，化学反应方程见式(12-6)～式(12-9)。

$$H_3PO_4 \longrightarrow H^+ + H_2PO_4^- \longrightarrow 2H^+ + HPO_4^{2-} \longrightarrow 3H^+ + PO_4^{3-} \tag{12-6}$$

$$2PO_4^{3-} + 3Mg^{2+} \longrightarrow Mg_3(PO_4)_2 \tag{12-7}$$

$$2PO_4^{3-} + 3Zn^{2+} \longrightarrow Zn_3(PO_4)_2 \tag{12-8}$$

$$xPO_4^{3-} + 3Me^{x+} \longrightarrow Me_3(PO_4)_x \tag{12-9}$$

通过对 ZM1 镁合金酸洗成膜时镁合金的电极电位的变化、酸洗成膜处理前后试样表面的形貌和成分测试进行分析，得出镁合金酸洗成膜过程中的刻蚀为选择性刻蚀，基体相 Mg 优先发生刻蚀，经过酸洗成膜处理后在镁合金表面形成了一层磷酸盐膜层。

二、预制中间层

镁合金自身具有很强的化学活性，它暴露在空气中会迅速生成氧化膜，放置于溶液中，很容易与溶液中的其他金属离子发生强烈的置换反应而腐蚀镁合金基体。镁合金的这些特性都增加了表面镀覆工艺的难度。因此，通过适当的前处理工艺使镁合金表面形成均匀、致密、结合强度高的中间层成为镁合金表面镀覆研究中的关键。研究较多的预制中间层为浸锌或锌合金、预镀镍和化学转化等工艺。

（一）浸锌工艺

1. 镁合金浸锌工艺

浸锌是通过浸锌液将镁合金表面的氧化膜溶解除去，同时使锌离子与露出的镁表面发生置换反应，在基体上置换出一层锌，降低 Mg 与 Ni 之间较大的电势差，保护镁表面不被重新氧化。浸锌能有效改善镁合金表面差异对化学镀镍的影响，减小镁合金与镀镍层间的电位差，增加镀层与镁合金基体的结合力。浸锌是预处理工艺中重要的一步，对获得较好的化学镀镍层起着重要的作用，被认为是目前最方便实用的前处理方法。浸锌过程需精确控制，以确保膜层具有足够的结合力，否则会在基体金属的金属间相上形成海绵状、结合力差的非均匀层。传统浸锌法发明较早，也是工业上应用比较成熟广泛的方法。传统浸锌法如表 12-5 所示。

表 12-5 传统浸锌法

工艺名称	发明人	缺点
DOW 工艺	H. K. DeLong	浸锌层不均匀、结合力差、工艺复杂
Norsk Hydro 工艺	A. L. Olsen	结合力与重现性差、工艺复杂
WCM 工艺	J. K. Dennis	重现性差、工艺复杂

随后的研究大都是在以上三个工艺上进行改进，在镁合金上得到了性能良好的化学镀层。Y. R. Gao 等对传统 DOW 工艺的前处理工艺进行了改进，实现了在 ZM6 镁合金上浸锌后直接化学镀镍。N. El Mahallawy 等对 AZ31B、ZRE1 和

AE42 三种镁合金进行"碱洗→酸洗→酸性活化→碱性活化"后进行焦磷酸盐浸锌处理，然后在以硫酸镍为主盐的化学镀液中，获得厚度均匀、无残留应力的 Ni-P 合金镀层。J. L. Chen 等在焦磷酸盐浸锌液中添加适量的 Fe^{3+} 提高了浸锌层的覆盖度，使浸锌层更加均匀，增加了浸锌后化学镀镍层的结合力。段剑辉等研究了浸锌-镍合金工艺，结果表明，镍的添加可抑制较大晶粒的形成，使析出的晶粒更加均匀致密。在一次浸锌后采用硝酸或氢氟酸退镀，进行第二次浸锌可以进一步增加镍镀层的结合力和耐蚀性。

叶宏等研究发现在镁合金活化后浸锌，当浸锌液主要成分为 $ZnCO_3$、NH_4HF_2、HF 时，得到的 Ni-P 合金镀层呈非晶态，与基体结合力强，并且具有较高的硬度与耐蚀性。郑臻等通过一次浸锌、二次浸锌研究发现，二次浸锌得到的镀层结合力优于一次浸锌得到的镀层。J. L. Chen 等对镁合金表面酸洗、活化处理后，将其先浸入含有 $K_4P_2O_7$ 的 $ZnSO_4$ 溶液，然后再浸入含有 $FeCl_3$ 的锌溶液，最后再化学镀镍。发现在通过添加 $FeCl_3$ 的浸锌液后化学镀得到的镀层更致密、均匀，有效提高了 Ni-P 合金镀层与基体的结合力，并且显著提高了镁合金的耐蚀性。

张石雨融在碱性条件下浸锌，使用 ZnO 作为主盐，溶解于 NaOH 中，酒石酸钾钠作为络合剂，$FeCl_3$ 作为添加剂。得到均匀的浸锌层后，在碱性条件下进行化学镀镍。虽然其工艺适用于镁锂合金和镁铝合金，范围较宽，但是其使用铬酐作为活化剂，污染环境，污水处理成本较高。黄晓梅等发明了一种酸性浸锌溶液，溶液组分为 $ZnCl_2$ 70~75g/L、苹果酸 8~10g/L、乳酸 2mL/L、NaF 4~5g/L，在酸性条件下进行浸锌，以期在较少腐蚀条件下获得均匀细致的浸锌层。江溪采用双络合剂的方法在 Mg-Li 合金基体进行浸锌，之后进行化学镀镍。优选工艺为葡萄糖酸钠 120g/L、酒石酸钾钠 60g/L、$ZnSO_4$ 30g/L、Na_2CO_3 5g/L、LiF 3g/L。

直妍以 AZ31 镁合金为基体对浸锌工艺参数进行研究。通过试验分析可得，浸锌温度、浸锌时间、主盐浓度对镀层性能有较深的影响，主盐硫酸锌的最佳浓度为 30g/L，最佳浸锌温度为 70℃，最优浸锌时间为 6min。在优化后的条件下，得到的浸锌层沉积速度适中，结晶致密，无明显缺陷，为后续镀层的制备提供了良好的条件。M. D. Liu 对 Mg-Li 合金浸锌工艺进行研究，通过正交试验得出最佳工艺，并且得到浸锌时间是影响微观结构的最大因素。

在大多数情况下，第一次浸锌层较为粗糙、多孔，后续化学镀镍很难获得较好的镀层。因此，大多数情况下要对第一次浸锌进行退锌处理之后，进行第二次浸锌，以获得精细、均匀和致密的浸锌层。C. H. Zhang 在 Mg-16Li-5Al-0.5Re 合金基体上进行二次浸锌研究，浸锌后再进行电镀镍，以获得高质量镀层。浸锌溶液使用柠檬酸三钠作为络合剂，以代替传统的焦磷酸盐络合剂，试验证明该体系下二次浸锌优于一次浸锌，第一次浸锌时间 5min，第二次浸锌时间为 30s，获得最佳的一次浸锌层和二次浸锌层。电镀溶液由 $NiSO_4 \cdot 7H_2O$、$NiCl_2 \cdot 6H_2O$

和 H_3BO_3 组成，工艺条件：电流密度为 $1\sim2.5A/dm^2$、温度为 $45\sim60℃$、时间为 $30\sim60min$。

2. 镁锂合金浸锌工艺

哈尔滨工业大学（威海）研究人员采用浸锌工艺在镁锂合金上成功得到结合力良好的化学镀镍层，并对浸锌工艺做了较为详细的研究。浸锌液以乙酸锌作为主盐，为浸锌提供 Zn^{2+}；焦磷酸钾作为络合剂，与 Zn^{2+} 络合形成配位离子；碳酸钠作为 pH 值调节剂；氟化钾作为基体表面活化剂，其作用是使镁锂合金表面活化，减少镁的腐蚀；乙酸镍作为添加剂，其作用是使浸锌层分布更均匀。

对浸锌溶液中焦磷酸钾浓度、乙酸锌浓度、碳酸钠浓度、氟化钾浓度进行正交试验，将不同试验组的试片进行 $250℃$ 热震试验，正交试验结果表明焦磷酸钾浓度与乙酸锌浓度的变化对镍磷合金层结合力影响较大。在一定范围内，焦磷酸钾浓度越高，乙酸锌浓度越低，浸锌溶液中游离的锌离子越少，浸锌层与基体结合越牢固，后续进行化学镀镍磷合金时结合力越好。碳酸钠与氟化钾浓度的变化对镍磷合金层结合力影响较小，尤其是氟化钾浓度的变化，几乎无影响。根据浸锌溶液组分浓度正交试验得出的规律，进一步进行单因素试验，得到优化的浸锌液组分含量为：焦磷酸钾 $140g/L$、硫酸锌 $18g/L$、碳酸钠 $6g/L$、氟化钾 $3g/L$、乙酸镍 $0.5g/L$。

浸锌时会在基体上通过置换反应生成锌层，第一次浸锌时间较少时，锌层覆盖面积较低，在退锌溶液中基体会遭受更多腐蚀；第一次浸锌时间较多时，锌层覆盖面积较高，会产生较多与基体结合不牢的锌层。第一次浸锌时间分别为 35s、40s、45s、50s、55s、60s 浸锌后试片微观形貌如图 12-3 所示，将化学沉积镍磷合金后的试片进行 $250℃$ 热震试验，结果如表 12-6 所示。

表 12-6 第一次浸锌时间对镍磷合金层热震试验结果的影响

第一次浸锌时间/s	35	40	45	50	55	60
镍磷合金层厚度/μm	20.63	19.82	19.75	20.34	18.35	21.60
250℃热震试验结果	2级	1级	1级	0级	0级	1级

由图 12-3、表 12-6 可知，第一次浸锌时间在 $35\sim55s$ 时，随时间的增加，基体表面浸锌层覆盖面积增大、更均匀，后续化学沉积得到的镍磷合金层结合力也提高；当浸锌时间达到 $50\sim55s$ 时，浸锌层覆盖面积较大，与基体结合牢固，后续化学沉积镍磷合金结合力最好；浸锌时间为 60s，浸锌颗粒过大，与基体结合不牢固，影响后续化学镀镍磷合金结合力。第一次浸锌时间选取 $50\sim55s$。

对第二次浸锌时间进行试验，时间分别为 20s、25s、30s、35s 的试片微观形貌如图 12-4 所示，将化学镀镍磷合金后的试片进行 $250℃$ 热震试验，结果如表 12-7 所示。由图 12-4、表 12-7 可知，第二次浸锌时间为 20s 时，浸锌层分布均匀，但锌层覆盖面积较小，不利于后续镍磷合金沉积；第二次浸锌时间为 35s

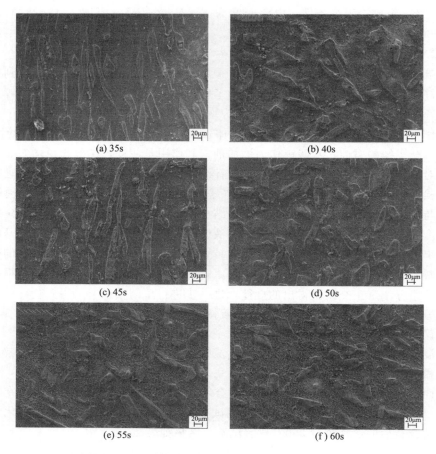

图 12-3 不同第一次浸锌时间下浸锌后试片微观形貌

时，基体表面的锌层覆盖面积较多，但与基体结合较差，不利于后续镍磷合金沉积；第二次浸锌时间在 25～30s 时，浸锌层覆盖分布均匀，与基体结合牢固，后续化学镀镍磷合金结合力最好。在第二次浸锌时间变化范围内，化学沉积得到的镍磷合金层均能通过 250℃ 热震试验。但第二次浸锌时间在 25～30s 时，镍磷合金层可以通过三次 250℃ 热震试验，结合力最好；而第二次浸锌时间为 20～35s时，镍磷合金层只能通过一次 250℃ 热震试验，结合力相对较差。综上，第二次浸锌时间选取 25～30s。

表 12-7 第二次浸锌时间对镍磷合金层热震试验结果的影响

第二次浸锌时间/s	20	25	30	35
镍磷合金层厚度/μm	18.99	19.84	19.62	19.06
250℃热震试验结果	0 级	0 级	0 级	0 级

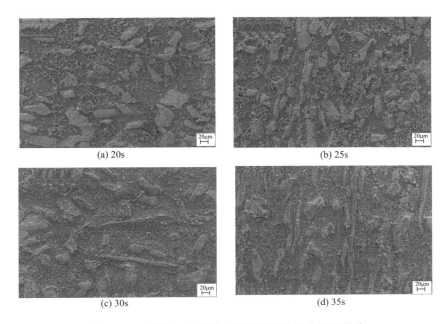

图 12-4　不同第二次浸锌时间下浸锌后试片微观形貌

　　浸锌温度直接影响浸锌反应速率：浸锌温度过高，反应过快，浸锌层与基体结合不牢；浸锌温度过低，反应较慢，影响浸锌效率，同时在浸锌溶液中时间过长，会增加基体的腐蚀。对浸锌溶液温度进行单因素试验，浸锌温度分别为50℃、55℃、60℃的试片微观形貌如图 12-5 所示，将化学沉积镍磷合金后的试片经过 250℃ 热震试验后，结果如表 12-8 所示。由图 12-5、表 12-8 可知，浸锌温度为 50℃ 时，反应温度较低，浸锌后基体表面锌颗粒较少、分布不均匀，后续化学沉积得到的镍磷合金层结合力较差；浸锌温度为 60℃ 时，反应温度较高，明显可以看出浸上很多较大的锌块，锌块与基体结合不紧密，后续化学沉积得到的镍磷合金层结合力也较差；在 55℃ 下浸锌，表面更加均匀细致，与基体结合牢固，后续化学镀镍得到的镍磷合金层结合力也较好。

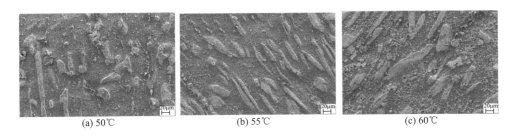

图 12-5　浸锌温度对浸锌后基体表面微观形貌的影响

表 12-8　浸锌温度对镍磷合金层结合力的影响

温度/℃	50	55	60
镍磷合金层厚度/μm	19.31	18.99	19.21
250℃热震试验结果	1级	0级	1级

综上所述，得出优化的浸锌液组分含量为：焦磷酸钾 140g/L、硫酸锌 18g/L、碳酸钠 6g/L、氟化钾 3g/L、乙酸镍 0.5g/L。工艺参数：第一次浸锌时间 50～55s；第二次浸锌时间 25～30s；浸锌溶液温度 55℃。该工艺得到的浸锌层覆盖度高、颗粒均匀，与基体结合紧凑。后续化学镀镍磷合金得到的镍磷合金层可以通过 250℃热震试验。

（二）预镀镍工艺

预镀中间层还可以通过电镀或化学镀的方法获得。J. L. Chen 在浸锌后进行电镀锌，进一步增加了锌过渡层在镁合金表面的覆盖度，减少镀镍层发生腐蚀时基体与镀层间的腐蚀电流。在镁合金表面预镀一层具有自催化特性的 Ni-P 合金层，使表面的电位均匀分布，可为后续化学镀打下良好的基础。国栋等对 AZ31 镁合金进行碱洗后，在表面活性剂的定向排列作用下，通过置换反应在镁基体上制得均匀致密的镍金属膜，既能使基体免于被化学镀液过度腐蚀，又为化学镀提供了具有反应活性的表面。

采用预镀镍打底和化学镀镍增厚的方式可以得到一层均匀致密、结合力良好的镀层，工艺流程为：除油→碱蚀→酸活化→碱活化→碱性化学预镀镍→酸性化学镀镍。随后，人们简化了这一工艺，工艺流程为：除油→酸洗→氢氟酸活化→化学预镀镍→后续镀层。所得镀镍层的磷含量约为 4%～5%，所用镍盐为碱式碳酸镍。AZ31 镁合金的"两步法"化学镀镍工艺是在 AZ31 镁合金表面以碱式碳酸镍为主盐，直接中性化学镀 8min，然后以硫酸镍为主盐酸性化学镀 90min，所得镀层表面均匀致密，拥有较好的结合力和良好的耐蚀性。也有报道将前处理的镁锂合金在碱式碳酸镍溶液中进行预镀，接着在硫酸镍溶液中进行化学镀，在镁锂合金上实现了"两步法"化学镀镍。所得镀层光亮致密，结合力良好，而且在极化曲线上有一个很宽的钝化区间，说明有良好的耐蚀性。A. A. Zuleta 先在pH 值为 10.5 的碱性化学镀液中预镀一层低磷 Ni-P 合金镀层，然后在 pH 值为6.5 的微酸性化学镀液中获得了一层高磷合金镀层。此种工艺的预镀镍的主盐为碱式碳酸镍，是为了避免硫酸根和氯离子对基体的腐蚀，但碱式碳酸镍的溶解度低，而且价格昂贵。接下来的酸性化学镀镍也饱受争议，因为一旦预镀镍层存在孔隙，则基体与预镀层形成电化学腐蚀，反而增加了腐蚀速度，风险较高。

（三）化学转化工艺

化学转化法是通过金属试样与化学转化液相接触，通过化学反应在金属表面形成难溶的化合物膜,保护基体不被腐蚀。一般流程为:除油→酸洗→活化→化学转化→化学镀镍。在镁合金化学转化处理研究中,铬酸盐转化是最传统的方法。镁合金的铬酸盐转化处理主要以铬酐或重铬酸盐为主要成分,铬酸盐转化时镁合金表面的镁被氧化以镁离子的形式进入溶液,同时伴有 H_2 析出,析出的 H_2 将一部分六价铬还原成三价铬,由于镁基体与溶液附近的 pH 值增加,使三价铬离子、镁离子形成氢氧化物沉淀,吸附在镁合金表面形成铬酸盐膜。镁合金铬酸盐转化处理工艺如表 12-9 所示。

表 12-9　镁合金铬酸盐转化处理工艺

转化方式	洗液配方	操作温度/℃	处理时间/s	质量变化
铬酸盐转化	$NaHF_2$ 15g/L $Na_2Cr_2O_7 \cdot 2H_2O$ 120g/L $Al_2(SO_4)_3 \cdot 14H_2O$ 7.5g/L HNO_3 90g/L	室温	30	质量损失约 $0.96mg/cm^2$

铬酸盐转化多采用六价铬,现阶段镁合金表面化学转化处理趋向于无铬转化处理研究。镁合金无铬转化研究主要包括磷酸盐转化、锡酸盐转化、钼酸盐转化、稀土盐转化、氟锆酸盐转化等方法。其中镁合金磷转化膜具有致密性好、均匀、黏结性与耐蚀性良好等特点,使大量研究人员转向通过先在镁合金表面形成磷化中间层,后化学镀镍的方法来获得结合强度高的镀层。一般流程为:打磨→除油→磷酸酸洗→活化→化学转化→封孔→表面活化→化学镀镍。以磷酸盐为主盐,乙醇为溶剂,在镁合金上可获得一层不完整的化学转化膜,减少镁合金基体相与第二相之间的电位差,从而使获得的镍磷合金镀层平整、致密、耐蚀。当磷化液中包含硝酸锌、磷酸、磷酸氢二钠时,得到的磷化膜主要由磷酸锌组成,该磷化膜的自腐蚀电位比镁基体提高了 700mV。有研究人员向磷化液中添加钼酸钠和腐蚀抑制剂,在镁合金表面得到了由磷酸锌与单质锌粒组成的均匀细密、结合力好的复合磷化膜,使自腐蚀电位提高了 50mV。X. F. Cui 采用植酸化学转化液在 AZ91D 镁合金表面获得了一层具有羟基和磷酸根离子的植酸转化膜,然后利用硅烷偶联剂的作用,在转化膜表面偶联上具有催化活性的钯离子,将化学转化与化学镀镍结合到一起。牛丽媛等采用两种磷化方法:① H_3PO_4、有机胺、$ZnSO_4$、NaF 磷化液;②在①中加入 $C_6H_4O_5NSNa$ 的磷化液,通过该磷化液磷化来代替酸洗活化,在镁合金表面形成一层结合紧密的磷化膜,该磷化膜在很大程度上减小了镁合金的腐蚀。

L. H. Yang 提出在 Mg-8Li 合金基体上,用钼酸盐处理作为中间膜,再进行化学镀镍工艺,该方法比传统的六价铬化合物和氟化物前处理对环境更加友好。工艺流程是碱洗→钼酸盐活化→化学镀镍,活化液为 20g/L 的 $Na_2MoO_4 \cdot 2H_2O$ 溶液,化学镀镍的主盐是乙酸镍。得到的膜层可以有效地作为后续镍磷镀层的隔绝层与催化层,直接在钼酸盐化学转化膜上制得了均匀致密的非晶态和微晶态混合的

Ni-P 合金镀层，具有良好的耐蚀性。

Y. Zou 研究了一种于 Mg-Li 合金基体上使用超声波辅助进行化学镀镍的方法，并且使用 Ce（NO₃）₃ 与 KMnO₄ 溶液进行活化成膜，成功获得具有精细结构、紧凑均匀的镍磷镀层。通过一系列测试，详细讨论了超声波辅助在化学镀镍工艺中的作用，得出超声波辅助具有使镀层更加细致、紧密的作用，并且极大地增加了镀层的耐蚀性，尤其是局部耐蚀性，减少了表面的孔隙，提高了镀层表面钝化的效果，所得的镍磷层与基体有较好结合力，可以通过 200℃ 热震的测试。

S. Y. Jian 先对 LZ91 基体进行化学转化，再进行化学镀镍，形成复合镀层。具体做法是：将试片在 pH 值为 2 的 KMnO₄-Ce（NO₃）₃ 混合溶液中进行化学转化处理后，在 pH 值为 2 的 St-co-NIPAAm/Pd 纳米颗粒溶液中进行活化，最后进行化学镀镍。得到复合型膜层，在 SEM 下观察，其具有典型的瘤状结构，没有微裂纹和孔隙，提高了 LZ91 合金的耐腐蚀性。

（四）微弧氧化工艺

微弧氧化膜层上化学镀镍的关键是微弧氧化层的有效活化。刘向艳对 AZ91D 镁合金表面微弧氧化层依次采用氯化亚锡敏化、氯化钯活化和次磷酸钠还原后进行化学镀镍，实现了两种膜层性能互补。S. Sun 在对 AZ91D 镁合金氧化膜表面浸渍一层含有 TiB₂ 粉末的催化层，使镁合金在进行微弧氧化后不需要钯活化即可进行化学镀镍。李均明等利用微弧氧化层多孔结构的特殊活性，直接进行化学镀镍，也获得了耐蚀性优异的化学镀镍层。

（五）无铬无氟前处理工艺

镁合金化学镀及电镀前处理工艺经过几十年的发展，已经有成熟的工艺可循。铬酸酸洗、氢氟酸活化的前处理工艺因简单、适用于高铝镁合金而受到人们的重视。但该前处理工艺也存在如下缺点：①氢氟酸活化后形成的氟化镁膜层会夹杂在基体和化学镀镍层之间影响镀层的结合强度；②使用的六价铬和氢氟酸为有毒物质，污染环境。这些缺点使人们转向无铬无氟或低氟的前处理研究上来，并获得了较好的结果。

陈志勇等采用 25mL/L H₃PO₄＋105g/L NH₄HF₂ 对镁合金进行活化处理，最终获得了结合力良好的镀层。李亭憬等先用 H₃PO₄＋Na₂MoO₄ 酸洗液刻蚀，而后采用 NH₄HF₂ 活化，改善了生产环境。朱丹等以 30g/L KMnO₄＋100g/L Na₃PO₄＋5g/L NaF 为活化液，在镁合金表面得到一层均匀、致密、较完整的镁的氟化物及其磷酸盐的保护层，为后续化学镀奠定了很好的基础。Y. P. Zhu 等研究了一种适合浸锌处理的活化工艺：100g/L K₄P₂O₇ · 3H₂O＋15g/L Na₂CO₃＋7g/L KF · 2H₂O，75℃，2～3min。H. J. Luo 等在 Mg-Li 合金基体上进行化学镀镍，对三种不同活化液组成进行对比分析，三种活化液为：H₃PO₄、NH₄HF₂；HF、KF；HF。对比后得出：使用 H₃PO₄ 与 NH₄HF₂ 混合溶液进行活化，得到的表面物质颗粒较为均匀一致，效果较好。有研究表明锡酸盐处理后镁合金表面会形成一层多孔的锡酸镁膜层，该膜层不仅可以降低 Ni-P 合金镀层与基体的电位差，而且还可以避免镀层失效后产生强烈的电偶腐蚀，提高镁合金的耐蚀性。有研究人员通过向酸洗液中添加钼酸钠，形成含有钼酸镁的酸洗膜层，研究发现该酸洗膜层使 Ni-P 合金与基体的结合力达到了 18MPa 以上，并大大提高了 Ni-P 合金在氯化钠溶液中的耐蚀性。Z. C. Wang 等以乙酸和硝酸钠为主要成分的酸洗配方对镁合金进行酸洗，在镁合金表面形成一层银白色不完全封闭的蜂窝状膜层，有效提高了镀层的结合力。

浸锌法可以使镍镀层与镁合金基体之间结合牢固，能在多种镁合金表面形成质量优异的镀层，提高镁合金的耐蚀性。但是也存在工艺复杂、环保压力大等缺点。为了简化工艺，提高工作效率，人们将目光投向镁合金直接化学镀镍前处理的工艺研究上。H. W. Huo 先用 HCl、$SnCl_2$ 进行酸洗，后用 $PdCl_2$、C_2H_5OH 活化，最后进行化学镀镍。发现锡酸盐处理后镁合金表面形成一层多孔的锡酸镁膜层，该膜层不仅可以降低 Ni-P 合金镀层与基体的电位差，还可以避免镀层失效后产生强烈的电偶腐蚀，提高镁合金的耐蚀性。Z. M. Liu 通过 CrO_3、HNO_3 酸洗，氢氟酸活化后直接化学镀镍，得到了结合力良好、耐蚀性强的 Ni-P 合金镀层。王建泳等探索了集酸洗活化于一步的化学镀镍前处理工艺：$60mL/L$ $H_3PO_4 + 30g/L$ $H_3BO_3 + 40g/L$ NH_4HF_2，室温。该工艺操作简单，可直接进行化学镀镍，并获得性能优良的镀层。杨培霞通过在含有磷酸、磷酸二氢锌、六甲基四胺、硝酸钠、高锰酸钾的酸洗液中得到磷化膜，发现：磷化 75s 后得到的镀层耐蚀性最好，在 3.5%氯化钠溶液中腐蚀电流下降 3 个数量级。刘海萍等以乙醇为溶剂，采用主要成分为马日夫盐、磷酸、硝酸、冰醋酸的酸洗液，在 AZ31D 上成功得到镁合金镀层，研究发现该镀层外观良好、结合力强、耐蚀性高，可以有效保护镁合金基体。王正波等发明了一种在 Mg-Li 合金基体上进行两次活化的化学镀镍工艺。使用 CrO_3 和 HNO_3 进行酸洗，活化液使用 H_3PO_4、NH_4HF_2 和 Na_2MoO_4 混合溶液，退活化膜使用与酸洗液相同的成分。经过两次活化处理后，可以明显提高镀层与基体的结合力。

第二节　镁合金化学镀镍工艺

镁合金的金属镀层通常通过电镀、化学镀或热喷涂方法获得。其中通过化学镀方法得到的镀层不仅可以有效提高镁合金的耐蚀性、硬度与外观质量，还可以解决阳极氧化、电镀等工艺受电场分布和介质影响难以在复杂工件表面上形成镀层的问题，这使得化学镀在镁合金表面处理中的应用前景广泛。镁合金化学镀主要指的是化学镀镍，随着新型镁合金及其压铸件在工程实际领域的应用，开发新的化学镀镍工艺，使其能在镁合金表面得到结合力好、耐蚀性高、孔隙率低的化学镀镍层，将是未来表面处理研究的热点。

一、镁合金化学镀镍镀液成分及工艺参数的影响

（一）镀液成分

1. 主盐

镁合金化学镀镍的镀液成分主要包括主盐、还原剂、络合剂、缓冲剂、稳定剂等。镍盐为化学镀镍磷合金时镀层中镍的主要来源，其对镀层的性能具有至关重要的影响。镁合金化学镀镍的镍盐主要为碱式碳酸镍、硫酸镍、乙酸镍等，早期曾使用氯化镍，但氯离子对镁合金腐蚀很大，并且产生拉应力，目前已经不再使用。以碱式碳酸镍作为主盐虽能得到结合力良好的镀层，但碱式碳酸镍价格昂贵，并且不溶于水，在配制时必须使用氢氟酸溶解，溶解过程费时，还会造成环境污染，降低生产效率。因此，许多研究者以廉价的硫酸镍为主盐对镁合金化学镀镍进行研究。袁亮研究了三种主盐对镀层性能的影响，结果显示以碱式碳酸镍为主盐的镀液中所获得的镀层耐蚀性最好，乙酸镍为主盐时所得镀层耐蚀性最差。徐二领等对碱式碳酸镍和硫酸镍进行了对比研究，结果发现以硫酸镍为主盐的镀液体系获得的镀层的耐蚀性能更加优异。沟引宁等以硫酸镍为主盐在AZ91D镁合金表面得到了均匀、致密、无缺陷、硬度546HV、腐蚀速度$0.76\mu m/h$的Ni-P合金镀层。郭晓光等研究了LA91基体上直接化学镀镍的工艺，采用H_3PO_4、HNO_3与NaF的混合溶液作为酸洗液，其中NaF作为缓蚀剂，防止基体过度腐蚀；使用NH_4HF_2进行活化。化学镀镍的主盐是乙酸镍，对化学镀镍液的主要成分及工艺条件进行正交试验，获得的镍磷合金层结构致密、孔隙率低、耐蚀性好。周荣国将化学镀镍与化学转化膜进行对比，使用的化学镀镍溶液配方为：$Ni(CH_3COO)_2$ 20g/L、NaH_2PO_2 20g/L、$C_6H_8O_7$ 15g/L、（40%）HF 12g/L、NH_4HF_2 10g/L；通过控制$NH_3 \cdot H_2O$（25%）的加入量调节溶液的pH值至7；磷酸盐-高锰酸盐处理（pH=3）的最佳工艺参数为：温度70℃，处理时间30min。通过分析比较，Mg-Li合金表面镀镍层的耐腐蚀性明显优于磷酸盐-高锰酸盐转化膜。

哈尔滨工业大学（威海）研究人员以ZM1镁合金为基体，考察了不同主盐对化学镀镍磷合金镀层性能的影响，试验中保证镀液中镍离子浓度相同，硫酸镍体系、碱式碳酸镍体系和乙酸镍体系的镀液配方及工艺条件如表12-10所示。

不同主盐体系的镀层厚度随时间变化的曲线如图12-6所示。由图12-6可以看出，不同主盐的镀镍体系沉积速度相差不大，即当保持Ni^{2+}浓度不变时，主盐的选择对沉积速度无明显影响。

表 12-10　不同主盐体系化学镀镍液配方及工艺条件

镀液	硫酸镍体系	碱式碳酸镍体系	乙酸镍体系	工艺条件
硫酸镍	18g/L	—	—	
碱式碳酸镍	—	8.7g/L	—	
乙酸镍	—	—	17g/L	
次磷酸钠	20g/L	20g/L	20g/L	$T=80℃$
柠檬酸	10g/L	10g/L	10g/L	$pH≈6.4$
乙酸钠	13g/L	13g/L	13g/L	用氨水调节 pH 值
氟化氢铵	8g/L	8g/L	8g/L	
氢氟酸	12mL/L	12mL/L	12mL/L	
稳定剂 DS	3mg/L	3mg/L	3mg/L	

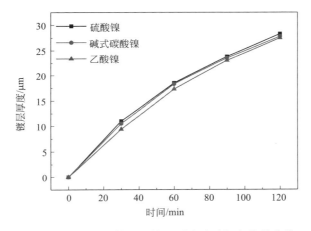

图 12-6　不同主盐体系的镀层厚度随时间变化的曲线

　　三种镀镍体系所得镀层的微观形貌如图 12-7 所示，以碱式碳酸镍和硫酸镍为主盐的镀层晶粒较小，而且以硫酸镍为主盐的镀层是由大小比较均匀的胞状晶粒组成，平整性最好；乙酸镍作主盐时镀镍层的胞状晶粒较大，且平整性不如其他两种主盐。

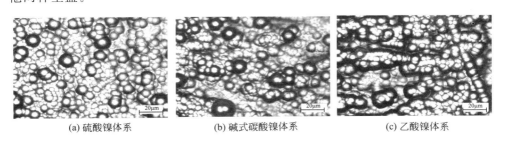

(a) 硫酸镍体系　　　　　　(b) 碱式碳酸镍体系　　　　　　(c) 乙酸镍体系

图 12-7　不同主盐镀镍体系所得的镀层的微观形貌

　　对镀层和镁合金基体的 Tafel 测试结果如图 12-8 所示，相应的分析结果见表 12-11。由 Tafel 测试分析结果可以看出，镁合金基体上化学镀镍后试样表面

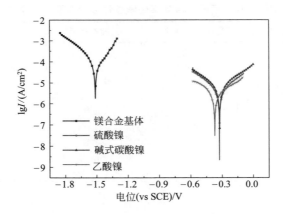

图 12-8 不同主盐镀液体系中镀镍层的 Tafel 曲线

的耐蚀性较镁合金基体均有很大的提高，表现为腐蚀电位正移近 1100mV，腐蚀电流密度降低 1 个数量级，说明化学镀镍对镁合金基体具有很好的保护作用。同时，由图 12-8 还可以看出硫酸镍和碱式碳酸镍的腐蚀电位相差不大，而以乙酸镍为主盐时镀层的腐蚀电位较其他两种主盐时的腐蚀电位低 45mV，说明乙酸镍体系获得镀层对基体的保护作用相对其他体系差一些。

镁合金基体和三种不同主盐体系获得镀层的电化学阻抗谱测试的结果如图 12-9 所示，采用 等效电路进行拟合，各元件拟合结果如表 12-12 所示。

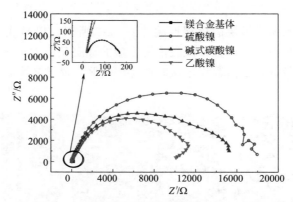

图 12-9 三种镀液体系中镀镍层的 EIS 曲线

表 12-11 不同主盐镀液体系中镀镍层的 Tafel 测试分析结果

项目	镁合金基体	硫酸镍	碱式碳酸镍	乙酸镍
腐蚀电位(vs SCE)/V	-1.512	-0.327	-0.325	-0.370
腐蚀电流密度/(10^{-6}A/cm²)	70.32	3.691	5.226	3.970

由图 12-9 可以看出三种镀液体系所得镀层在 NaCl 溶液中的容抗弧都远远大于镁合金基体，同时，三种体系中，硫酸镍体系所得镀层的容抗弧半径最大。由表 12-12 中的结果可知，所有镀层的电化学反应电阻均比镁合金基体提高了 2 个数量级，三种镀液体系中，硫酸镍体系获得的镀层电荷传递电阻最大，表明在硫酸镍体系中所得镀层的耐蚀性最好；乙酸镍体系电荷传递电阻最小，表明在乙酸镍体系中所得镀层的耐蚀性相对较差。电化学阻抗谱测试得出的不同体系所得镀层的耐蚀性顺序为硫酸镍体系＞碱式碳酸镍体系＞乙酸镍体系，与 Tafel 所得的结果基本一致。

表 12-12 采用等效电路拟合所得各元件参数

项目	R_s/Ω	$Q/(10^{-5}\,s/\Omega)$	α	R_{ct}/Ω
镁合金基体	21.60	3.30	0.855	1.42×10^2
硫酸镍	16.52	3.45	0.856	1.72×10^4
碱式碳酸镍	15.88	4.23	0.840	1.37×10^4
乙酸镍	16.65	4.45	0.801	1.12×10^4

采用表 12-10 中的三种体系的镀镍工艺施镀，每个体系施镀 3 片进行中性盐雾试验测试。中性盐雾试验结果如表 12-13 所示。由盐雾试验结果可以看出：当镀层厚度低于 $19\mu m$ 时，三种主盐体系获得的镀层耐中性盐雾都没有超过 24h，说明镀层厚度低于 $19\mu m$ 时，耐蚀性较差。当镀层厚度大于 $19\mu m$ 时，硫酸镍体系和碱式碳酸镍体系得到的两片试样耐中性盐雾试验时间都超过 72h，而乙酸镍仅有一片超过 72h。由此可知：乙酸镍体系的耐蚀性较差，硫酸镍和碱式碳酸镍体系的耐蚀性相差不大。

表 12-13 不同主盐体系的盐雾试验结果

不同体系	硫酸镍			碱式碳酸镍			乙酸镍		
镀层厚度/μm	17.7	20.8	23.6	16.6	21.1	23.7	18.6	21.0	23.3
耐盐雾时间/h	<24	>72	>72	<24	>72	>72	<24	<48	>72

由电化学测试和盐雾试验的结果可知，以硫酸镍为主盐时所得镀层与以碱式碳酸镍为主盐时所得镀层的耐蚀性相差不大，以乙酸镍为主盐时所得镀层的耐蚀性较差。对比硫酸镍和碱式碳酸镍两种体系的成本以及镀液配制和维护难易程度可知：硫酸镍镀液配制及维护简单，成本较低，因而选择硫酸镍作为主盐有较大优势。

2. 络合剂

络合剂可以和镀液中的镍离子络合，降低镀液中游离镍的含量，增加化学镀液的稳定性。常用的络合剂主要为有机酸及其盐等，镁合金化学镀镍使用的络合剂通常选用柠檬酸（盐）或者和其他络合剂配合使用。李光玉采用柠檬酸钠作为镀液中的络合剂，在镁合金表面得到了 Ni-P 与 Ni-W-P 复合镀层，发现复合镀层致密无孔，具有高的显微硬度与耐蚀性。张道军以柠檬酸为络合剂，在镁合金表面得到均匀、致密、无缺陷的镀层。刘伟等研究发现 AZ31B 镁合金上化学镀镍采用柠檬酸钠与乳酸复合络合剂质量浓度比为 0.6 时，镀速较快，镀层的外观、硬度以及耐蚀性均较好。

3. 缓冲剂

在化学镀过程中，氢离子不断产生，这使镀液的 pH 值不可避免地下降，因此，镀液中需要添加缓冲剂来稳定镀液的 pH 值，在不影响化学镀镍性能的同时，提高镀液的使用寿命。化学镀镍常用的缓冲剂有乙酸钠、碳酸钠、氟化氢铵等。有研究发现，以碳酸钠为缓冲剂的碱性化学镀镍液对镁合金的腐蚀速度慢，而且碳酸钠的加入使化学镀过程中 pH 值在 8.5～11.5 范围内变化，可有效提高镀速。

4. 添加剂

由于化学镀镍为热力学不稳定体系，再加上镁合金的活泼性，镁合金化学镀镍液更容易发生分解，因此选择合适的稳定剂显得更为重要。薛燕等研究了 KIO_3、KI、$PbAc_2$、$PbAc_2$＋KIO_3 和 CN_2H_4S＋KIO_3 等稳定剂对镁合金化学镀液稳定性以及镀层性能的影响，选出的稳定剂组合为 CN_2H_4S＋KIO_3。哈尔滨工业大学（威海）研究人员选择硫脲、碘酸钾、碘化钾、乙酸铅、稳定剂 AS 和含硫有机物稳定剂 DS 六种稳定剂，研究了它们对镀液稳定性、沉积速度的影响。不同稳定剂对化学镀镍液稳定性和沉积速度的影响如表 12-14 所示。从表 12-14 可以看出，加入稳定剂后，溶液的稳定性明显提高。加入稳定剂 DS 时镀液氯化钯稳定性最好，且沉积速度最大；加入乙酸铅时镀液稳定常数最高，且镀液氯化钯测试稳定性较好；加入硫脲、碘化钾、碘酸钾和稳定剂 AS 时，氯化钯测试和稳定常数测试结果均表明，这几种稳定剂对提高镀液稳定性的作用相对较差。

表 12-14　不同稳定剂对化学镀镍液稳定性和沉积速度的影响

稳定剂	用量/(mg/L)	$PdCl_2$ 测试	稳定常数	沉积速度/(μm/h)
空白	0	20s	—	—
硫脲	2	200s	70.2%	21.8
碘酸钾	20	150s	68.4%	19.8
碘化钾	10	120s	61.5%	21.4
乙酸铅	10	134s	90.8%	19.2
稳定剂 AS	1	6min	73.3%	19.0
稳定剂 DS	2	＞2h	85.3%	22.0

化学镀镍溶液中的络合剂和稳定剂往往会使沉积速度下降。因此，常常在镀液中添加少量能提高沉积速度的物质，即所谓的促进剂，也称加速剂。镁合金化学镀镍的促进剂主要是可溶性氟化物。其他添加剂主要是表面活性剂与光亮剂。

镀液中加入表面活性剂可以加速镀液中氢气的快速逸出，防止气泡吸附在镀层表面降低镀层的质量。镀液中添加一定量的光亮剂可以在一定程度上提高镀层的光亮程度，提高镀层的装饰性作用。

（二）工艺参数

温度是化学反应的重要参数，镍的沉积反应也需要一定的活化能才能够进行，因而镁合金化学镀镍磷合金时的温度对化学镀镍沉积速度有着至关重要的作用。尚淑珍等研究表明，在 AZ31 镁合金化学镀镀液 pH 值为 6.5、沉积时间为 45min 的条件下，最佳的化学镀温度为 85～90℃。姜东梅等的研究结果表明，随镁合金化学镀镍液的 pH 值增大，镍磷合金层中磷含量降低，当镀液 pH 值为 6 时镀层硬度和耐蚀性均达到最高。Mg-Li 合金低温化学镀镍，溶液主盐为 $NiSO_4$，缓蚀剂为 NH_4HF_2，光亮剂为十二烷基硫酸钠，镀镍温度低于 65℃，有效地防止了 Mg-Li 合金在化学镀镍磷过程中基体受到腐蚀。哈尔滨工业大学（威海）研究人员研究了 ZM1 镁合金硫酸盐化学镀镍温度和 pH 值的影响。温度对沉积速度和镀层孔隙率的影响结果如图 12-10 所示。可知当化学镀镍的温度低于 65℃ 时，化学镀镍过程不能进行，当温度高于 65℃ 时，随着温度的增加，化学镀镍的沉积速度逐渐增大。在 65℃ 时，难以形成镀层，因而镀层的孔隙率较高。当温度达到 85℃ 时，镀层沉积速度较快，析氢量增加而难以及时从镁合金基体表面扩散，造成镀层孔隙率较大。试验中还发现，在化学镀温度为 85℃ 时，镀槽底部有少量黑渣，说明镀液在 85℃ 下进行化学镀时镀液稳定性较差。图 12-11 和表 12-15 是不同温度下所得镀层的 Tafel 测试结果，在不同温度下获得镀层的 Tafel 曲线基本重合，腐蚀电位和腐蚀电流密度相差不大，说明温度对镀层的耐蚀性影响较小。

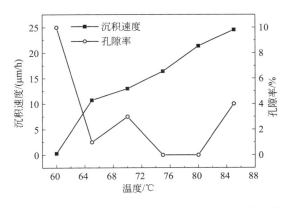

图 12-10　温度对化学镀镍沉积速度和镀层孔隙率的影响

图 12-12 为不同化学镀温度下所得镀层的微观形貌，可知在化学镀温度为 60℃ 时，镁合金基体上无明显的胞状晶粒，说明在该温度下镁合金基体表面无法沉积

镀层；化学镀温度高于 65℃ 时，镁合金试样表面存在明显的胞状晶粒，说明此条件下可以在镁合金基体上沉积镀层。当化学镀温度较低时，化学反应速率较小，沉积速度较慢，得到的镀层较致密，但要达到所需镀厚镀覆时间较长。随着化学镀温度的增加，自催化反应加快，镀层沉积速度增大，晶粒增大。由以上讨论可知，化学镀的温度选择在 75～80℃ 较为合适。

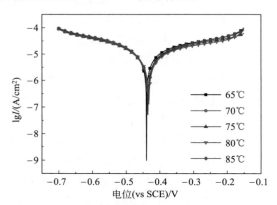

图 12-11　不同化学镀温度时所得镀层的 Tafel 曲线

表 12-15　不同化学镀温度时所得镀层的 Tafel 测试分析结果

温度/℃	65	70	75	80	85
腐蚀电位(vs SCE)/V	−0.44	−0.437	−0.436	−0.433	−0.436
腐蚀电流密度/(10^{-5}A/cm^2)	1.503	1.258	1.139	1.135	1.151

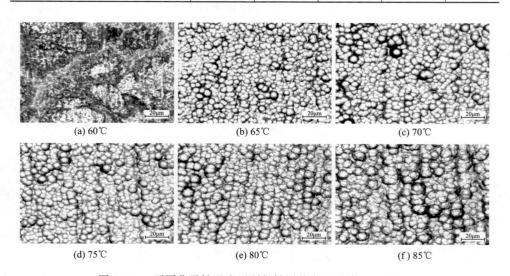

图 12-12　不同化学镀温度下所得镀层的微观形貌 （×2100）

图 12-13 为 pH 值对镀层孔隙率和沉积速度的影响。试验中发现，当镀液的

初始 pH 值为 5.4 时，获得的镀层不完整，这是由于镁合金的电化学活性高，在 pH 值较低时，尽管镀液中存在 F⁻ 等缓蚀剂，但镀液酸性较强，对镁合金基体腐蚀严重，造成漏镀。随着镀液 pH 值的增加，镀层的沉积速度逐渐增加。由镀液 pH 值对镀层孔隙率的影响可知，pH 值为 6.4～6.7 时镀层的孔隙率最低。

图 12-14 和表 12-16 为不同化学镀 pH 值下获得的镀层在 NaCl 溶液中的 Tafel 曲线及分析结果。由 Tafel 测试可知，随着镀液 pH 值的增加，镀层在 NaCl 溶液中的腐蚀电位由镀液 pH 值为 5.4 时的 -0.458V 正移至镀液 pH 值为 6.4 时的 -0.428V，然后又逐渐降低至镀液 pH 值为 7.0 时的 -0.443V。腐蚀电流密度随着 pH 值的升高，由镀液 pH 值为 5.4 时的 $1.469\times10^{-5}\,\text{A/cm}^2$ 逐渐降低至镀液 pH 值为 6.4 时的 $0.946\times10^{-5}\,\text{A/cm}^2$，然后又逐渐增大至镀液 pH 值为 7.0 时的 $1.278\times10^{-5}\,\text{A/cm}^2$，由此可以判断在镁合金化学镀镍液的 pH 值为 6.4 时获得的镀层耐蚀性最好。

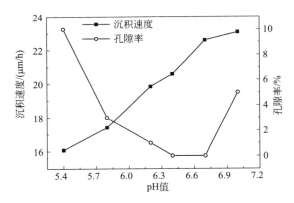

图 12-13　pH 值对化学镀镍沉积速度和镀层孔隙率的影响

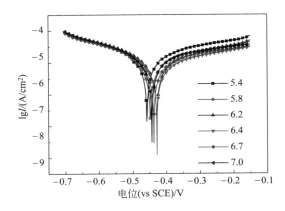

图 12-14　不同化学镀 pH 值时所得镀层在 NaCl 溶液中的 Tafel 曲线

图 12-15 为不同化学镀 pH 值下所得镀层的微观形貌。随着镀液 pH 值增加，

所得镀层晶粒逐渐减小。在镀液 pH 值为 6.4～6.7 时获得的镀层晶粒均匀度较好。综合以上讨论，化学镀镍磷合金的 pH 值选择在 6.4～6.7。

表 12-16　不同化学镀 pH 值时所得镀层在 NaCl 溶液中的 Tafel 测试分析结果

pH 值	5.4	5.8	6.2	6.4	6.7	7.0
腐蚀电位(vs SCE)/V	−0.458	−0.448	−0.429	−0.428	−0.437	−0.443
腐蚀电流密度/(10^{-5}A/cm^2)	1.469	1.167	1.105	0.946	1.090	1.278

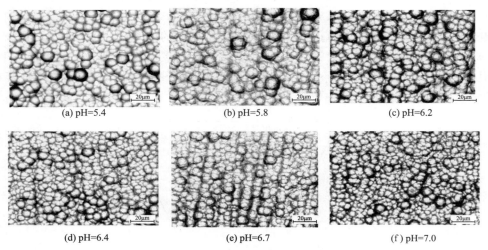

(a) pH=5.4　　　　　　(b) pH=5.8　　　　　　(c) pH=6.2

(d) pH=6.4　　　　　　(e) pH=6.7　　　　　　(f) pH=7.0

图 12-15　不同化学镀 pH 值下所得镀层的微观形貌

二、化学镀三元合金和复合镀

近年来，由于科技学技术的快速发展，对镀层的性能提出了更高的要求，因而化学沉积多元合金、化学复合镀得到快速的发展。W. X. Zhang 等通过调整碱性镀液组成，在镁合金表面获得了非晶态 Ni-Sn-P 三元合金镀层，该镀层的耐蚀性明显高于 Ni-P 合金镀层。A. Araghi 在镁合金化学镀镍液中添加了 B_4C 微粒，获得了表面呈菜花状的 Ni-P-B_4C 三元复合镀层，该镀层均匀致密，B_4C 微粒均匀分布在镀层中，具有较好的耐蚀性，复合镀层硬度约为 1200MPa，明显高于镀镍层的 700MPa，镀层的耐磨性能也明显提高。Y. Zou 采用 $Ce(NO_3)_3$ 与 $KMnO_4$ 溶液进行活化，产生中间膜，之后再进行化学镀，将纳米二氧化硅颗粒与镍磷镀层进行共沉积，成功共沉积到 Mg-8Li 合金上，从而大幅度提高其耐腐蚀性和耐磨性。为达到共沉积效果，首先单纯进行化学镀镍磷合金 20min，然后将纳米 SiO_2 颗粒加入化学镀液中，使用超声分散 15min，然后共沉积 2h。

三、镁合金化学镀镍成核机制的初步研究

为了研究镁合金表面化学镀镍的沉积过程，哈尔滨工业大学（威海）研究人

员对镁合金表面化学镀镍时的电极电位-时间曲线、不同沉积时间的表面形貌以及成分进行了分析。采用的化学镀镍磷合金的镀液组成及工艺条件如表 12-17 所示。所得镀层外观良好，呈半光亮态，其镀层性能如表 12-18 所示。

表 12-17 镁合金化学镀镍液配方及工艺条件

溶液成分	含量	工艺条件
硫酸镍	24g/L	
次磷酸钠	24g/L	
乙酸钠	8g/L	$T=75\sim80℃$
柠檬酸	10g/L	$pH=6.4\sim6.7$
氟化氢铵	4g/L	用氨水调节 pH 值
氢氟酸	6g/L	
稳定剂 DS	4mg/L	

表 12-18 优化后工艺所获得镀层的性能

项目	磷含量(质量分数)/%	硬度(HV)	结合力	中性盐雾试验	5%NaCl 浸泡
镁合金基体	—	104.2	—	—	—
镀层	6.5~8.0	508.7	8~10 分	>72h	>48h

1. 沉积过程中的电极电势-时间曲线变化特征

镁合金基体上化学镀镍磷合金的开路电位-时间曲线如图 12-16 所示。依据该曲线的特征，可将化学镀镍磷合金过程分为五个时段：

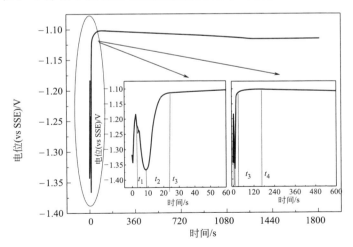

图 12-16 化学镀镍时电极电位-时间曲线特征

① $t<t_1(t_1\approx4s)$ 时，开路电位迅速正移，在 t_1 时达到电势最高点$-1.183V$；

② $t_1<t<t_2$ 时，开路电位迅速向负向移动，在 $t_2(t_2\approx10s)$ 左右达到最小值，为$-1.366V$；

③ $t_2<t<t_3$ 时，开路电位再次迅速正移，在 $t_3(t_3\approx20s)$ 时变化减慢；

④ $t_3 < t < t_4$ 时，开路电位缓慢增加，在 t_4（$t_4 \approx 180s$）时达到电势最大值，约为 $-1.101V$；

⑤ $t > t_4$ 后，开路电位缓慢降低，但基本保持在 $-1.15 \sim -1.10V$，因而初始阶段的电位为稳定电位。

由以上结果可知，化学镀镍磷合金过程中电极电位的变化反映了电极表面状态的变化。当镁合金电极浸入化学镀镍瞬间，镁基体的温度较低，化学镀镍反应并未进行，溶液中 $[NiL_m]^{2+}$、H^+ 等带正电粒子开始吸附在镁合金表面，使得电势正移。随着镁基体温度的升高和吸附在镁基体表面的 $[NiL_m]^{2+}$、H^+ 含量增加（$t > t_1$），酸洗后形成的膜层逐渐被溶解，而露出镁基体使电极电位迅速负移。在镁基体露出的同时，吸附在镁基体表面的 $[NiL_m]^{2+}$ 与镁基体形成 Ni^{2+}-Mg 原电池，Mg 氧化放出电子，Ni^{2+} 得到电子被还原，在镁合金表面产生置换沉积。随着置换反应的进行（$t_2 < t < t_3$），镁合金表面逐渐被镍磷合金层覆盖，因而镁合金电极的开路电位迅速正移。当化学沉积时间继续增加时（$t_3 < t < t_4$），镁合金表面逐渐形成完整的镍磷合金镀层，开路电位缓慢增加。当沉积时间继续增加（$t > t_4$），由于镀液中化学镀镍反应的进行，镀液成分发生变化，电极电位逐渐下降。

2. 化学镀镍过程中镁合金表面形貌及成分

为了研究 ZM1 镁合金化学镀镍磷合金的沉积过程，对镁合金沉积不同时间时的表面形貌以及表面成分进行了测试。不同沉积时间下试样表面的微观形貌如图 12-17 所示。

由图 12-17 可知当化学镀达到 0.5min 时，试样表面凸出部分已经存在化学镀镍晶核，而凹陷部分无明显胞状镍核。当化学镀时间达到 1min 时，可以明显看出试样表面的镍晶核长大并开始交联，同时凹陷处也出现晶核。当化学镀达到 2min 时，镍晶粒逐渐长大并向四周扩散，同时凹陷处晶粒亦随之长大。当化学镀进行至 3min 时，镍晶粒逐渐交联在一起，试样表面的平整度增加。镀覆时间达到 5min 时，试样表面的交联空间被镍粒填满，可以明显看出，镀层是由存在明显界线的晶粒组成。随着化学镀时间的继续延长（$10 \sim 60min$），晶粒逐渐长大、相互挤压并相互融合，形成较大的胞状晶粒，从而使得镀层结构致密。

表 12-19 为不同化学镀时间后试样表面的 EDS 测试分析结果。可知试样表面的 Mg 含量随着镀覆时间的增加逐渐降低，当镀覆达到 5min 以后，Mg 含量几乎不变。而 Ni 含量随着化学镀时间的增加而逐渐增大，在化学镀达到 5min 后，镍含量几乎恒定不变。镀层表面的磷含量亦随着镀覆时间的增加而增大，最终稳定在 7.5% 左右。Zn 含量随着时间的增加逐渐降低，说明镀层的覆盖度逐渐增加，因而使露出的基体越来越少。O 的减少说明酸洗后形成的磷化膜逐渐被覆盖或被溶解。而 F 含量在化学镀 0.5min 时，含量达到 10.05，说明镁合金浸入镀液后在镀液中氟离子的作用下形成氟化物膜层，而后随着沉积时间的延

长，氟含量逐渐减小。

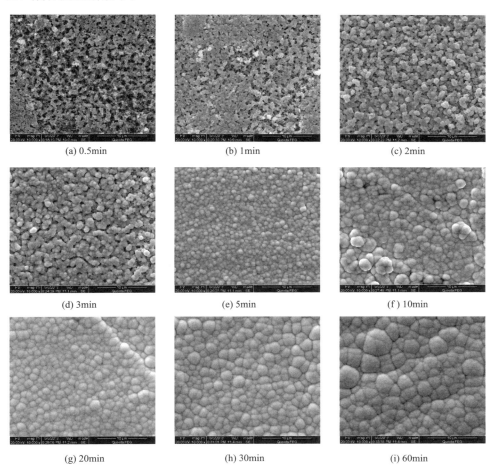

(a) 0.5min	(b) 1min	(c) 2min
(d) 3min	(e) 5min	(f) 10min
(g) 20min	(h) 30min	(i) 60min

图 12-17 不同沉积时间下试样表面的微观形貌

表 12-19 EDS 测试所得不同沉积时间下试样表面各元素的含量（质量分数）

单位：%

元素	化学镀时间/min								
	0.5	1	2	3	5	10	20	30	60
Ni	21.41	44.88	76.53	84.58	88.26	88.59	89.45	89.61	89.83
Mg	55.95	33.53	6.85	1.00	0.19	0.37	0.22	0.10	0.23
O	2.42	1.68	0.85	1.13	0.90	0.78	0.80	0.82	0.73
F	10.05	8.30	4.12	2.40	1.46	1.30	1.18	1.33	1.21
P	3.90	6.69	8.52	8.44	7.67	7.65	7.51	7.02	7.46
Zn	5.88	4.56	2.86	2.03	1.22	0.89	0.58	0.76	0.26

结合以上讨论，可将镁合金化学镀镍的过程分为以下两个阶段。

（1）镀液中镍离子与镁基体发生置换反应

① 镀液中的镍络离子 $(NiL_m)^{2+}$ 由化学镀液向镁合金试样表面扩散，并吸附在镁合金表面。

② 试样表面的酸洗膜层薄弱处（基体相 Mg）发生溶解，并且吸附的镍离子与镁合金基体组成电池对（Ni^{2+}/Mg），发生电化学置换反应，在酸洗膜层较完整处（第二相 $MgZn_2$）形成晶核。

在镁基体相（Mg）处发生的反应如式(12-10) 所示，

$$Mg - 2e \longrightarrow Mg^{2+} \tag{12-10}$$

在第二相（$MgZn_2$）处发生的反应如式(12-11) 所示，

$$Ni^{2+} + 2e \longrightarrow Ni \tag{12-11}$$

同时镀液中氟离子与镁合金反应生成难溶的氟化镁阻止镁合金过度腐蚀，反应见式(12-12)。

$$Mg^{2+} + 2F^- \longrightarrow MgF_2 \tag{12-12}$$

③ 形成的晶核逐渐长大扩展，而原基体相处由于氟化物膜层的形成，在与第二相接界处形成晶核，然后形成的晶核逐渐长大、交联。

（2）镍基体上的镍磷合金发生共沉积反应　镁合金基体表面形成的晶核长大、交联后完全覆盖镁基体表面后，被镍磷合金上继续进行自催化的镍磷共沉积。

第三节　电镀工艺

电镀是依靠外界电源使浸在溶液中的阳极和阴极发生电化学反应，将金属离子沉积在阴极（零件）表面形成镀层。镁合金的电极电位很低，电化学活性很高，在常规的电镀槽液中极不稳定，镁合金件不能直接进入槽液进行电镀。直接电镀时，金属镁会与镀液中的阳离子发生置换反应，造成镀层疏松、多孔、结合力差，且会影响镀层的稳定性，缩短使用寿命。电镀在镁合金表面的应用有很大难度，镁合金电镀比铝合金电镀更困难。但不可否认，电镀方法有设备成本低、操作简便，镀层结晶度小、导电性好、装饰性好等优势，因此，研究镁合金电镀仍然有其应用价值和潜力。目前这方面的研究主要是在镀液中加入缓蚀剂，缓蚀剂与镁作用在表面生成不溶解的保护膜，膜层将镁的活性表面与电解液隔离开，阻止或缓解了电化学腐蚀或者化学腐蚀。当镁合金暴露在空气中时，其表面迅速生成一层疏松而又无保护性的 $MgO/Mg(OH)_2$ 薄膜，从而影响镀层的连续性、致密性。因此，要在镁合金表面制备性能良好的金属镀层，必须对镁合金进行合适的预处理。

解决镁合金的预处理，就要消除镁合金电沉积中的氧化夹杂物，使镁合金表面在进入镀液前覆盖致密的保护层。一般来说，镁合金的电镀预处理主要有两种工艺：浸 Zn 法和化学预镀 Ni 法。浸 Zn 法的工艺流程：碱洗→酸洗→活化→浸锌→预镀 Cu→电沉积其他镀层；化学预镀 Ni 法的工艺流程：碱洗→酸洗→活化→化学预镀 Ni→电沉积其他镀层。传统浸锌工艺的酸洗液和活化液分别是铬酸和氢氟酸，浸锌后一般是氰化镀铜，对环境不利。氰化镀铜在复杂基体的表面上，由于电流密度的不同，在孔洞和凹处得到的镀层不均匀。活化时间对镀层结合力有关键的影响，当活化时间太长时，镀上的铜将会很少；当活化时间太短时，镀铜层的结合力则会很差。有研究表明，通过改进工艺步骤——有机溶剂除油或碱性除油→活化→浸锌→电镀锌/铜，得到的镀铜层与锌层之间有很好的结合力。然而，酸活化步骤活化液对镁基体的浸蚀，使得装饰镀铜层的耐蚀性比较差。为改善镀层耐蚀性和结合力的问题，浸锌液采用焦磷酸盐体系，溶液中加入少量的氟离子，工艺流程为：碱性除油→浸锌或电镀锌→电镀铜→电镀光亮镍。此工艺去掉了酸洗活化的工艺，得到了一层完整的锌层。结果表明锌层与基体之间有很好的结合力，而且耐蚀性很好，由于精简了工艺，有很好的商业价值。

一、电镀铜

由于浸锌层不够致密，存在空隙，因此，需要预镀上一层铜。一般是氰化镀铜或者是焦磷酸盐镀铜，作为镁合金电镀前的打底镀层。后续根据实际需要在铜底层上再进行常规电镀，如酸性镀镍、镀光镍、镀半光镍、镀光铬等工艺，从而获得较好的装饰性和耐蚀性。T. Yin 等研究了 Mg-Li 合金上电镀铜工艺，使用 CrO_3、Fe (NO_3)$_3$·$9H_2O$ 和 NaF 溶液进行酸洗，在磷酸和氟化氢铵溶液中进行活化，之后使用焦磷酸盐体系浸锌，最后进行镀铜。铜镀层对 Mg-Li 合金的耐腐蚀和耐磨性有显著的提高，镀层与基体也有良好的结合力。基于浸锌的镁合金氰化物预镀铜工艺有 DOW 工艺、Norsk-Hydro 工艺和 WCM 工艺。各工艺的流程如下：

DOW 工艺：除油→阴极除油→酸洗→酸活化→浸锌→氰化镀铜。

Norsk-Hydro 工艺：除油→酸洗→碱浸→浸锌→氰化镀铜。

WCM 工艺：除油→酸洗→氢氟酸活化→浸锌→氰化镀铜。

DOW 工艺应用最早，但在很多条件下得到的浸锌层不均匀，而且结合力也不好。一种改进后的方法是在酸洗步骤后，加上一步碱活化，并缩短处理的时间，成为 Norsk-Hydro 工艺。Norsk-Hydro 工艺被证实可以显著提高浸锌层的质量，在 AZ61 基体上镀覆铜-镍-铬镀层，有很好的结合力和耐蚀性。但是经后续试验证明，通过 DOW 工艺和 Norsk-Hydro 工艺得到的样品在热震试验后的结合力很差，而 WCM 工艺最成功地得到了很好的结合力和耐蚀性。氰化镀铜配方及工艺见表 12-20。

表 12-20　氰化镀铜配方及工艺

配方 1	工艺条件	配方 2	工艺条件
CuCN	38.0～42.0g/L	CuCN	38.0～42.0g/L
KCN	64.5～71.5g/L	NaCN	50.0～55.0g/L
KF	28.5～31.5g/L	Na$_2$CO$_3$	30g/L
pH 值	9.6～10.4	NaKC$_4$H$_4$O$_6$·4H$_2$O	40.0～48.0g/L
I(闪镀)	5.0～10.0A/dm^2	pH 值	9.6～10.4
I(电镀)	1.0～2.5A/dm^2	I(闪镀)	5.0～10.0A/dm^2
时间	6min	I(电镀)	1.0～2.5A/dm^2
温度	45～80℃	时间	6min
		温度	45～80℃

镁合金氰化镀铜工艺可以在较大电流密度范围内得到结合力较好的铜镀层，但是析氢严重，镀层达不到无孔状态，且其最大的不足在于使用氰化物，生产工艺不环保。因此，研究无氰的电镀溶液成为镁合金预镀工艺的主要研究方向。目前，无氰镀铜主要有焦磷酸盐镀铜、HEDP 碱性无氰镀铜、柠檬酸-酒石酸盐无氰镀铜、柠檬酸盐镀铜等。焦磷酸盐镀铜时，电镀时间较长，达 30min 以上，且还不能达到无孔状态，温度太高易造成焦磷酸钾水解；柠檬酸铵作为辅助配合剂在镁合金上使用效果较好。常见焦磷酸盐镀铜工艺见表 12-21。

表 12-21　常见焦磷酸盐镀铜工艺的镀液配方及工艺条件

镀液成分及工艺条件	镀液 1	镀液 2
焦磷酸铜/(g/L)	82.5～105	14
焦磷酸钾/(g/L)	300～375	120
氨水/(mL/L)	3～6	
草酸钾/(g/L)		10
光亮剂	适量	适量
Cu^{2+}/(g/L)	20～40	5
P 比	6～8	14
pH 值	8.3～8.7	8.5～9.0
温度/℃	50～60	25～30
阴极电流密度/(A/dm^2)	0.5～4.5	0.5～1.0
搅拌	空气	强烈空气

二、电镀锌

镁合金预电镀锌工艺获得的锌预镀层结晶细致，与基底的结合力良好。但是锌跟镁一样，也属于"难镀金属"，进行后续电镀时还需要经过焦磷酸盐预镀铜或预镀中性镍处理，使得整个电镀处理工艺复杂烦琐，成本较高。锌镀层电势较镁合金基底要高，属于阴极防护性镀层，一旦破裂，则通常会产生电偶腐蚀，因此用于镁合金的预镀锌溶液通常采用碱性镀锌溶液，以减缓镁合金在镀液中的腐蚀速度，该类型的预镀锌溶液有焦磷酸盐镀锌溶液和碱性锌酸盐镀锌溶液。镁合金进行碱性锌酸盐体系电镀锌，按活化、一次浸锌、退镀、二次浸锌的工艺，得到均匀致密的浸锌层，其裸露的单质锌作为形核核心，促进了后续电镀。电镀锌层平整致密、外形美观，与基体结合力强，可有效提高镁合金表面的装饰性、抗腐蚀性和显微硬度。表 12-22 列出了典型的镁合金锌酸盐预电镀锌工艺。

表 12-22　典型的镁合金锌酸盐预电镀锌工艺

工序	溶液组成	用量	操作条件
碱洗除油	NaOH Na_2CO_3 $C_{12}H_{25}SO_3Na$	$10\sim15g/L$ $20\sim25g/L$ $0.5g/L$	75℃,2min
酸性浸蚀	$H_3PO_4(85\%)$		室温,20~40s
活化	$H_3PO_4(85\%)$ 添加剂	$35\sim50mL/L$ $90\sim150g/L$	室温,30~60s
浸锌	$ZnSO_4\cdot6H_2O$ 配合剂 活化剂	$30\sim60g/L$ $120\sim150g/L$ $3\sim6g/L$	70~80℃,5~10min pH=10.2~10.4
电镀锌	Na_2CO_3 NaOH ZnO 添加剂	$5\sim10g/L$ $100\sim120g/L$ $8\sim10g/L$ $6\sim10mL/L$	$I=1\sim8A/dm^2$ 10~55℃,30min

三、电镀镍

镀镍层在镁合金上通常作为电镀其他金属的预镀层。由于镍预镀层跟镁合金基体间的电势差远比氰化预镀铜层与镁基体间的电势差小，能大大降低预镀层与基体间的电偶腐蚀速度。因此，镍镀层可以用作镁合金零部件表面的预镀金属层，取代有毒的氰化物预镀铜工艺和结合力较差的预镀锌工艺。在镁合金表面进行电沉积镍的工艺，其整个电镀工艺流程为：铸造镁合金→时效处理→磨制→脱脂→热水洗→流水洗→弱酸中和→出光→流水冲洗→活化→流水冲洗→预镀镍→水洗→电镀镍→封闭处理→干燥。其工艺流程中前处理步骤比较多，"弱酸中和→出光"比较特殊，电镀镍溶液使用的药品配方为：$NiSO_4\cdot7H_2O$ 280g/L，$NiCl_2\cdot6H_2O$ 40g/L，H_3BO_3 35g/L，光亮剂 A 1mL/L，光亮剂 B 10mL/L，温度 55~60℃，电流密度1~4A/dm^2。试验所得电镀镍层外表光亮，镍晶核均匀、致密。

巫瑞智等提供了一种电镀镍的方法，先对 Mg-Li 合金浸锌，再进行电镀镍，在 Mg-Li 合金基体上生成一种致密、光亮、平整的银白色镍镀层。刘东光等在 Mg-Li 合金基体上直接进行电镀镍，采用在电镀镍溶液中添加纳米级碳黑粒子的导电性纤维、氮化硼纳米颗粒，形成金属纳米微粒子复合技术的方法，使镀层与基体结合力加强，导电性能优异，耐磨性高，外观较好。黄晓梅等在 Mg-Li 合金表面进行电镀镍，先研究了预处理工艺，对浸锌和化学预镀镍两种工艺进行对比，再进行发黑剂选择的研究。测试结果表明：化学预镀镍比浸锌更适合 Mg-Li 合金的预处理工艺，化学预镀镍液主要成分为碱式碳酸镍、焦磷酸钠、柠檬酸、氢氟酸与氟化氢铵；电镀镍中半胱氨酸是最合适的发黑剂；枪黑色的锡-镍合金镀层主要元素为 Sn、Ni、P、S 等，镀层表面在微观中表现出平整、致密等特点，存在微裂纹，为晶体结构；而镀层的膜电阻为基体的 11～14 倍，具有良好的耐蚀性。

四、电镀铜/镍/铬组合镀层

对于很多零件，既要求防腐蚀，又要求具有经久不变的光泽外观，这就要求施加防护装饰性电镀。因为单一金属镀层很难同时满足防护与装饰性的双重要求，所以常采用多层电镀，即首先在基体上镀上"底"层，而后再镀上"表"层，有时还需要"中间"层，常用的铜/镍/铬组合镀层即属于此类。镁合金上电镀组合镀层可使镁合金的应用范围扩大。由于铜/镍/铬组合镀层耐蚀性能很好，所以在镁合金上镀锌、镀铜/镍/铬镀层是提高镁合金耐蚀性能的有效防护措施之一。D. Chen 等在 Mg-Li 合金上成功制备了保护性的 Ni/Cu/镍磷三层镀层，其中 Ni 层作为最外层、Cu 作为中间层、镍磷作为预镀层，镀层厚度依次为 $10\mu m$、$20\mu m$、$5\mu m$。将镀层放入 3.5%（质量分数）的 NaCl 溶液中，可以达到 360h 的浸泡而无明显腐蚀现象。

在大气污染中，汽车排放的污染被认为是世界重大公害之一，因而人们期待着将镁合金应用于汽车，以减轻重量、节约能源、降低污染、改善环境。在汽车散热耐磨的镁合金压铸件上电镀铜/镍/铬镀层，可使汽车、自行车等交通工具重量减轻。由于浸锌后或者电镀锌后电镀焦铜在较长时间内也无法达到无孔状态，所以通常用酸性镀铜加厚，再在铜上电镀三层镍和铬可对镁合金基体起到很好的保护效果。参考工艺流程如下：

酸性镀铜的工艺流程：试样→打磨→超声波清洗→碱洗→酸洗→活化→浸锌→焦磷酸盐电镀铜→酸性镀铜。

电镀三层镍的工艺流程：试样→打磨→超声波清洗→碱洗→酸洗→活化→浸锌→焦磷酸盐电镀铜→酸性镀铜→镀半光亮镍→镀高硫镍→镀光亮镍。

电镀铬的工艺流程：试样→打磨→超声波清洗→碱洗→酸洗→活化→浸锌→焦磷酸盐电镀铜→酸性镀铜→镀半光亮镍→镀高硫镍→镀光亮镍→镀铬。

电镀铜/镍/铬配方及工艺条件见表 12-23。

表 12-23　电镀铜/镍/铬配方及工艺条件

工序	溶液组成	用量	操作条件
酸性镀铜	$CuSO_4 \cdot 5H_2O$ H_2SO_4 NaCl 初始镀剂 均镀剂 光亮剂	220.0g/L 36.0mL/L 0.1g/L 8.0mL/L 0.5mL/L 0.5mL/L	室温

续表

工序	溶液组成	用量	操作条件
镀半光亮镍	$NiSO_4 \cdot 6H_2O$ $NiCl_2 \cdot 6H_2O$ H_3BO_3 添加剂	340.0g/L 45.0g/L 45.0g/L 适量	66℃ pH=3.8
镀高硫镍	$NiSO_4 \cdot 6H_2O$ $NiCl_2 \cdot 6H_2O$ H_3BO_3 添加剂	300.0g/L 90.0g/L 38.0g/L 适量	50℃ pH=2.5
镀光亮镍	$NiSO_4 \cdot 6H_2O$ $NiCl_2 \cdot 6H_2O$ H_3BO_3 添加剂	270.0g/L 60.0g/L 50.0g/L 适量	55℃ pH=4.5
镀铬	CrO_3 H_2SO_4 Cr^{3+} 添加剂	240.0g/L 1.2mL/L 2.5g/L 适量	25～40℃ 15.0～20.0A/dm²

参考文献

[1] 贾启华. AZ91D 镁合金直接化学镀镍研究 [D]. 秦皇岛：燕山大学，2012.

[2] Xie Z H，Yu G，Li T J，et al. Dynamic Behavior of Electroless Nickel Plating Reaction on Magnesium Alloys [J]. Journal of Coatings Technology and Research，2012，9（1）：107-114.

[3] 曾兵，戈晓岚，陈志超. 镁合金表面 Ni-P-纳米 SiC 复合化学镀层的耐腐蚀性能 [J]. 材料保护，2010，43（7）：5-7.

[4] 刘玉芬，钱建刚，黄巍. AZ91D 镁合金前处理工艺对化学镀镍的影响 [J]. 材料保护，2008，40（6）：33-36.

[5] Lei X P，Yu G，Gao X L，et al. A Study of Chromium-free Pickling Process before Electroless Ni-P Plating on Magnesium Alloys [J]. Surface and Coatings Technology，2011，205（16）：4058-4063.

[6] Iranipour N，Azari K R，Parvini A N. A Study on the Electroless Ni-P Deposition on WE43 Magnesium Alloy [J]. Surface and Coatings Technology，2010，205（7）：2281-2286.

[7] 张忆凡. 活化时间对镁合金化学镀镍层性能的影响 [J]. 电镀与环保，2012，32（3）：30-32.

[8] 巫瑞智，裴迪，张密林. 镁锂合金表面电镀镍方法：CN103898563A [P]. 2014-07-02.

[9] Chen D，Jin N，Chen W，et al. Corrosion Resistance of Ni/Cu/Ni-P Triple-Layered Coating on Mg-Li Alloy [J]. Surface and Coatings Technology，2014，254：440-446.

[10] 黄晓梅，董强，金少兵. 镁-锂合金电镀枪黑色锡-镍合金镀层的研究 [J]. 电镀与环保，2017，37（01）：9-12.

[11] 刘东光，王志海，胡江华，等. 一种镁锂合金表面耐磨导电镀镍层的沉积方法：CN105803510A [P].

2016-07-27.

[12] 刘亮，黄晓梅，王艳艳. 镁-锂合金酸洗工艺的研究 [J]. 电镀与环保，2010，30（01）：8-11.

[13] Yin T, Wu R, Leng Z, et al. The Process of Electroplating with Cu on the Surface of Mg-Li Alloy [J]. Surface and Coatings Technology, 2013, 225: 119-125.

[14] 杨金花，俞宏英，孙冬柏，等. 镁合金 AZ91D 化学镀前处理工艺的研究 [J]. 电镀与涂饰，2008，27（11）：24-27.

[15] Xu C, Chen L, Yu L, et al. Effect of Pickling Processes on the Microstructure and Properties of Electroless Ni-P Coating on Mg-7.5Li-2Zn-1Y Alloy [J]. Progress in Natural Science: Materials International, 2014, 24 (6): 655-662.

[16] Li Z H, Qu Y, Zheng F, et al. Direct Electroless Ni-P Plating on AZ91D Magnesium Alloy [J]. Transactions of Nonferrous Metals Society of China, 2006, 16 (s3): s1823-s1826.

[17] 黄晓梅，冯慧峤. 镁-锂合金化学镀镍 [J]. 电镀与环保，2010，30（4）：28-32.

[18] Zhang H, Wang S L, Yao G C, et al. Electroless Ni-P Plating on Mg-10Li-1Zn Alloy [J]. Journal of Alloys and Compounds, 2009, 474 (1-2): 306-310.

[19] 沟引宁，黄伟九，陈文彬，等. 以硫酸镍为主盐的环保型镁合金化学镀镍工艺 [J]. 腐蚀与防护，2010，31（3）：225-228.

[20] 马冰，吴向清，谢发勤. ZM5 镁合金无铬前处理化学镀镍层的性能 [J]. 中国表面工程，2012，25（1）：33-38.

[21] 霍宏伟，李明升，尹红生，等. AZ91D 镁合金化学镀镍前处理工艺及腐蚀行为研究 [J]. 表面技术，2006，35（5）：40-42.

[22] 陈志勇，刘沙沙，李忠厚. 化学镀液成分对镁合金镀镍层的影响 [J]. 材料保护，2008，41（6）：44-46.

[23] 李亭憬，谢治辉，余刚，等. 镁合金无铬前处理直接化学镀镍磷新工艺 [J]. 材料保护，2011，44（7）：26-29.

[24] 朱丹，丁毅，朱婧，等. AZ31 镁合金化学镀 Ni-Cu-Sn-P 前处理工艺的研究 [J]. 电镀与环保，2012，32（3）：25-27.

[25] Zhu Y P, Yu G, Hu B N, et al. Electrochemical Behaviors of the Magnesium Alloy Substrates in Various Pretreatment Solutions [J]. Applied Surface Science, 2010, 256 (9): 2988-2994.

[26] 王正波，奚昊敏，翟运飞，等. 镁锂合金多层化学镀镍处理方法：CN105483658A [P]. 2016-04-13.

[27] 王建泳，成旦红，张炜，等. 镁合金化学镀镍工艺 [J]. 电镀与涂饰，2005，24（12）：42-45.

[28] Wang Z C, Jia F, Yu L, et al. Direct Electroless Nickel-boron Plating on AZ91D Magnesium Alloy [J]. Surface and Coatings Technology, 2012, 206 (17): 3676-3685.

[29] Gao Y R, Liu C M, Fu S L, et al. Electroless Nickel Plating on ZM6 (Mg-2.6Nd-0.6Zn-0.8Zr) Magnesium Alloy Substrate [J]. Surface and Coatings Technology, 2010, 204 (21-22): 3629-3635.

[30] El Mahallawy N, Bakkar A, Shoeib M, et al. Electroless Ni-P Coating of Different Magnesium Alloys [J]. Surface and Coatings Technology, 2008, 202 (21): 5151-5157.

[31] Chen J L, Yu G, Hu B N, et al. A Zinc Transition Layer in Electroless Nickel Plating [J]. Surface and Coatings Technology, 2006, 201 (3-4): 686-690.

[32] 叶宏，孙智富，张鹏，等. 镁合金化学镀镍研究 [J]. 材料保护，2003，36（3）：27-29.

[33] 郑臻，余新泉，孙扬善，等. 前处理对镁合金化学镀镍结合力的影响 [J]. 中国腐蚀与防护学报，2006，4（26）：221-225.

[34] 张石雨融，张利虎. 一种通用于镁锂合金与镁铝合金基体的化学镀镍工艺：CN201510350139.3 [P].

2015-09-09.

［35］ Liu M D, Pei D, Yin T T. The Process of Zinc Immersion on the Surface of Mg-Li Alloy［J］. Advanced Materials Research, 2014, 1004-1005: 751-756.

［36］ 江溪. 镁锂合金双络合剂浸锌溶液与镀层性能的研究［D］. 哈尔滨:哈尔滨工程大学, 2009: 78.

［37］ 直妍, 沟引宁. 工艺参数对镁合金表面浸锌层的影响［J］. 热加工工艺, 2015, 44（02）: 173-177.

［38］ Zhang C H, Huang X M, Sheng N, et al. A Zinc Dipping Technique for Mg-16Li-5Al-0.5RE Alloy at Room Temperature［J］. Materials and Corrosion, 2013, 64（6）: 509-515.

［39］ 苗润生, 邵红红, 刘贵维. AZ31 镁合金"两步法"化学镀 Ni-P 合金组织及性能研究［J］. 轻金属, 2011（11）: 50-54.

［40］ Zuleta A A, Correa E, Sepúlveda M, et al. Effect of NH_4HF_2 on Deposition of Alkaline Electroless Ni-P Coatings as a Chromium-free Pre-treatment for Magnesium［J］. Corrosion Science, 2012, 55: 194-200.

［41］ 国栋, 樊占国, 杨中东. 镁合金在金属置换镍膜上的化学镀镍［J］. 稀有金属材料与工程, 2008, 37（8）: 1475-1478.

［42］ Liu H P, Bi S F, Cao L X, et al. The Deposition Process and the Properties of Direct Electroless Nickel-phosphorous Coating with Chromium-free Phosphate Pickling Pretreatment on AZ31 Magnesium Alloy［J］. International Journal of Electrochemical Science, 2012, 7: 8337-8355.

［43］ 杨培霞, 周东华, 杨炜婧, 等. 镁合金磷化处理对化学镀镍层性能的影响［J］. 材料保护, 2011, 44（6）: 37-39.

［44］ Lian J S, Li G Y, Niu L Y, et al. Electroless Ni-P Deposition Plus Zinc Phosphate Coating on AZ91D Magnesium Alloy［J］. Surface and Coatings Technology, 2006, 200（20-21）: 5956-5962.

［45］ Yang L H, Li J Q, Zheng Y Z, et al. Electroless Ni-P Plating with Molybdate Pretreatment on Mg-8Li Alloy［J］. Journal of Alloys and Compounds, 2009, 467（1-2）: 562-566.

［46］ Cui X F, Jin G, Li Q F, et al. Electroless Ni-P Plating with a Phytic Acid Pretreatment on AZ91D Magnesium Alloy［J］. Materials Chemistry and Physics, 2010, 121（1-2）: 308-313.

［47］ Zou Y, Zhang Z, Liu S, et al. Ultrasonic-Assisted Electroless Ni-P Plating on Dual Phase Mg-Li Alloy［J］. Journal of the Electrochemical Society, 2014, 162（1）: C64-C70.

［48］ 刘向艳, 郭锋, 李鹏飞, 等. 镁合金微弧氧化陶瓷层表面化学镀镍研究［J］. 表面技术, 2010, 39（5）: 8-10.

［49］ Sun S, Liu J G, Yan C W, et al. A Novel Process for Electroless Nickel Plating on Anodized Magnesium Alloy［J］. Applied Surface Science, 2008, 254（16）: 5016-5022.

［50］ 李均明, 薛晓楠, 王爱娟, 等. 镁合金微弧氧化预处理化学镀镍研究［J］. 中国腐蚀与防护学报, 2012, 32（1）: 23-27.

［51］ 郭晓光, 解海涛, 刘旭贺, 等. LZ91 镁锂合金化学镀镍工艺［J］. 表面技术, 2016, 45（12）: 43-49.

［52］ Huo H W, Li Y, Wang F H. Corrosion of AZ91D magnesium alloy with a chemical convention coating and electroless nickel layer［J］. Corrosion Science, 2004, 46（6）: 1467-1477.

［53］ 牛丽媛, 李光玉, 江中浩, 等. 镁合金镀镍磷合金及无铬前处理工艺［J］. 吉林大学学报, 2006, 36（2）: 148-152.

［54］ 刘海萍, 夏文超, 毕四富, 等. 镁合金直接化学镀镍工艺及镀层性能［J］. 电镀与涂饰, 2010, 2

　　　　（30）：15-18.

[55] 戴诗行，邵忠财，郭丽华. 浸锌前处理对镁合金化学镀镍的影响 [J]. 电镀与环保，2018，38
　　　　（03）：19-21.

[56] 李光玉，程仲基，牛丽媛，等. AZ91D 镁合金化学镀 Ni-P/Ni-W-P 双层镀层研究 [J]. 材料科学
　　　　与工艺，2009，4（17）：527-530.

[57] 张道军，邵红红. AZ91D 镁合金直接化学镀镍工艺研究 [J]. 腐蚀科学与防护技术，2008，2
　　　　（20）：146-148.

[58] 张文雪，周振君，何成. 2 种配位剂对镁合金化学镀镍锡磷合金的影响 [J]. 材料保护，2011，5
　　　　（44）：5-7.

[59] 刘伟，孙小，常立民. 复合配位剂对 AZ31B 镁合金酸性化学镀镍-磷合金的影响 [J]. 电镀与环
　　　　保，2011，31（5）：37-39.

[60] Zou Y, Zhang Z W, Zhang M L. Electroless Ni-P/Nano-SiO$_2$ Composite Plating on Dual Phase
　　　　Magnesium-Lithium Alloy [M]. New York: John Wiley & Sons Inc, 2015.

[61] 袁亮，马立群，杨猛，等. 3 种主盐对 AZ31 镁合金 Ni-P 化学镀层性能的影响 [J]. 材料保护，
　　　　2010，43（2）：29-32.

[62] 徐二领，董云会. 两种镍盐体系中镁合金表面化学镀 Ni-P 层的结构性能 [J]. 材料保护，2008，41
　　　　（7）：23-25.

[63] 周荣国. Mg-12Li-2Al-2Zn 合金表面防腐工艺的研究 [D]. 南昌：南昌大学，2011.

[64] 薛燕，黄伟九，沟引宁，等. 镁合金表面化学镀镍-磷合金稳定剂的选用 [J]. 机械工程材料，
　　　　2008，32（12）：12-14.

[65] 尚淑珍，路贵民，赵祖欣，等. 沉积温度对 AZ31 镁合金镍磷合金镀层的影响 [J]. 腐蚀与防护，
　　　　2010，31（2）：125-127.

[66] Zhang W X, Jiang Z H, Li G Y, et al. Electroless Ni-Sn-P Coating on AZ91D Magnesium
　　　　Alloy and Its Corrosion Resistance [J]. Surface and Coatings Technology, 2008, 202（12）：
　　　　2570-2576.

[67] Araghi A, Paydar M H. Electroless Deposition of Ni-P-B$_4$C Composite Coating on AZ91D Mag-
　　　　nesium Alloy and Investigation on Its Wear and Corrosion Resistance [J]. Materials and De-
　　　　sign, 2010, 31（6）：3095-3099.

[68] Luo H J, Liu Y H, Song B N, et al. Surfacial Modification of Magnesium-Lithium Alloy [J].
　　　　Advanced Materials Research, 2014, 905：113-118.

[69] 王凤平，蒋宝龙，丁言伟，等. 镁合金电镀铜前处理工艺优选 [J]. 材料保护，2015，48（8）：7-
　　　　8，37-40.

[70] 温新，张文挺，邵忠财. 镁合金化学镀镍前处理工艺条件优化 [J]. 电镀与环保，2018，38（5）：
　　　　29-31.

第十三章

镁及镁合金其他表面强化技术

采用表面处理或某种涂层工艺技术，在镁合金上施加保护性涂层是解决镁合金腐蚀问题非常重要的有效方法，选择不同的表面防护和处理方法仍是目前镁制品在进入实际应用之前的必要工序。目前已开发了多种镁合金表面处理和表面改性技术，通常采用的方法有电镀、化学镀、化学转化（铬酸盐和非铬酸盐）、阳极氧化、微弧氧化、有机涂装等。尽管国内外的材料研究者通过各种表面防护措施使镁合金的抗腐蚀性能得到明显提高，但仍然不能满足实际工况对镁合金制品耐蚀性能的要求。近些年来，更多国内外学者将研究方向转向气相沉积、等离子喷涂、离子注入、激光表面改性等新兴表面防护方法上。

第一节　镁合金表面超疏水膜层

浸润性是用来衡量不同物相之间相互作用的物理量，一般通过接触角来衡量固体表面浸润性。以表面与蒸馏水的接触角 90°为亲水疏水分界角：接触角小于 90°的表面称为亲水表面；接触角大于 90°的表面称为疏水表面；接触角接近 0°时水在固体表面完全铺展，称为超亲水表面；接触角大于 150°时水在固体表面呈球状，称为超疏水表面。但是判断一个表面的疏水效果时，还应该考虑到它的动态过程，一般用滚动角来衡量。只有当接触角大于 150°且滚动角小于 10°时，才能称为真正意义上的超疏水。

超疏水表面由于其天然的疏水功能可减少水等腐蚀性介质对金属材料表面的腐蚀，在金属表面防腐方面有着重要的研究价值，在金属腐蚀防护领域具有广阔的发展前景，在自清洁、防雾、防冻、低黏性、减小阻力等领域得到了广泛的应用。由于超疏水表面实际上是气固复合界面与腐蚀介质的接触，显著地减小了试样与腐蚀介质的接触，因而超疏水镁合金表面较基体镁合金而言极大地提高了耐腐蚀性能。

根据固体表面自由能的高低制备超疏水表面主要有两种途径：一种是在高能

表面先构造粗糙结构，然后修饰低表面自由能物质，如在金属表面制备超疏水表面；另一种是在低自由能物质表面直接构造粗糙结构获得超疏水表面。镁合金属于高能金属表面，所以，其表面制备超疏水的关键是在表面构建粗糙结构，形成具有微纳米多级结构的粗糙表面，然后采用低表面能物质对微纳米多级结构的粗糙表面进行修饰。用于表面修饰的低表面能物质主要为含氟聚合物和含疏水基团的硅烷单体两大类。

基于上述制备原则，现阶段开发出了一系列的超疏水镁合金表面常规制备方法，如水热法、化学刻蚀法、沉积法、模板法等。由于构建表面粗糙结构的方法众多，国内外学者制备超疏水镁合金表面的方法各异，除上述方法外，一些其他技术也可以在镁合金表面构造粗糙结构，且取得了可喜的成果。现阶段虽然开发出大量的超疏水表面制备方法，但是大多需要复杂的设备且不能大面积制备，或需要繁杂的前处理及中间处理手段进行结构的构造等，以及采用有毒的氟硅烷作为低表面自由能修饰物。

一、水热法

水热法是指以水或者有机溶剂作介质，在特定的密闭容器内产生一个高温高压的反应环境，得到目标产物的方法。在镁合金表面可通过水热法生成一些具有特殊结构的物质，然后经低表面自由能物质修饰后获得超疏水表面。

J. Wang 采用水热法对镁合金在 0.1mol/L 的尿素水溶液中 150℃处理 12h，或者在 $Mg(NO_3)_2 \cdot 6H_2O$、$Al(NO_3)_3 \cdot 9H_2O$（$Mg^{2+}/Al^{3+}=3:1$）、Na_2CO_3、NH_3 的混合溶液中 125℃处理 12h，从而获得具有多级结构的水菱镁石化学转化膜层，然后再在其表面浸涂氟硅烷 [$CF_3(CF_2)_7CH_2CH_2Si(OCH_3)_3$，FAS] 或者硅烷偶联剂 [$(C_2H_5O)_3Si(CH_2)_3\text{-}S_4\text{-}(CH_2)_3Si(OC_2H_5)_3$] 薄膜，从而获得静态最大接触角为 151°的超疏水膜层，提高了镁合金的耐腐蚀性能。T. Ishizaki 等利用水热法在 AZ31 镁合金表面制备了 4 种颜色的超疏水表面，120℃下水热处理 3h、4h、6h 和 9h 后表面颜色分别为橙色、绿色、淡紫色和棕色。有颜色的表面经过十八烷基三甲氧基硅烷修饰后，接触角都在 152°～158°，实现了镁合金表面彩色超疏水薄膜的制备。R. Gao 等通过水热法在 AZ31 镁合金表面制备了具有层次结构的纤维状的硼镁石结构，如图 13-1 所示，表面经氟硅烷修饰后得到了接触角为 166°、滚动角小于 5°的超疏水表面。

二、化学刻蚀法

化学刻蚀法主要是对镁合金进行腐蚀处理，形成具有一定粗糙度的表面，然后用低表面能物质修饰从而获得超疏水表面。Z. X. Kang 等利用盐酸对 Mg-Mn-Ce 合金表面进行刻蚀处理后经氟化物修饰得到了接触角为 158.3°的超疏水表面。Y. H. Wang 通过化学刻蚀法在纯镁上通过硫酸与双氧水刻蚀制备了粗糙结构，

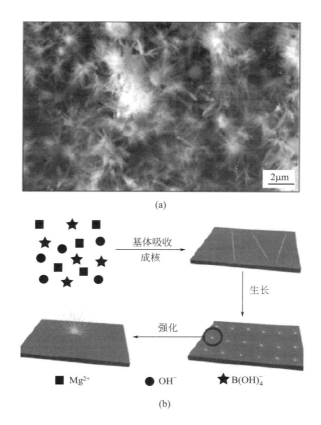

图 13-1 水热法在 AZ31 镁合金表面制备的纤维状结构（a）及成膜示意图（b）

后续经硬脂酸修饰后获得了微纳层次结构的花状结构，接触角达到了 154°，经电化学阻抗测试，表面阻抗提高了 4 倍。

K. S. Liu 利用盐酸对 Mg-Li 合金进行化学刻蚀，得到了类似于牡丹花瓣的微纳层次结构，经全氟葵基三甲氧基硅烷修饰后得到了接触角为 160°、滚动角低于 5° 的超疏水表面。朱亚利通过盐酸刻蚀、氨水浸泡和硬脂酸疏水长链接枝，成功构建了超疏水镁合金表面。结果表明：盐酸刻蚀和氨水浸泡使镁合金表面产生了微-纳米复合结构，而硬脂酸修饰使疏水烃基长链通过化学键接枝到具有微-纳米复合结构的镁合金表面。正是由于其特殊的表面微结构和化学组成，超疏水镁合金接触角达 154°，滚动角为 6°，表现出良好的防黏附和耐腐蚀性能。

三、沉积法

在镁合金表面可以采用化学镀、电镀、气相沉积等方法形成微纳结构，制备超疏水膜层。T. Ishizaki 利用微波等离子体增强化学气相沉积的方法在 AZ31 镁合金表面制备了接触角大于 150° 的超疏水表面，在沉积过程中发现，随着沉积时间延长，表面粗糙度提高，表面疏水性能增强。

　　Z. X. She 在 AZ91D 镁合金上先进行化学镀 Ni-P，然后再进行电镀镍的工艺，制备了具有类似松球形的超疏水多级结构表面，其接触角为（163.3±0.7）°，滑动角为（1.2±0.9）°，如图 13-2 所示。所获得的超疏水表面不仅力学和化学性能稳定，而且可保持较长时间的抗腐蚀和自清洁效果。所采用的化学镀液成分为 10g/L Ni$_2$(OH)$_2$·CO$_3$＋5g/L C$_6$H$_8$O$_7$·H$_2$O＋0.001g/L（H$_4$N）$_2$S＋20g/L NaH$_2$PO$_2$·H$_2$O＋30mL/L NH$_3$·H$_2$O，溶液的 pH 值为 6.2～6.4，化学镀时间为 60min，温度为 75℃。电镀镍镀液成分为 1.0mol/L 氯化镍＋0.5mol/L 硼酸＋1.5mol/L EDA·2HCl，溶液 pH 值为 3.6，温度为 60℃，电流密度为 1.5A/dm^2，时间为 660s。

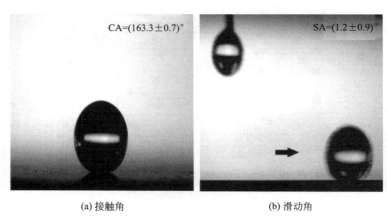

(a) 接触角　　　　　　　　　　　　(b) 滑动角

图 13-2　超疏水表面的接触角和滑动角

　　李伟利用一步电沉积法在 AZ91D 镁合金上得到了具有微纳米分级粗糙结构的超疏水表面，通过表面组成测试和形貌观察，分析了镁合金表面超疏水性的形成原因和电沉积过程。在一步电沉积过程中，表面在构造微纳米粗糙结构的同时又结合了低表面能物质，简化了普通制备方法的复杂多步过程，而且缩短了制备时间，获得超疏水表面最短仅需 1min。最佳的电沉积工艺参数为：0.05mol/L 硝酸铈＋0.1mol/L 醇溶液，电沉积电压 30V，电沉积时间 10min。所制备的超疏水表面为凸胞状结构，其接触角为 158.4°，滚动角为 2°。3.5％ NaCl 溶液中的极化和阻抗测试表明，超疏水表面明显提高了镁合金的耐腐蚀性能。此外，超疏水表面具有优良的自清洁功能和化学稳定性。

四、模板法

　　微弧氧化膜层具有较为均匀的微纳孔结构，可以以此为模板制备超疏水膜层。康志新等利用微弧氧化技术在 Mg-Mn-Ce 表面制备出了微纳多孔结构，后利用电化学沉积法进行表面氟化修饰，得到了接触角为 173.3° 的表面。

S. V. Gnedenkov 利用微弧氧化技术在 Mg-Mn-Ce 表面制备出微纳层次结构，经氟化物修饰后制备了超疏水表面，表面接触角达到 166°，滚动角低于 5°，动电位极化曲线及电化学阻抗测试均表明其耐腐蚀性能获得了极大的提高。X. J. Cui 对 AZ31 镁合金先在 15g/L Na_2SiO_3 + 3.2g/L NaF + 20g/L KOH + 3mL/L $C_3H_8O_3$ 的溶液中进行微弧氧化处理，工艺参数为：600Hz、260V、占空比为 30% 的交流电，时间 5min。随后再在其表面浸涂硬脂酸 $[CH_3(CH_2)_{16}COOH]$ 薄膜，可获得最大疏水角为 151.5° 的超疏水表面膜层，从而提高微弧氧化膜层对镁合金的腐蚀防护效果。图 13-3 为微弧氧化膜层在硬脂酸溶液中浸涂时间为 0h、1h、3h、5h 的疏水角。

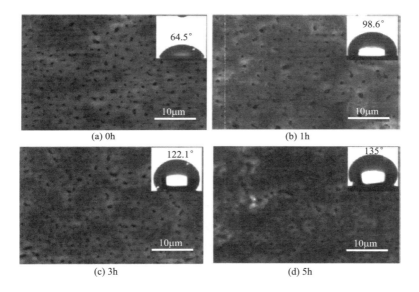

图 13-3 微弧氧化膜层在硬脂酸溶液中浸涂时间为 0h、1h、3h、5h 的疏水角

第二节 镁合金表面气相沉积

气相沉积技术是将含有涂层元素的材料气化并沉积到基体表面形成厚度为微米级的薄膜，可以根据光、电、磁、耐热、抗蚀耐磨、抗氧化等涂层的某种功能性需要来设计和选取气相沉积所需的原材料，可在工件表面制备金属、非金属或有机物涂层，使材料获得所需的优异性能。气相沉积技术已得到广泛的发展，主要应用在各种刀具、电子器件、光导及光通信、太阳能、包装、美化装饰等领域。气相沉积可以在复杂的镁合金表面形成涂层，并且沉积速度较快，制备的膜层致密性和结合力好，提高镁合金耐磨性和耐腐蚀性能，使其在镁合金表面的应用越来越广泛。气相沉积技术分为物理气相沉积（PVD）和化学气相沉积

（CVD）两大类，其区别在于是否发生了化学反应。

一、物理气相沉积

物理气相沉积（PVD）是在真空气氛中，通过物理方法（如电阻加热、高频感应加热等）将固、液相的镀料转化为气相后沉积于基体表面的工艺，可以制备金属、合金、氮化物、氧化物、碳化物、多层膜等固体防护薄膜。具有基体材料不受限制、涂层材料种类多、工艺简单、气相固化快、冷却速度快、无污染等特点，然而也存在设备投资大、膜层制备成本高等缺点。该技术发展迅速，已在现代工业中得到广泛应用并展示了更为广阔的发展和应用前景。目前利用该技术制备的膜层很多情况下已具有了与传统的电化学涂层相媲美的性质。表 13-1 对比了 PVD 镀层和传统电化学镀层的工艺参数。

表 13-1 电化学镀层和 PVD 镀层工艺参数对比

工艺参数	化学镀	电镀	PVD
基体温度/℃	25～100	25～150	100～500
沉积率/(μm/min)	0.2～2.0	0.2～150	0.2～10（蒸发镀膜） 0.02～20（离子镀、溅射）
工艺气氛	室温、化学试剂	室温、电解液	真空、等离子体
膜层厚度/μm	2～50	2～500	0.5～50
膜层性质	可调	可调、可优化	与基体优化匹配
工件尺寸	容器限制	受电镀槽限制	受反应真空室限制

物理气相沉积技术的主要方法有真空蒸镀、溅射、离子镀等。溅射镀膜是通过辉光放电在高真空的腔体中利用高速的荷电粒子轰击靶材的表面，使靶材以气体的形式高速打到基底的表面。通过调节工艺参数可以使镀层与表面的结合牢固，而且镀层质量也比较高。溅射镀膜的工艺重复性好，工艺参数一旦控制好后就可以实现批量化生产。已有很多研究者对 PVD 用于镁合金的防腐做了深入研究，大部分都是采用磁控溅射的方法，对涂层的选择具有多样性，主要有纯金属涂层、氮化物涂层及氧化物涂层。

A. Yamamoto 在镁合金表面蒸发沉积纯 Mg 膜层，对其进行电化学腐蚀，发现沉积后的试样腐蚀电流密度约为未经处理镁合金的 1/50，失重为未处理试样的 1/7。A. Mohamed 采用磁控溅射在 AZ31 镁合金表面沉积高纯度的 Al 和 Al-Si 涂层，沉积前处理喷砂、抛光、超声刻蚀和磁控溅射刻蚀能够有效地去除基体表面的氧化物，增强扩散和结合力。采用等离子激活 PVD 和不采用等离子激活 PVD 对比分析可知，等离子激活 PVD 能够为沉积的原子提供足够的能量且沉积层更加致密；通过湿度腐蚀试验发现，在 3.5% NaCl 溶液中扩散 Al 涂层能够提高 AZ31 镁合金的抗腐蚀性能。

马蓓蕾采用磁控溅射方法在镁合金表面制备了 Cu/Zr 组分调制多层膜，分析了调制周期、调制比对硅基体上 Cu/Zr 多层膜的影响以及前处理和热处理对镁合金表面 Cu/Zr 多层膜的影响。当调制比 η 一定，调制周期 $\lambda=25$nm 时，由于 Cu/Zr 多层膜中的界面增加，硬度和耐蚀性均有所改善；但是当调制周期 λ 一定，调制比 $\eta=1$ 时，虽然多层膜硬度较高，但是自腐蚀电流密度较大，耐蚀性降低。所以调制比 $\eta=0.1$、调制周期 $\lambda=25$nm 的 Cu/Zr 多层膜同时具有较高的硬度和耐蚀性。

氮化物涂层具有熔点高、硬度高、热稳定性好、抗腐蚀性及抗氧化性好等优点，众多研究者用其提高镁合金的表面性能。林曲用真空电弧离子镀和中频磁控溅射技术在 AZ31 表面制备了 ZrN 薄膜，耐腐蚀能力显著增强。F. Hollstein 采用 PVD 技术在 AZ31 镁合金表面沉积单层膜［CrN，TiN，（TiAl）N］、双层膜［NbN-(TiAl)N，CrN-Ti(CN)］及多层膜 TiN/AlN（21 层）和超晶格膜 NbN/CrN。研究结果表明：大部分涂层的结合力和硬度都较高，尤其是 CrN 和（TiAl）N 膜层的耐蚀性能、结合力和硬度都最好，附着力分别为 6.5N 和 4.7N，硬度分别为 12.8GPa 和 17.9GPa。单层膜 TiN 的厚度约 1μm，不适用于镁合金的腐蚀防护，只有厚度达到 4μm 才能用于工业领域。李根使用自行设计的 MIB-700 多功能离子束联合溅射设备，采用磁控溅射与离子注入复合方法在镁合金表面制备 Ti-Al-N 薄膜，既保留了镁合金的特性，又达到了提高其耐磨、耐腐蚀性能的目的。研究了 Ti-Al-N 薄膜的物相组成、表面形貌、附着力及其对镁合金耐磨、耐腐蚀性能的影响。得出了磁控溅射 Ti 的最优参数为：功率 150W，气压 0.5Pa，时间段为 5～180min；磁控溅射 Al 的最优参数为：功率 120W，气压 1.5Pa，时间段为 5～180min。H. Altun 采用直流磁控溅射在镁合金试样表面沉积多层氮化铝膜层（AlN＋AlN＋AlN）或氮化铝＋氮化钛（AlN＋TiN）膜层，使镁合金的耐蚀性提高，而且前者的耐蚀性比后者的要好。

相比于氮化物涂层和纯金属涂层，氧化物陶瓷涂层对基体的适应范围较广，且与基体的结合性及耐腐蚀性能都很好，尤其是 TiO_2 和 Al_2O_3 涂层具有优异的耐腐蚀性能，是镁合金涂层的优选。G. S. Wu 采用电子束蒸发技术在 AZ31 镁合金表面分别以 TiO_2 和 Al_2O_3 为原料制备了氧化物涂层。试验结果表明涂层的厚度太小，显微硬度与无镀膜的镁合金相差无几，都在 80HV 左右，因此，要想获得更好的表面性能，需增大膜层厚度。电化学阻抗谱测试表明 AZ31、AZ31/TiO_x、AZ31/AlO_x 三种试样的阻抗值分别为 $660\Omega \cdot cm^2$、$1882\Omega \cdot cm^2$ 和 $6575\Omega \cdot cm^2$，根据电位极化测试可得三种试样的极化电阻分别为 124.25Ω、282.85Ω 和 202Ω，说明镀有 AlO_x 涂层的试样耐腐蚀性能最好。

二、化学气相沉积

化学气相沉积（CVD）是将一种或几种含有构成膜层材料元素的化合物和单质以气体的形式在腔体中发生气相化学反应并沉积在基底的一种表面成膜技

术。由于成膜过程中需要空间气相化学反应进行，所以必须满足发生反应的条件才可使成膜顺利进行，往往需要加热、加压等。CVD 法膜层制备的经济成本不高，元素计量比可以控制，所制备的薄膜覆盖性好，对基底形态要求不高，膜层致密度和结合力都很好，膜层厚度可达到 $7\sim 9\mu m$。但是，化学反应所需的温度很高，一般在 $900\sim 2000℃$，低熔点的基体材料无法满足，高温条件也会使基体材料组织及性能变化，削弱膜层与衬底之间的结合力。正是这些原因使得 CVD 法在工业中的应用没有溅射镀膜广泛。

为了使化学气相沉积技术朝更广泛的领域发展，近年来，新型化学沉积技术不断涌现，如金属有机化合物化学气相沉积（MOCVD）、等离子化学气相沉积（PCVD）、激光化学气相沉积（LCVD）、低压化学气相沉积（LPCVD）、超真空化学气相沉积（UHVCVD）、超声波化学气相沉积（UWCVD）。由于镁合金熔点低，易氧化，CVD 技术的反应温度较高，研究者主要采用等离子 CVD 技术及其与其他表面处理技术相结合的方法来开展镁合金防腐技术的研究。

N. Yamauchi 在镁合金表面制备了 DLC（类金刚石）膜，提高了镁合金的耐蚀性及耐磨性。C. Christoglou 通过化学气相沉积的方法在镁合金表面沉积铝，研究发现通过碘催化剂可以在镁合金表面形成多孔的氧化铝膜层，该氧化铝膜层可以有效地保护镁合金不被腐蚀。F. Fracassi 采用等离子体增强化学气相沉积（PECVD）技术，以有机硅单体、氧气、氩气的混合气体为反应气体，在 WE43 镁合金表面制备了 SiO_x 涂层，该膜层通过阻抗谱分析所得阻抗值为 $450k\Omega \cdot cm^2$，比基体高出近 5 个数量级。

由于直接在镁合金表面采用化学气相沉积会生成 HF 气体，影响涂层与基体间的结合力，因此贾平平先采用冷喷涂技术在镁合金表面制备 Cu 过渡层，然后采用化学气相沉积在镁合金表面制备出 Cu/W 复合涂层，并对复合涂层的结构、成分、组织形貌、耐磨性、耐蚀性、结合力进行了分析。在 $300℃$ 时可以获得共镀膜，在 $440℃$ 时可获得致密、均匀、结合性能好的镀膜。通过 XRD 分析发现：低于 $420℃$ 时，涂层含有亚稳态的 β-W；高于 $440℃$ 时，涂层主要为稳态的 α-W。镁合金基体沉积 Cu/W 复合涂层后腐蚀电位正移了 $1.3V$，耐腐蚀性能显著提高。表面硬度提高了 $687.1HV$，磨损率从 0.032% 降到 0.020%，耐磨性能也大幅上升。通过对比先冷喷涂 Cu 过渡层和直接气相沉积 W 的镀层与基体间的结合力，临界载荷分别为 $136.4N$ 和 $15.9N$，临界载荷相比于直接化学气相沉积 W 涂层提高了 $120.5N$，冷喷涂技术大大提高了镀层和基体间的结合力。

相比于等离子增强气相沉积，大气压力等离子增强化学气相沉积更具有通用性。Y. L. Kuo 采用了大气压力等离子增强化学气相沉积 SiO_x 膜提高 AZ31 镁合金的耐腐蚀性能，等离子体为四乙氧基硅烷/氧气，装置如图 13-4 所示。研究结果表明在氧气载流量为 $600mL/min$（标况）时，可沉积出 O/Si 之比为 3.7 的高孔隙率 SiO_x 膜，氧气载流量为 $1800mL/min$（标况）时，可沉积出 O/Si 之比为 2.0 的低孔隙率 SiO_x 膜。通过动电位极化测试表明，相比于 AZ31 镁合金基体，两种沉积了 SiO_x 膜的 AZ31 的腐蚀电位从 $-1.51V$ 分别提高到 $-1.43V$ 和 $-1.32V$，腐蚀电流密度从 $3.10\times10^{-4}A/cm^2$ 分别降低到 $7.94\times10^{-6}A/cm^2$ 和 $1.58\times10^{-7}A/cm^2$。

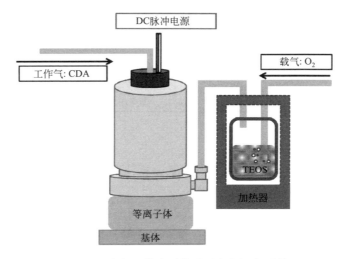

图 13-4 大气压等离子体增强气相沉积系统

第三节 激光表面处理

激光表面处理是指利用激光脉冲照射工件表面，使金属表面在激光束的高能下熔化后重新凝固。通过一系列的激光与材料之间的相互作用可以获得所期望的显微组织并改善材料的表面成分，从而提高基体材料的显微硬度、耐磨性能、耐腐蚀性能以及润湿性能等。激光表面改性具有能量传递效率高、可选择性局部表面强化、可对复杂表面进行改性、通过改变激光功率等参数可达到不同的表面处理效果等优点。因此，激光表面改性方法正在引起人们越来越广泛的关注。镁合金材料激光表面改性处理可改善其表面成分，细化晶粒，使组成相分布更均匀，以及提高表层的固溶度极限，从而提高镁合金材料的耐腐性能、摩擦磨损抗力和疲劳强度。

激光在镁合金表面处理方面有多种应用方式，常见的有激光表面重熔、激光表面合金化、激光熔覆等。激光表面重熔是指不加入任何金属元素，直接利用高能激光束对金属合金表面进行连续扫描，使一定厚度（0.1～3.0mm）的金属表面瞬间熔化，再通过内层金属自身的低温使熔化层快速冷凝，从而达到表面强化效果的技术。激光表面合金化是指在进行表面重熔前对金属表面进行预涂覆或者在重熔时加入合金粉末，预涂覆层或合金粉末在熔化后跟部分基材融合冷却形成一层具有特定性能的金属薄层的工艺方法。镁合金的激光熔覆是将特定的涂层材料放置在构件表面，通过激光辐射使涂层材料和镁合金表面薄层同时熔化混合后快速冷却凝固，并在镁合金表面形成冶金的表面涂层，从而达到保护镁合金目的的工艺方法。上述 3 种工艺既有其共同点，又有其不同点，见表 13-2。

表 13-2 激光表面处理不同工艺的异同点

工艺	共同点	不同点
激光表面重熔	利用激光束的高能熔化构件表面，并快速冷凝形成涂层	只熔化基材，无其他物质参与熔化冷凝
激光表面合金化		基材熔化层较厚，新的合金层以基材为主
激光熔覆		基材熔化层极薄，新的保护层以涂覆材料为主

一、激光表面重熔

激光表面重熔技术所使用的激光功率较高，金属表层在激光扫描之后熔化，随后快速冷却凝固。通过重熔，可消除表面组织缺陷，获得致密均匀组织。对于共晶合金，可能得到非晶态表层，大大提高了合金的抗腐蚀性能。卫中山等对镁合金进行激光重熔处理后发现，重熔区晶粒细化，硬度和耐蚀性均得到明显提高。C. C. Ng 研究了选择性激光熔融纯镁时激光工艺参数对显微组织和力学性能的影响，研究结果表明，激光熔融样品的显微组织结构特征与纯镁的晶粒尺寸有关，当激光能量密度增加时，熔融区域的晶粒变粗大。激光熔融处理后，硬度值从 0.59GPa 变为 0.95GPa，对应的弹性模量从 27GPa 变为 33GPa。由于选择性激光熔融镁合金零件的力学性能比其他金属生物材料与人体骨骼更匹配，因此其有望在生物医学上获得应用。

A. K. Mondal 发现，采用具有光纤传输系统的 Nd：YAG 激光器，在氩气气氛中对 ACM720 镁合金进行激光表面处理后可以提高 ACM720 镁合金的耐腐蚀性能和磨损性能。极化曲线和电化学阻抗谱测量证实，该合金经过激光表面处理后，其极化电阻值是未处理合金的 2 倍。耐腐蚀性能提高的原因是晶界上不存在 Al_2Ca 二次相、微观组织细化及固溶度提高，尤其是快速凝固使 Al 在 α-Mg 基材中的固溶度提高。激光处理也使表面硬度提高 2 倍，并由于晶粒细化和固溶强化而显著降低磨损速度。

A. E. Coy 对压铸态 AZ91D 镁合金表面进行脉冲激光重熔，并研究了重熔层的显微组织和耐蚀性能。入射激光束斑宽度为 4.0mm，单位面积的能量密度为 $6.0J/cm^2$，脉冲频率为 10Hz，单位面积的激光脉冲数目为 10、25 和 50。研究结果表明：脉冲激光重熔可以使二次相溶解和细化并消除偏析，且热影响区域非常小；极高的冷却速度（1011K/s）可使重熔层的晶粒细化和成分均匀化，从而改善合金的耐腐蚀性能。然而，当脉冲个数达到 50 时，重熔层厚度增加，但重熔层的孔隙率也增加且产生裂纹，耐腐蚀性能反而下降，如图 13-5 所示。

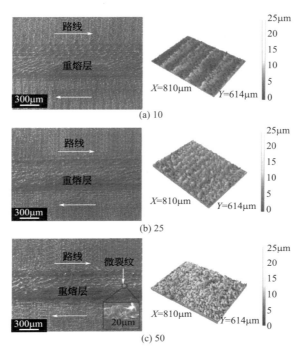

图 13-5　不同脉冲数目的脉冲激光重熔后的 SEM 表面形貌和粗糙度

二、激光表面合金化

激光表面合金化指在进行激光重熔时预涂覆层或合金粉末在熔化后跟部分基材融合冷却形成合金相以获得所需性能。S. R. Paital 等采用激光表面合金化，通过在镁合金表面形成 β-$Mg_{17}Al_{12}$ 金属间化合物来提高镁合金的耐蚀性。他们采用连续波二极管抽运镱激光源产生的高强度激光束，在 AZ31B 镁合金基体上直接熔融铝粉合成了富含 $Mg_{17}Al_{12}$ 金属间化合物的耐蚀耐磨铝涂层。研究结果表明，通过控制激光直接熔融 AZ31B 镁合金基体上的铝粉时 β 相（$Mg_{17}Al_{12}$）的演变过程，就可以控制激光工艺参数，从而在熔覆涂层中合成高体积分数的 β 相（$Mg_{17}Al_{12}$）。高波对 AZ31、AZ91 两种镁合金进行激光表面合金化处理，经检测发现，处理后的两种镁合金表层的耐磨性能和疲劳性能都显著提高。A. Dziadon 等采用铝和硅在镁合金表面进行激光合金化，分析表明，镁合金表面改性层具有快速凝固的 Al-Si 合金显微组织，其具有良好的防腐保护性能。涂层含有金属间化合物的表面更耐磨损，但耐腐蚀性相比于硅铝酸盐型表面层更低。

三、激光熔覆

激光熔覆是指采用高能密度激光束辐射使基体与填充材料同时熔化并快速凝

固，形成冶金结合以获得所需性能。WC、SiC、TiC 和 Al_2O_3 等陶瓷材料具有高的硬度、耐磨性和耐蚀性等优异性能，但是陶瓷材料的熔点、弹性模量和热膨胀系数与镁合金基体相差很大，在激光熔覆过程中会带来一些问题，例如熔覆层裂纹的产生、熔覆层被镁合金基体过分稀释和熔覆层产生气孔。科研人员利用 Fe 基、Co 基、Ni 基、Al 基材料与陶瓷材料合理匹配获得金属陶瓷复合涂层，缓解了涂层材料与基体的性质差异。J. G. Qian 在镁合金表面激光熔覆由等离子喷涂的 $NiAl/Al_2O_3$ 涂层，结果发现，NiAl 过渡层与基体形成冶金结合，涂层的粘接强度从 11.34MPa 增加到 33.2MPa，涂层的孔隙率从 10.23% 降低到 4.10%，涂层变得更致密，涂层的显微硬度明显增加。B. J. Zheng 在 AZ91D 镁合金表面熔覆 Al+SiC 后获得含有 SiC 和 β-$Mg_{17}Al_{12}$ 相的熔覆层，提高了镁合金的耐磨性和硬度。T. M. Yue 等在 SiC 增强 ZK60 镁合金表面上激光熔覆不锈钢。经腐蚀试验检测表明，与未经处理试样相比，腐蚀电位提高了 1090mV，腐蚀电流降低了 4 个数量级。Y. Q. Ge 在 AZ31B 镁合金上等离子喷涂含有 1% (质量分数) Si_3N_4 纳米粉的 Al-Si 涂层，然后用连续波长的 CO_2 激光进行重熔处理。结果表明，激光重熔涂层与基体具有良好的冶金结合，呈树枝状晶体结构。重熔涂层中的纳米 Si_3N_4 颗粒完全分解，重熔涂层主要由 Al、AlN、Al_9Si、$Al_{3.21}Si_{0.47}$ 和 Mg_2Si 组成，硬度由 $50HV_{0.05}$ 增加到 $200\sim514HV_{0.05}$。郭昱等在 AZ91D 镁合金表面采用 Nd：YAG 固体激光器熔覆了 $Zr/B_4C/Y_2O_3$ 混合粉末，耐腐蚀性有了显著提高。

陈长军等为提高镁合金的表面耐磨性，采用 500W 脉冲 Nd：YAG 激光熔覆在 ZM5 表面预置纳米三氧化二铝进行表面改性处理。激光熔覆后，改性层的显微硬度高达 350HV，而基材的显微硬度只有 100HV，激光改性处理层的耐磨性与基材相比也得到了显著的提高。Y. H. Liu 在 AZ91D 镁合金基体上激光熔覆 (Al+Al_2O_3) 粉，获得无缺陷界面和组织均匀的复合层，可使 AZ91D 镁合金基体的耐磨性和显微硬度显著提高。合适激光工艺参数为：功率密度 $0.8\times10^9\sim1.0\times10^9$ W/m^2，扫描速度 $1.0\sim1.5mm/s$。熔覆层由 Al_2O_3、$Mg_{17}Al_{12}$ 和 α-Mg 组成，$Mg_{17}Al_{12}$ 相随 Al 含量的增加而增加。刘盛耀利用激光熔覆技术在 AZ91D 镁合金表面制备 Al+WC+La_2O_3 复合涂层以提高其表面性能。通过熔覆层宏观与微观比较得出合适的激光工艺参数：扫描速度 150mm/min，电流 120A，光斑搭接率 30%。采用此参数制得的 Al+WC 涂层中 WC 以弥散相形式分布在熔覆层中，细化了晶粒，部分分解的 WC 与 Al、Mg 形成 Al_4C_3、Al_4W、$MgAl_2C$、$Al_{18}Mg_3W_2$ 等金属间化合物，起到沉淀强化作用。随着 WC 含量的增加，熔覆层显微组织得到改善，显微硬度增加，耐蚀性得到提高，当 WC 含量为 15% (质量分数，下同) 时熔覆层综合性能最佳。制备的 Al+WC+La_2O_3 涂层中稀土可以细化熔覆层组织，降低熔覆层中微裂纹的产生，熔覆层中主要相为 $Al_{12}Mg_{17}$、Al_3Mg_2、Al_4W 和 $LaAl_3$ 等。稀土含量为 1.2% 时熔覆层平均显微硬度最大，耐蚀性最佳。稀土含量超过 1.2% 时，稀土本身成为一种杂质，使熔池的流动性降低，熔覆层组织变得不均匀，从而降低熔覆层的耐蚀性和显微硬度。

第四节　离子注入表面改性

离子注入技术可使金属表面获得高度的过饱和固溶体、亚稳相、非晶态等不同的组织结构，大大改善了金属耐磨、耐蚀及抗氧化等表面性能。早期离子注入技术主要用于改性钢铁、铝合金等金属，近年来，离子注入技术逐渐应用于镁合金改性，改善镁合金表面的硬度、耐磨性、耐蚀性、抗高温氧化性、生物医学性能等。

一、离子注入原理

离子注入是将预先选择的元素原子电离成离子，并在高压电场作用下加速，在获得较高的速度之后将离子高速注入固体表面，以改变材料表面的成分和相结构，使之形成近表面合金层的物理过程，从而达到改变材料表面的物理、化学以及力学性能的目的。注入原子经电离与加速后形成高能离子，当数万至数十万电子伏特的离子进入工件表面后，与近表面原子及电子发生一系列的碰撞，主要包括核碰撞、电子碰撞及离子级联碰撞等，其能量逐渐降低，最后停留在晶体结构内。碰撞导致表层内部产生大量的空位及间隙原子，且注入剂量越高，空位及间隙原子的数量越多。随着空位及间隙原子的迁移与淀积，注入层逐步形成辐射损伤相（包括位错、位错线、原子团、空洞和气泡等）、原子级的合金相及金属间化合物等。图 13-6 给出了离子注入的过程和区域。另外，离子注入过程中还会产生温升效应和辐照损伤效应，即注入过程中由于入射离子将自身能量传递给基体而引起基体原子的激烈碰撞，称之为级联碰撞，导致碰撞级联体内局部瞬态升温，在大量注入时还会使局部温升叠加，从而改变材料的微观结构，增强原子扩散、不同原子间的混合和化合作用，产生元素强烈的增强扩散效应，使注入深度增大。同时，由于离子注入可在基体中引起入射离子和各级反冲原子组成的级联运动群，造成各种缺陷、结构及组织状态的变化，即产生辐照损伤。

严格意义上来讲，离子注入属于合金化和表面成膜的中间状态。离子注入技术通过注入离子将新的元素引入，尤其是在引入金属离子以后，在基体金属表面发生有限的合金化过程，这层合金层组织结构均匀且兼具合金化的优势，又能够不改变基体金属的性质。离子注入层与基材金属形成混合层，这层混合膜结构以亚稳态相和沉淀相形式存在，属于非平衡态组织。注入离子与基体金属原子间相互作用，通过级联碰撞最终与基体金属形成混合层停在一定的深度。从很高的能量级别到停止在基材一定深度，速度极快的高能离子温度骤变，发生高能淬火，

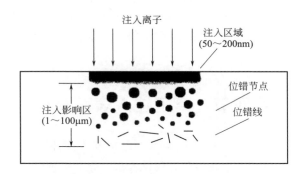

图 13-6 材料表面被高能离子轰击后产生的区域

使金属表面晶格畸变，形成超固溶状态，晶粒细化，进而使表面强化，耐腐蚀性改善。

在离子注入中，主要关心的是注入离子在基体中的分布和影响分布的各种因素。一般而言，入射离子在非晶基体中的射程分布主要依赖于离子的能量和质量、基体原子的密度、基体的温度等。注入的深度一般在几纳米到几百纳米，当注入剂量达到某一临界值时，注入层变成无序态。由于离子注入过程中产生的溅射效应，注入剂量存在一个饱和注入量。

离子注入的优点在于它是一个非平衡过程，因此，注入离子的种类和数量不受常规热力学条件限制，理论上讲，注入的离子可以是元素周期表中的任一元素。注入元素不受冶金学的限制，注入浓度也不受平衡相图的约束，即不像热扩散那样受到化学结合力、扩散系数以及固溶度等方面的限制。在离子注入过程中，可以精确地测量和控制注入元素的数量及能量，保证注入元素均匀地分布于金属表面，没有明显的界面。因此改性层与基体之间的结合强度高、附着性很好，并且部件尺寸基本不发生变化，不影响材料表面精度，改性层也不存在突变界面和膜层脱落等问题。另外，离子注入是在较低温度和较高真空下进行的，故无污染，被处理部件也不会变形或退火软化，且其形成的超硬化合物、非晶组织和表面产生压应力，能使工件表面的耐腐蚀、抗磨损和抗疲劳能力大大提高，因此十分适合零件和产品的后表面处理，近年来在国民经济不同领域发挥了越来越重要的作用。

二、离子注入在镁合金中的应用

对于镁合金，已经有离子注入改善其表面性能的一些研究，大都集中于改善镁合金的耐蚀性能，也有部分研究改善耐磨性和提高高温氧化性能。镁合金注入的离子深度一般在 $50 \sim 500nm$，形成亚稳相或沉淀相，使镁合金组织和成分发生变化，可防止丝状腐蚀以及点蚀，从而使镁合金的耐蚀性得到提高。林波对 AZ91 镁合金表面进行不同种类离子注入（N、Cr、N＋Cr），分析了离子注入前后表面结构、耐蚀性能和显微硬度的变化。结果表明：基体由 Mg 和 $Al_{12}Mg_{17}$ 相组成，注入后的试样形成注入元素与基体元素间的金属间化合物和以固溶形式存在的注入元素。扫描电镜清晰地观察到双离子注入后试样的晶界和不同的相组织结构，说明离子注入对基体产生了明显的溅射作用。注入后自腐蚀电位和显微硬度都得到一定程度的提高，N 离子注入试样的显微硬度提高达 38.8%。S. Akavipat 将 Fe 注入镁和 AZ91C 后发现，注入剂量与耐蚀性能有关（当剂量为 $5×10^{16}$ 个/cm^2 时，腐蚀电流降低 1 个数量级，开路电位得到很大的提高），而且通过分析发现，提高基体腐蚀性能的原因是将腐蚀限制在"$Mg_{17}Al_{12}$ 小岛"本身，"小岛"周围则没有发生严重的腐蚀现象。I. Nakatsugawa 等将不同剂量的氮离子注入 AZ91D 镁合金中，"注入影响区"可达 $100\mu m$，这一区域存在大量的位错节点和位错线，从而使表面的耐蚀性都得到提高，腐蚀试验表明，在浓度为 $5×10^{16}$ 个/cm^2 时，平均腐蚀速度降低约 15%。同时，通过比较发现，离子注入量和"注入影响区"的程度比注入离子的种类（如 B^+、Fe^+、H^+ 和 N^{2+}）对耐腐蚀的影响更大。M. Vilarigues 在 Mg 中分别注入剂量为 $5×10^{16}$ 个/cm^2、$5×10^{17}$ 个/cm^2 的 Cr 离子，研究发现，注入剂量为 $5×10^{16}$ 个/cm^2 之后，腐蚀速度降低到未经处理镁合金表面腐蚀速度的 1/10。

H. Wu 将 Ce 注入纯 Mg 中，图 13-7 是纯镁及经铈离子注入后的 Mg 金属表面 AFM 照片。AFM 表明 Ce 离子注入后 Mg 表面变得平滑，更有利于耐蚀性能的提高。腐蚀电流密度从未注入前的 $(20.4±3.4)\mu A/cm^2$ 降低到注入后的 $(5.2±1.4)\mu A/cm^2$。耐腐蚀性能的增强主要归因于高能 Ce 离子注入形成的一个富铈氧化物层。

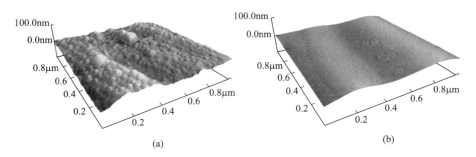

图 13-7 纯 Mg（a）和 Ce 离子（b）注入后的 Mg 金属表面 AFM 照片

表面硬度和耐磨性也是镁合金表面改性的重要研究参数。离子注入造成镁合金近表面区域晶格畸变，晶粒细化，形成新的强化相，并在辐照增强扩散、溅射等强化作用下，使镁合金表面产生硬化，降低镁合金的摩擦系数，提高其耐磨性。常通过 Ti、N、Cr、Al 等离子单注入或双注入来提高镁合金的表面硬度和耐磨性，表 13-3 为注入各离子后镁合金硬度提高的幅度。Ti、N 单离子注入后的镁合金表面硬度提高得最为明显，这与 Ti、N 离子易在镁合金表面形成较强的硬质相有关。

表 13-3 注入 Ti、N、Cr、Al 离子后镁合金的硬度提高幅度

注入元素	硬度提高幅度/%	注入元素	硬度提高幅度/%
Ti	90	Ti+N	28.1
N	38.8	Cr+N	27.1
Cr	23.1	Al+N	50
Al	11.1		

刘洪喜采用金属蒸气真空弧离子源（MEVVA）在 AZ31 镁合金表面同时进行了 N/Ti 双离子共注入，并分析了注入层的微观结构，探讨了注入后试样的抗腐蚀性能和力学性能。基体合金表面改性层主要由 Mg、MgO、Ti、TiO_2、TiN 等相组成，改性层厚约 180nm。处理后试样表面显微硬度达到 902.6MPa，较基体提高了 50%。处理后试样在 3.5%NaCl 溶液中的腐蚀电位提高 600mV，腐蚀电流密度下降 110$\mu A/cm^2$，极化电阻提高 67.9 倍。电化学腐蚀试验表明双离子共注入能显著改善 AZ31 镁合金的耐蚀性。

Y. Z. Wan 等利用离子注入将 Zn 注入生物医学镁-钙表面，发现 Zn 离子含量为 0.9×10^{17} 个/cm^2 时可显著提高镁合金表面的硬度和模量，耐腐蚀性结果表明锌离子注入降低了 Mg-Ca 合金的腐蚀行为。L. H. Mao 等采用离子注入将 Ag 离子注入 Mg-Ca-Zn 合金表面，通过 Nano Snick 和三电极系统获得合金表面的硬度和弹性模量以及在 SBF 中的极化曲线。发现 Ag 离子的注入改善了镁合金表面的硬度、弹性模量和耐腐蚀性。此外，SBF 在 48h 内的 pH 值逐渐升高，SBF 的碱化加速。W. H. Jin 等采用离子注入以提高 WE43 镁合金的耐腐蚀性和生物相容性，发现注入层主要由 Hf 和 Mg 氧化物组成，Hf 注入后的 WE43 镁合金还显示出良好的细胞附着性和细胞毒性的可忽略性。

王雪敏采用 Y、Ce、Ta 离子注入法提高镁合金的高温抗氧化性能，三种稀土元素注入后，在镁合金表面形成随注入剂量增加而增加的预氧化层，预氧化层的形成降低了 O 的内扩散速度，从而提高了镁合金的高温抗氧化性能。在相同条件下，它们的改善关系为：Y≈Ce＞Ta。Y 离子注入后，在预氧化膜的内层中主要生成了 Y_2O_3 和 MgO；Ce 离子注入后，在预氧化膜的内层中主要生成了 Ce_2O_3、CeO_2 和 MgO；而 Ta 离子注入后，在预氧化膜的内层中主要形成热稳定较高的 Ta_2Al、MgO 以及少量的 Ta_2O_5。这些新生成物与主要由 MgO 组成的外层一起构成了具有双层结构、较致密的预氧化膜。Y 离子注入剂量为 5×10^{17} 个/cm^2，Ce 离子注入剂量为 1×10^{17} 个/cm^2，Ta 离子注入剂量为 1×10^{17} 个/cm^2，能够相对较好地改善镁合金高温抗氧化性能。

第五节　表面喷涂

表面喷涂是工业应用最广泛的表面防护方法，喷涂技术一般可分为热喷涂和

冷喷涂，最显著的特点是实施简单且效率高，在镁合金上应用冷喷涂相对较多。目前镁合金防护喷涂种类仍较少，涂层脆性、微裂纹和残余应力等关键基础问题仍面临重要挑战。

一、热喷涂

热喷涂是表面工程领域中的一项重要技术，其过程是首先通过火焰、等离子等热源将喷涂材料加热，使其达到熔化或半熔化状态，然后通过特定设备以一定速度喷射沉积到预处理的表面上从而生成一定厚度的涂层。热喷涂技术可快速、大面积地得到具有特定功能的表面涂层，如热障、耐磨密封、抗高温氧化、导电绝缘、抗远红外辐射等。热喷涂技术具有所用材料种类多（如金属、金属合金、陶瓷、金属陶瓷、塑料以及复合材料等）、工作效率高和成本低等优点。然而，热喷涂采用高温热源，涂层材料易发生熔化，对热敏感的基体材料而言，基体组织与力学性能将发生显著变化，而且由于热喷涂层内存在较高的残余拉应力，限制了涂层防护性能的提升。

热喷涂可以强化材料表面，提高材料表面的耐磨和耐腐蚀性，目前已用于镁合金表面改性。通过热喷铝处理，能使表面涂层的铝和次表面层中的镁相互扩散并形成 $\beta\text{-}Mg_{17}Al_{12}$，$\beta\text{-}Mg_{17}Al_{12}$ 含量在一定范围内时可提高镁合金的力学性能并改善其耐蚀性。通过热喷铝还能消除镁合金基体与涂层之间的孔隙，起到封闭保护层的作用。通过等离子弧喷涂的方法在表面形成陶瓷涂层，陶瓷涂层在许多性能上远胜金属涂层，经处理后表面硬度、耐磨、耐蚀性都有明显提高。镁合金常用的表面处理陶瓷材料主要有 ZrO_2、CrO、TiO_2、MgO、Al_2O_3 等。马壮等用火焰喷涂技术在镁合金表面喷涂制备 Al_2O_3 陶瓷涂层，研究表明，陶瓷涂层相比于基底，致密度有显著提高，耐磨性提高了近五倍，耐腐蚀性能也大大提升。Y. L. Gao 在镁合金表面利用等离子体喷涂制备 Al_2O_3 陶瓷涂层，结果表明，涂层主要由稳态 $\alpha\text{-}Al_2O_3$ 和亚稳态 $\gamma\text{-}Al_2O_3$ 相组成，具有层状微观结构。纳米压痕结果显示，等离子体喷涂的 Al_2O_3 层、Al-Si 过渡层和镁合金的峰值负载为 2.2mN、0.6mN 和 0.25mN，等离子体喷涂的 Al_2O_3 层的弹性模量和显微硬度分别为 250GPa 和 7.45～8.90GPa，高于镁合金的弹性模量和显微硬度（50GPa 和 0.8GPa）。J. Y. Xu 在镁合金基体上利用等离子体喷涂技术合成 TiB_2-TiC-Al_2O_3/Al 复合涂层，涂层与基体结合良好，涂层的显微硬度和耐磨性随着 Al 含量的增加而降低，而 Al 的增加使得涂层具有更好的耐腐蚀性。王丹等采用氧乙炔火焰喷涂方法，在 AZ31B 镁合金表面喷涂分别添加 5%、10%、15% 的 $(AlB_{12}+Al_2O_3)$ Al 复合涂层，结果表明：随着 $(AlB_{12}+Al_2O_3)$ 含量的增加，腐蚀电位从 $-1.5V$ 升高到 $-1.15V$，腐蚀电流从 $8.66\times10^{-4} A/cm^2$ 下降到 $2.82\times10^{-4} A/cm^2$。

二、冷喷涂

冷喷涂是一种在低于喷涂材料熔点的温度下，以高压气体（He、N₂、Ar、空气或它们的混合气体）为载体，通过缩放喷嘴加速，使喷涂颗粒速度达到 $300\sim1200\text{m/s}$，在固态下高速撞击基体表面，通过剧烈的塑性变形与基体表面形成涂层的方法。该方法建立在合理利用空气动力学原理的基础上，主要依靠大的塑性变形而形成涂层。喷涂材料的粉末粒子在热的气流束中加速，气流温度较低，对基体的热影响小，涂层基本无氧化现象且孔隙率低。由于粒子撞击基体时速度高，会产生较大的塑性变形，在涂层内部主要受压应力作用，因此涂层内部以及涂层与基体之间结合紧密，不易开裂。

与传统热喷涂工艺相比，冷喷涂技术最大的特点是避免了高温热源对粒子和基体的影响，在固态下制备涂层，涂层致密且与基体结合良好，同时，制备的涂层还具有内应力小、孔隙率低、硬度高和厚度大等优点，为镁合金表面防护提供了一种新的可行方法，展现出了巨大的潜力，已成为在镁合金表面制备耐磨、防腐涂层最有效的方法之一。近年来，在镁合金表面针对冷喷纯铝、铝合金和铝基复合涂层等的工艺开发、耐腐蚀性均有大量报道；另外，针对镁合金表面耐磨涂层制备，冷喷涂也展现了良好的技术可行性，尤其是冷喷涂铝基复合涂层、热处理技术等，可使镁合金表面的耐蚀和耐磨损等性能同时提高，为镁合金提供了重要的防护手段。

铝是低密度和高延展性的金属，具有优异的耐腐蚀性能且镁铝间的电偶腐蚀驱动力较小，这使铝成为冷喷涂原料的最佳选择。在镁合金基体上采用冷喷涂技术制备纯铝或铝合金涂层，涂层组织致密，孔隙率低，与镁合金基体相比，耐蚀性能显著提高。赵惠在 AK63 镁合金表面制备锌铝合金（ZA20）涂层，涂层与基体结合良好，界面处无裂纹、孔洞和分层等缺陷。研究结果显示，在相同的干摩擦条件下，锌铝合金冷喷涂层的质量损失为镁合金的 48%，冷喷涂层的腐蚀电位（-0.26V）远高于基体镁合金的腐蚀电位（-1.62V），腐蚀电流比镁合金低 2~3 个数量级。

冷喷涂铝涂层硬度和耐磨损性能偏低，在苛刻环境里保护性是不够的，因此通常制备复合涂层来提高耐磨性和耐腐蚀性。虞思琦用冷喷涂技术在 ZM5 镁合金表面制备 AA5083 铝合金涂层与 AA5083/20% Al₂O₃ 铝基复合涂层。结果表明：冷喷涂铝合金涂层组织致密，涂层硬度较高，铝基复合涂层中 Al₂O₃ 与 AA5083 颗粒分布均匀，添加 Al₂O₃ 颗粒可使涂层更致密，且硬度更高，两种涂层显微硬度均大于 ZM5 镁合金基体。涂层无明显裂纹、孔洞等缺陷，电化学腐蚀试验结果表明：两种涂层腐蚀电位相比于镁合金基体有所提高，腐蚀电流相比镁合金基体降低 1 个数量级，抗腐蚀性能优于 ZM5 镁合金，能很好地保护基体，提高基体的耐蚀性。

陈金雄采用冷喷涂工艺在 AZ31 镁合金上制备纯 Al 涂层和 Al-50％Al$_2$O$_3$ 复合涂层，压缩空气为工作气体，喷涂前采用 $600\sim710\mu m$ 粒度刚玉对镁合金表面进行喷砂处理。喷涂工艺参数：喷涂温度 (230 ± 5)℃，喷涂压力 (1.6 ± 0.1) MPa，送粉电压 28mV，喷涂距离 30mm，喷枪移动速度 10mm/s。结果表明：与纯 Al 涂层相比，复合涂层组织更致密，孔隙率更低，硬度从 51.2HV$_{0.025}$ 提高到 94.8HV$_{0.025}$。纯 Al 涂层的滑动磨损率比镁合金高 43.3％，Al-50％Al$_2$O$_3$ 复合涂层的滑动磨损率比 AZ31 镁合金和纯 Al 涂层的分别降低约 77％和 80％，Al$_2$O$_3$ 颗粒的加入可显著提高纯 Al 涂层的抗滑动磨损性能。Al-50％Al$_2$O$_3$ 复合涂层的磨粒磨损率较纯 Al 涂层降低约 40％，添加 Al$_2$O$_3$ 能提高纯 Al 涂层的抗磨粒磨损性能。复合涂层的自腐蚀电流密度 $(2.36\times10^{-7}$A/cm$^2)$ 和纯 Al 涂层的自腐蚀电流密度 $(1.19\times10^{-7}$A/cm$^2)$ 相近，说明添加 Al$_2$O$_3$ 并不会降低纯 Al 涂层的抗腐蚀能力。而相对于镁合金基体 $(2.56\times10^{-4}$A/cm$^2)$，复合涂层及纯 Al 涂层的自腐蚀电流密度降低了 3 个数量级，可以大大提高镁合金的抗腐蚀性能。

陈杰等采用冷喷涂和超音速火焰喷涂（HVOF）在 AZ80 镁合金表面制备了纳米 WC-17Co 涂层。利用扫描电镜分析了原始粉末形貌、喷涂粒子沉积行为及涂层显微结构，并采用球盘式摩擦磨损试验机考察了涂层的摩擦磨损性能。结果表明：采用冷喷涂工艺可在 AZ80 镁合金基体上制备出高质量的 WC-17Co 涂层，涂层的显微硬度为 (1380 ± 82) HV，磨损率为 9.1×10^{-7}mm^3/(N·m)，其耐磨性较 HVOF 制备的 WC-17Co 涂层提高了 1 倍，较镁合金基材提高了 3 个数量级。研究表明，冷喷涂 WC-17Co 涂层在不对镁合金基体产生热影响的情况下，可以显著提高镁合金的表面性能。戴宇等采用冷喷涂技术在 AZ80 镁合金表面制备了 420 不锈钢涂层、420/WC-17Co 复合涂层，具体过程为：以 AZ80 镁合金为基体材料，首先用丙酮溶液去除基体表面油污，然后采用白刚玉对其表面进行喷砂处理，去除表面氧化物，同时增加表面粗糙度，以使粉末粒子更容易沉积在基体表面。冷喷涂采用 Kinetic4000 系统，以高纯氮气为工作气体。制备复合涂层时，所采用的喷涂粉末是添加了质量分数为 25％的 WC-17Co 的 420 不锈钢粉末。制备 420 涂层与 420/WC-17Co 复合涂层所采用的喷涂工艺参数相同，具体如下：喷涂温度 750℃，喷涂压力 3.5MPa，送粉速度 3r/min，喷涂距离 30mm，喷枪移动速度 150mm/s。测试结果表明：在涂层结合界面，420 粒子与 WC-17Co 粒子可以内嵌到镁合金基体中（图 13-8），同时镁合金基体发生强烈的挤压变形，在两者之间形成机械咬合的结构。在冷喷涂 420 涂层中添加一定比例的 WC-17Co，可以有效降低涂层的孔隙率，提高涂层致密度。冷喷涂 420 涂层、420/WC-17Co 复合涂层均可以大幅提高 AZ80 镁合金的耐磨性，其中复合涂层的磨损率为 5.3×10^{-6}mm^3/(N·m)，较 AZ80 镁合金下降了 2 个数量级。两种涂层在摩擦过程中均发生了黏着磨损和磨粒磨损，420/WC-17Co 复合涂层还发生了疲劳磨损。

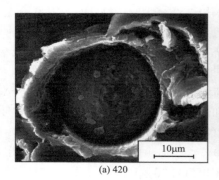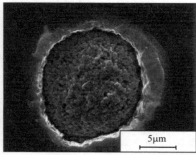

(a) 420   (b) WC-17Co

图 13-8 单个粒子的沉积行为

    热处理可改善涂层的微观结构，降低孔隙率，从而提高涂层的耐腐蚀能力。K. Spencer 在 AZ91E 镁合金上制备了纯 Al 涂层，并将涂层在 400℃下热处理 20h，横截面 SEM 图见图 13-9。发现在涂层/基体界面处的组织明显分层，生成 $Mg_{17}Al_{12}$ 以及 Al_3Mg_2 两种金属间化合物，硬度分别为 $250HV_{200}$ 和 $275HV_{200}$，均远高于镁合金基体的硬度（$60HV_{200}$）。研究表明，$Mg_{17}Al_{12}$ 和 Al_3Mg_2 具有比镁合金更优异的耐腐蚀能力，所以在较高的氯离子浓度中和较宽的 pH 值范围内，其均可作为 Mg 基体的阳极保护层，阻止 Mg 的腐蚀。

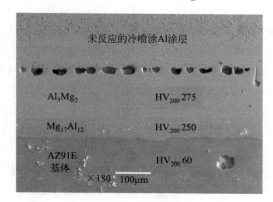

图 13-9 冷喷铝热处理后横截面 SEM 图

参考文献

[1] Spencer K, Zhang M X. Heat Treatment of Cold Spray Coatings to Form Protective Intermetallic Layers [J]. Scripta Materialia, 2009, 61: 44-47.

[2] 熊姣，吁安山，金华兰，等. 镁合金气相沉积防腐涂层技术研究现状 [J]. 腐蚀科学与防护技术，2018, 30（3）：302-310.

[3] 卫中山，刘六法. 激光重熔处理对 AZ31 镁合金表面特性的影响 [J]. 特种铸造及有色合金，2011, 31（6）：507-510.

[4] Wang H, Wang W, Zhong L, et al. Super-hydrophobic surface on pure magnesium substrate by wet chemical method [J]. Applied Surface Science, 2010, 256（12）：3837-3840.

[5] Chiu L H, Chen C C, Yang C F. Improvement of Corrosion Properties in an Aluminum-sprayed AZ31 Magnesium Alloy by a Post-hot Pressing and Anodizing Treatment [J]. Surface and Coatings Technology, 2005, 191（2）：181-187.

[6] Paital S R, Bhattacharya A, Moncayo M, et al. Improved Corrosion and Wear Resistance of Mg Alloys via Laser Surface Modification of Al on AZ31B [J]. Surface and Coatings Technology, 2012, 206（8-9）：2308-2315.

[7] 王敬丰，覃彬，吴夏，等. 镁合金防腐蚀技术的研究现状及未来发展方向 [J]. 表面技术，2008, 37（5）：71-74.

[8] 马壮，邹积峰. 镁合金热喷涂 Al_2O_3 纳米陶瓷涂层性能研究 [J]. 兵器材料科学与工程，2010, 33（4）：39-43.

[9] 张文毓. 纳米结构镁合金的研究与应用 [J]. 精细石油化工进展，2018, 19（4）：46-51.

[10] 陈长军，张敏，常庆明，等. 镁合金表面激光熔覆纳米三氧化二铝 [J]. 中国激光，2008, 35（11）：1752-1755.

[11] 陈杰，马冰，刘光，等. 镁合金表面冷喷涂纳米 WC-17Co 涂层及其性能 [J]. 中国表面工程，2017, 30（3）：74-80.

[12] Kang Z X, Lai X M, Sang J, et al. Fabrication of hydrophobic/super-hydrophobic nanofilms on magnesium alloys by polymer plating [J]. Thin Solid Films, 2011, 520（2）：800-806.

[13] 邱六，朱胜，王晓明. 镁合金腐蚀与防护的研究现状 [J]. 热加工工艺，2018, 47（16）：31-36.

[14] Katsugawa I, Martin R, Knystautas E J. Improving corrosion resis-tance of AZ91D magnesium alloy by nitrogen ion implantation [J]. Corrosion, 1996, 52（12）：921-926.

[15] Vilarigues M, Alves L C, Nogueira I D, et al. Characterisation of corrosion products in Cr implanted Mg surfaces [J]. Surface and Coatings Technology, 2002, 158-159：328-333.

[16] 郭昱，张英乔，张涛，等. AZ91D 镁合金表面激光熔覆 $Al/Zr+B_4C/Y_2O_3$ 复合涂层组织与性能研究 [J]. 表面技术，2018（1）：74-79.

[17] Yue T M, Hu Q W, Mei Z, et al. Laser cladding of stainless steel on magnesium ZK60/SiC composite [J]. Materials Letters, 2001, 47：165-170.

[18] Yamamoto A, Watanabce A, Sugahara K, et al. Improvement of corrosion resistance of mag-nesiumalloys by vapor deposition [J]. Scipta Material, 2001, 44：1039-1042.

[19] 林曲. AZ31 镁合金基底真空电弧离子镀和中频磁控溅射制备氮化锆薄膜及其性能的研究 [D]. 大连：大连理工大学，2013.

[20] Yamauchi N, Demizu K, Ueda N, et al. Frictionand wear of DLC films on magnesium alloy [J]. Surface and Coatings Technology, 2005, 193：277-282.

[21] Gao R, Liu Q, Wang J, et al. Fabrication of fibrous szaibelyite with hierarchical structure superhydrophobic coating on AZ31 magnesium alloy for corrosion protection [J]. Chemical Engineering Journal, 2014, 241：352-359.

[22] 郭兴伍，郭嘉成，章志铖，等. 镁合金材料表面处理技术研究新动态 [J]. 表面技术，2017, 46（3）：53-65.

[23] Gnedenkov S V, Egorkin V S, Sinebryukhov S L, et al. Formation and electrochemical properties of the superhydrophobic nanocomposite coating on PEO pretreated Mg-Mn-Ce magnesium alloy [J]. Surface and Coatings Technology, 2013, 232: 240-246.

[24] Paital S R, Bhattacharya A, Moncayo M, et al. Improved Corrosion and Wear Resistance of Mg Alloys via Laser Surface Modification of Al on AZ31B [J]. Surface and Coatings Technology, 2012, 206 (8/9): 2308-2315.

[25] 康志新, 赖晓明, 王芬, 等. Mg-Mn-Ce 镁合金表面超疏水复合膜层的制备及耐腐蚀性能 [J]. 中国有色金属学报, 2011, 21 (2): 283-289.

[26] Ishizaki T, Sakamoto M. Facile formation of biomimetic color-tuned superhydrophobic magnesium alloy with corrosion resistance [J]. Langmuir, 2011, 27 (6): 2375.

[27] Mondal A K, Kumar S, Blawert C, et al. Effect of Laser Surface Treatment on Corrosion and Wear Resistance of ACM720 Mg Alloy [J]. Surface and Coatings Technology, 2008, 202 (14): 3187-3198.

[28] Ng C C, Savalani M M, Lau M L, et al. Microstructure and Mechanical Properties of Selective Laser Melted Magnesium [J]. Applied Surface Science, 2011, 257 (17): 7447-7454.

[29] Ge Y Q, Wang W X, Wang X, et al. Study on Laser Surface Remelting of Plasma-Sprayed Al-Si/1wt% Nano-Si$_3$N$_4$ Coating on AZ31B Magnesium Alloy [J]. Applied Surface Science, 2013, 273 (2): 122-127.

[30] Zheng B J, Chen X M, Lian J S. Microstructure and Wear Property of Laser Cladding Al+ SiC Powders on AZ91D Magnesium Alloy [J]. Optics and Lasers in Engineering, 2010, 48 (5): 526-532.

[31] Liu Y H, Guo Z X, Yang Y, et al. Laser (a Pulsed Nd: YAG) Cladding of AZ91D Magnesium Alloy with Al and Al$_2$O$_3$ Powders [J]. Applied Surface Science, 2006, 253 (4): 1722-1728.

[32] Coy A E, Viejo F, Garcia F J, et al. Effect of Excimer Laser Surface Melting on the Microstructure and Corrosion Performance of the Die Cast AZ91D Magnesium Alloy [J]. Corrosion Science, 2010, 52 (2): 387-397.

[33] Khalfaoui W, Valerio E, Masse J, et al. Excimer Laser Treatment of ZE41 Magnesium Alloy for Corrosion Resistance and Microhardness Improvement [J]. Optics and Lasers in Engineering, 2010, 48 (9): 926-931.

[34] Singh A, Harimaar S P. Laser Surface Engineering of Magnesium Alloys: A Review [J]. Journal of Metals, 2012, 64 (6): 716-733.

[35] She Z, Li Q, Wang Z, et al. Researching the Fabrication of Anticorrosion Superhydrophobic Surface on Magnesium Alloy and Its Mechanical Stability and Durability [J]. Chemical Engineering Journal, 2013, 228 (28): 415-424.

[36] 朱亚利, 范伟博, 冯利邦, 等. 超疏水镁合金表面的防黏附和耐腐蚀性能 [J]. 材料工程, 2016, 44 (2): 66-70.

[37] 尹晓明. 仿生超疏水及耐腐蚀镁合金表面的制备与机理 [D]. 长春: 吉林大学, 2015.

[38] 李伟. 镁合金基体上超疏水表面的制备及功能特性研究 [D]. 广州: 华南理工大学, 2015.

[39] 林锐, 刘朝辉, 王飞, 等. 镁合金表面改性技术现状研究 [J]. 表面技术, 2016, 45 (4): 124-131.

[40] Wang J, Li D D, Gao R, et al. Construction of Superhydrophobic Hydromagnesite Films on the Mg Alloy [J]. Materials Chemistry & Physics, 2011, 129 (1/2): 154-160.

[41] Cui X J, Lin X Z, Liu C H, et al. Fabrication and Corrosion Resistance of a Hydrophobic Micro-arc Oxidation Coating on AZ31 Mg Alloy [J]. Corrosion Science, 2014, 90: 402-412.

[42] 高波, 郝仪, 江飞, 等. $Mg_{73}Zn_{26}$Y 准晶合金强流脉冲电子束表面改性 [J]. 中国科技论文, 2012, 7 (2): 124-129.

[43] 李根. 镁合金表面离子束复合形成 Ti-Al-N 薄膜研究 [D]. 杭州: 中国计量学院, 2013.

[44] Taha M A, El-Mahallawy N A, Hammouda R M, et al. PVD Coating of Mg-AZ31 by Thin Layer of Al and Al-Si. Journal of Coatings Technology and Research [J]. 2010, 7 (6): 793-800.

[45] Hollstein F, Wiedemann R, Scholz J. Characteristics of PVD-coatings on AZ31hp magnesium alloys [J]. Surface & Coatings Technology, 2003, 162 (2): 261-268.

[46] Wu G S, Zeng X Q, Ding W B, et al. Characterization of ceramic PVD thin films on AZ31 magnesium alloys [J]. Appl Surf Sci, 2006, 252: 7422-7429.

[47] Christoglou C, Voudouris N, Angelopoulos G N, et al. Deposition of aluminium on magnesium by a CVD process [J]. Surface and Coatings Technology, 184 (2004): 149-155.

[48] Fracassi F, d'Agostino R, Palumbo F, et al. Application of Plasma Deposited Organosilicon Thin Films for the Corrosion Protection of Metals [J]. Surface and Coatings Technology, 2003, 174-175: 107-111.

[49] 贾平平. 镁合金表面 CVD 钨复合涂层制备工艺研究 [D]. 北京: 北京工业大学, 2015.

[50] Christoglou C, Voudouris N, Angelopoulos G N, et al. Deposition of aluminium on magnesium by a CVD process [J]. Surface and Coatings Technology, 2004, 184: 149-155.

[51] Kuo Y L, Chang K H. Atmospheric pressure plasma enhanced chemical vapor deposition of SiO_x films for improved corrosion resistant properties of AZ31 magnesium alloys [J]. Surf Coat Technol, 2015, 283: 194-200.

[52] 马蓓蕾. 镁合金表面金属镀层的制备及其性能研究 [D]. 西安: 西安理工大学, 2018.

[53] 刘盛耀. 镁合金表面激光熔覆 Al+ WC+ La_2O_3 复合涂层的组织与性能研究 [D]. 太原: 中北大学, 2017.

[54] Gao Y L, Jie M, Liu Y, et al. Mechanical properties of Al_2O_3 ceramic coatings prepared by plasma spraying on magnesium alloy [J]. Surface & Coatings Technology, 2017, 315: 214-219.

[55] Xu J Y, Zou B L, Fan X Z, et al. Reactive plasma spraying synthesis and characterization of TiB_2-TiC-Al_2O_3/Al composite coatings on a magnesium alloy [J]. Journal of Alloys and Compounds, 2014, 596: 10-18.

[56] Wu H, Wu G, Chu P K. Effects of cerium ion implantation on the corrosion behavior of magnesium in different biological media [J]. Surface and Coatings Technology, 2016, 306: 6-10.

[57] Akavipat S, Hale E B, Habermann C E, et al. Effects of iron implantation on the aqueous corrosion of magnesium [J], Materials science and Engineering, 1985, 69 (2): 311-316.

[58] Nakatsugawa I, Martin R, Knystautas E J. Improving corrosion resistance of AZ91D magnesium alloy by nitrogen ion implantation [J], Corrosion, 1996, 52 (12): 921-926.

[59] 王雪敏. 镁合金高温氧化及表面改性研究 [D]. 上海: 上海交通大学, 2017.

[60] 陈宝清. 离子束材料改性原理及工艺 [M], 北京: 国防工业出版社, 1995.

[61] 林波, 刘洪喜, 曾维华, 等. 离子注入 AZ91 镁合金表面结构和耐蚀性能研究 [J]. 材料热处理技术, 2010, 39 (12): 117-119.

[62] Wan Y Z, Xiong G Y, Luo H L, et al. Influence of zinc ion implantation on surface nanome-

chanical performance and corrosion resistance of biomedical magnesium-calcium alloys [J]. Applied Surface Science, 2008, 254: 5514-5516.

[63] Mao L H, Wang Y L, Wan Y Z, et al. Corrosion Resistance of Ag-ion Implanted Mg-Ca-Zn Alloys in SBF [J]. Rare Metal Materials and Engineering, 2010, 39（12）: 2075-2078.

[64] Jin W H, Wu G S, Gao A, et al. Hafnium-implanted WE43 magnesium alloy for enhanced corrosion protection and biocompatibility [J]. Surface & Coatings Technology, 2016, 306: 11-15.

[65] 刘洪喜, 孟春蕾, 林波, 等. 氮钛双离子注入 AZ31 镁合金的抗腐蚀和力学性能 [J]. 材料热处理学报, 2011, 32（8）: 137-142.

[66] 陶学伟, 王章忠, 巴志新, 等. 镁合金离子注入表面改性技术研究进展 [J]. 材料导报, 2014, 28（4）: 112-115.

[67] Dziadoń A, Mola R, Blaz L. The microstructure of the surface layer of magnesium laser alloyed with aluminum and silicon [J]. Materials Characterization, 2016, 118: 505-513.

[68] Qian J G, Zhang J X, Li S Q, et al. Study on Laser Cladding Ni Al/Al$_2$O$_3$ Coating on Magnesium Alloy [J]. Rare Metal Materials and Engineering, 2013, 42（3）: 466-469.

[69] 戴宇, 陈杰, 郑子云, 等. AZ80 镁合金表面冷喷涂不锈钢/WC-17Co 复合涂层的性能 [J]. 材料保护, 2018, 51（8）: 32-35.

[70] 赵惠, 黄张洪, 李平仓, 等. 镁合金表面锌铝合金冷喷涂层性能的研究 [J]. 特种铸造及有色合金, 2010, 30（8）: 702-704.

[71] 虞思琦, 杨夏炜, 李文亚, 等. 镁合金表面冷喷涂铝合金与铝基复合涂层组织和耐蚀性研究 [J]. 上海航天, 2018, 35（4）: 101-107.

[72] 陈金雄, 王群, 罗丝丝, 等. AZ31 镁合金冷喷涂 Al-Al$_2$O$_3$复合涂层组织及性能 [J]. 中国有色金属学报, 2018, 28（9）: 1720-1729.

[73] 虞思琦, 杨夏炜, 王非凡, 等. 镁合金表面冷喷涂层防护研究进展 [J]. 表面技术, 2018, 47（5）: 43-55.

[74] Altun H, Sen S. The Effect of PVD Coatings on the Corrosion Behaviour of AZ91 Magnesium Alloy [J]. Materials and Design, 2006, 27（10）: 1174-1179.